四川省高职高专精品教材建设项目
高等职业教育人才培养创新教材出版工程

机 械 制 图

王晓莉　主　编
张兴亮　副主编

科 学 出 版 社
北　京

内 容 简 介

本书采用了我国最新颁布的《技术制图》与《机械制图》国家标准及与制图有关的其他国家标准。本教材主要内容包括：制图的基本知识与技能，点、直线、平面的投影，立体的投影，组合体，轴测图，机件常用的表达方法，标准件和常用件，零件图，装配图及附录。

另有《机械制图习题集》与本书配套出版。

本书可作为高职高专机械类或近机类各专业机械制图课程教材，也可供有关工程技术人员参考。

图书在版编目(CIP)数据

机械制图/王晓莉主编. —北京：科学出版社，2006
(四川省高职高专精品教材建设项目・高等职业教育人才培养创新教材出版工程)
ISBN 978-7-03-017541-0

Ⅰ.机… Ⅱ.王… Ⅲ.机械制图-高等学校：技术学校-教材 Ⅳ.TH126

中国版本图书馆 CIP 数据核字(2006)第 070883 号

责任编辑：毛 莹 贾瑞娜 / 责任校对：刘亚琦
责任印制：闫 磊 / 封面设计：耕者设计室

科学出版社 出版
北京东黄城根北街 16 号
邮政编码：100717
http://www.sciencep.com
大厂书文印刷有限公司 印刷
科学出版社发行 各地新华书店经销
*
2006 年 8 月第 一 版 开本：B5(720×1000)
2015 年 8 月第八次印刷 印张：15
字数：276 000

定价：29.00 元
(如有印装质量问题，我社负责调换)

高等职业教育人才培养创新教材出版工程

出版说明

为进一步适应我国高等职业教育需求的迅猛发展，推动学校向“以就业为导向”的现代高等职业教育新模式转变，促进学校办学特色的凝练，高等职业教育人才培养创新教材出版工程四川编委会本着平等、自愿、协商的原则，开展高等院校间的高等职业教育教材建设协作，并与科学出版社合作，积极策划、组织、出版各类教材。

在教材建设中，编委会倡导以专业建设为龙头的教材选题方针，在对专业建设和课程体系进行梳理并达成较为一致的意见后，进行教材选题规划，提出指导性意见。根据新时代对高技能人才的需求，专门针对现代高等职业教育“以就业为导向”的培养模式，反映知识更新和科技发展的最新动态，将新知识、新技术、新工艺、新案例及时反映到教材中来，体现教学改革最新理念和职业岗位新要求，思路创新，内容新颖，突出实用，成系配套。

教材选题的类型主要是理论课教材、实训教材、实验指导书，有能力进行教学素材和多媒体课件立体化配套的优先考虑；能反映教学改革最新思路的教材优先考虑；国家、省级精品课程教材优先考虑。

这批教材的书稿主要是从通过教学实践、师生反响较好的讲义中经院校推荐，由编委会择优遴选产生的。为保证教材的出版和提高教材的质量，作者、编委会和出版社作出了不懈的努力。

限于水平和经验，这批教材的编审、出版工作可能仍有不足之处，希望使用教材的学校及师生积极提出批评和建议，共同为提高我国高等职业教育教学、教材质量而努力。

高等职业教育人才培养创新教材出版工程

四川编委会

2004年10月20日

前　言

本书针对高职高专教育的特点，在多年教学实践的基础上经过反复研究、总结编写而成。全书在编写过程中注意到以应用为目的，以必需、够用为度，以掌握概念、强化应用为教学重点，注重培养分析和解决问题的能力。

本教材的参考时数为80～100学时，适用于高职高专机械类或近机类各专业学生使用。

本教材由王晓莉担任主编，并编写第4、8、9章，张兴亮担任副主编并编写第2、5章及附录，房延编写第1、6、7章，刘健编写第3章。

由于编者水平有限，书中难免有一些缺点和不妥之处，恳请使用本书的教师和广大读者批评指正。

编者

2006年4月

目　　录

第 1 章　制图的基本知识与技能

为了进行广泛的技术交流和促进生产的发展，《中华人民共和国国家标准——机械制图》对图样的画法、图线、尺寸注法等，作了一系列的统一规定，绘制机械图样时，必须严格遵守。

1.1　制图的基本规定

1.1.1　图纸幅面和格式（GB/T 14689—1993）

1. 图纸幅面尺寸

绘制技术图样时，应优先采用表 1-1 规定的基本幅面尺寸。必要时允许加长幅面，但应按基本幅面的短边整数倍增加。各种基本幅面和加长幅面如图1-1所

表 1-1　图纸幅面尺寸　　单位：mm

幅面代号		A0	A1	A2	A3	A4
尺寸 $B\times L$		841×1189	594×841	420×594	297×420	210×297
图框	a	25				
	c	10			5	
	e	20		10		

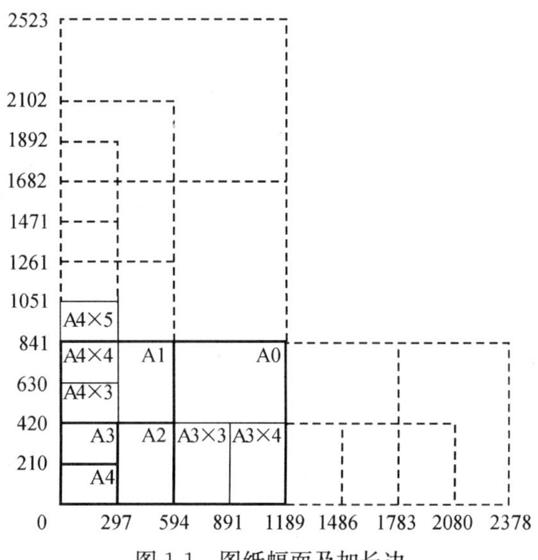

图 1-1　图纸幅面及加长边

示。其中，粗实线部分为基本幅面；细实线部分为第一选择的加长幅面；虚线为第二选择的加长幅面。

2. 图框格式

图框格式分为留装订边和不留装订边两种，如图 1-2 所示，其尺寸见表 1-1。一般采用 A4 幅面竖装或 A3 幅面横装。

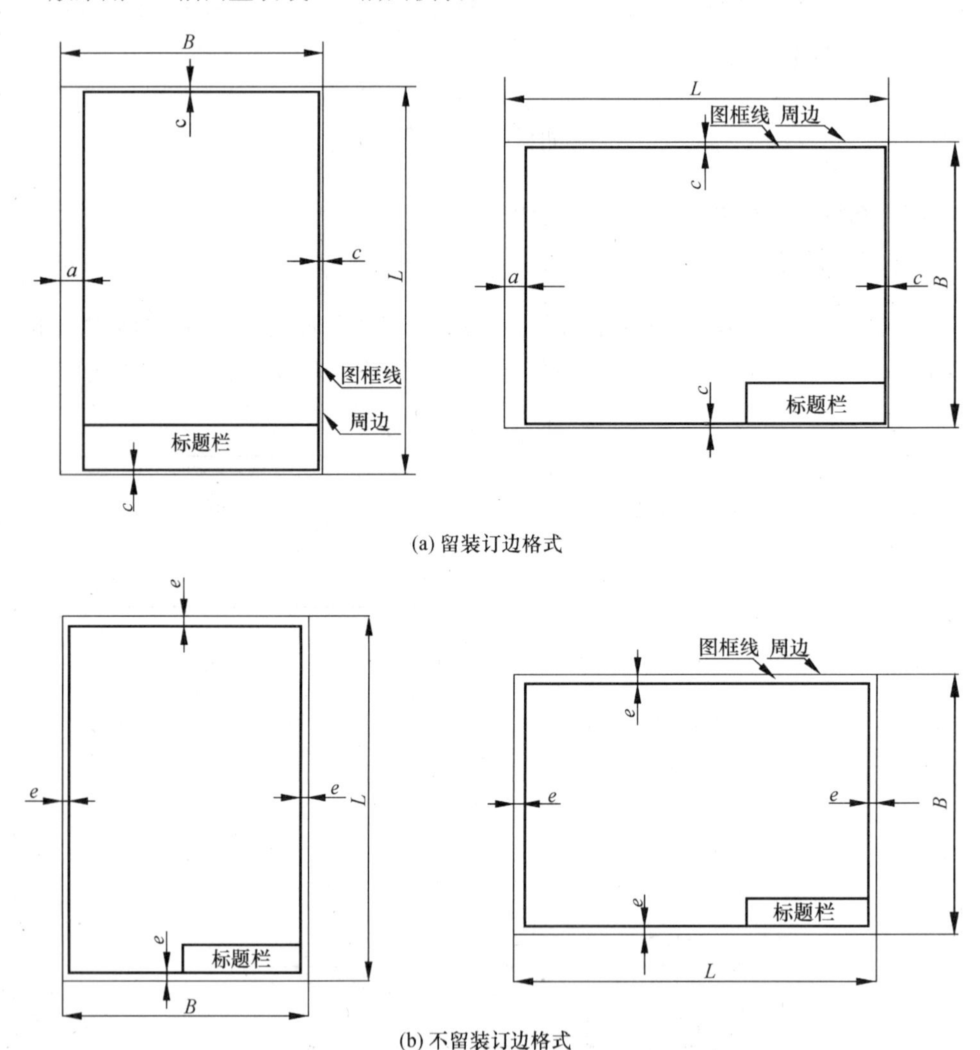

(a) 留装订边格式

(b) 不留装订边格式

图 1-2 图框格式

3. 标题栏及配置（GB/T 10609.1—1989）

每张图样上必须画出标题栏，标题栏的位置通常位于图纸的右下角，如图

1-2 所示。标题栏中的文字方向为看图方向。标题栏的格式和尺寸应按 GB/T 10609.1—1989 作出规定，如图 1-3 所示。学校采用的标题栏可采用如图 1-4 所示的简化形式。

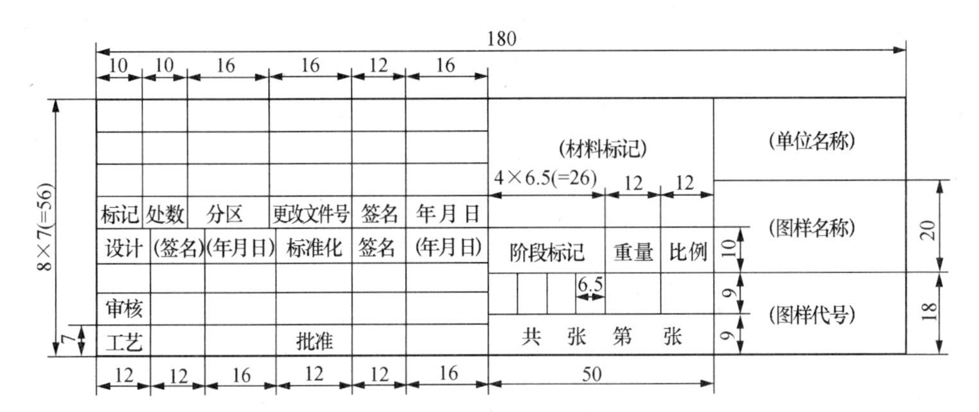

图 1-3　标题栏的格式及其部分的尺寸

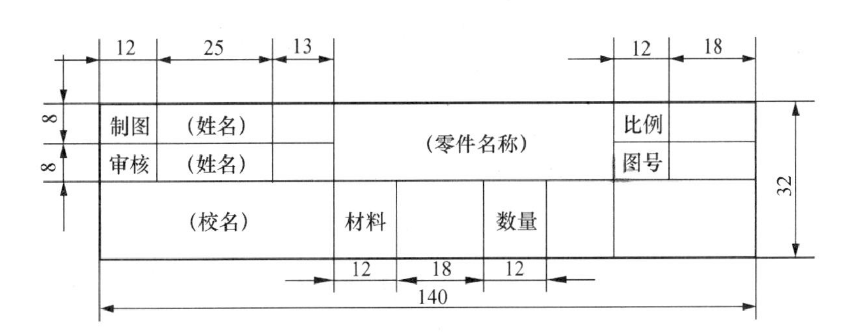

图 1-4　推荐的学校用标题栏

1.1.2　比例（GB/T 14690—1993）

图样中机件要素的线性尺寸与实际机件相应要素的线性尺寸之比，称为比例。绘制图样时，一般采用表 1-2 中规定的比例。

表 1-2　比例

与实物相同	1∶1
缩小的比例	1∶1.5，1∶2，1∶2.5，1∶3，1∶4，1∶5，$1:10^n$，$1:1.5\times10^n$ $1:2\times10^n$，$1:5\times10^n$
放大的比例	2∶1，2.5∶1，4∶1，5∶1，$(10\times n):1$

注：n 为正整数。

绘制同一机件的各视图应采用相同的比例，并在标题栏的比例栏中填写，如

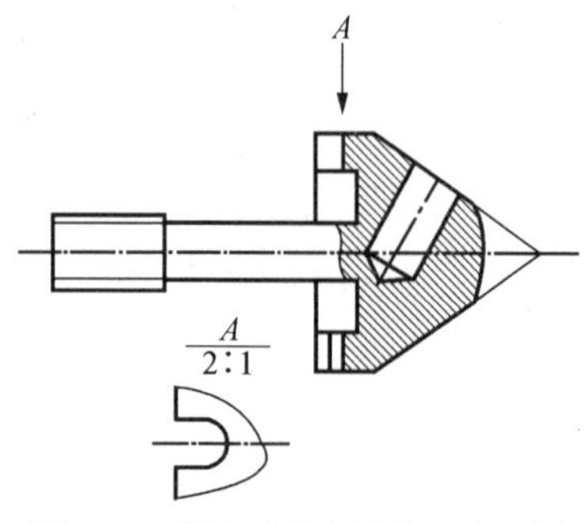

图 1-5　采用不同比例的标注示例

1∶1。当某一个视图需采用不同比例时，必须在该视图的上方注明另采用的比例，见图 1-5。

1.1.3　字体（GB/T 14691—1993）

图样上所注写的汉字、数字、字母必须做到字体端正，笔画清楚，排列整齐，间隔均匀，这样做的目的是使图样清晰，文字准确，给生产带来方便。

字体按其大小分为若干字号。国家标准规定有 20、14、10、7、5、3.5、2.5、1.8 等八号。字体的号数即为字体的高度 h（单位：mm），字体的宽度约等于字高的 2/3。数字及字母的笔画粗度约等于字高的 1/10。

1. 汉字

图样上的汉字应采用长仿宋体字，并采用国家正式公布推行的简化字。字的大小应按字号规定，字体号数代表字体的高度。汉字不宜用 2.5 号字。

汉字的书写要领是：横平竖直，注意起落，结构匀称，填满方格。长仿宋字字例如图 1-6 所示。

10 号汉字

字体工整笔画清楚间隔均匀排列整齐

7 号字

横平竖直注意起落结构均匀填满方格

5 号字

技术制图机械电子汽车航空船舶土木建筑矿山井坑港口纺织服装

图 1-6　长仿宋字汉字示例

2. 数字和字母

数字、字母书写时有直体和斜体两种，斜体字的字头向右倾斜，与水平线成 75°，如图 1-7 所示。

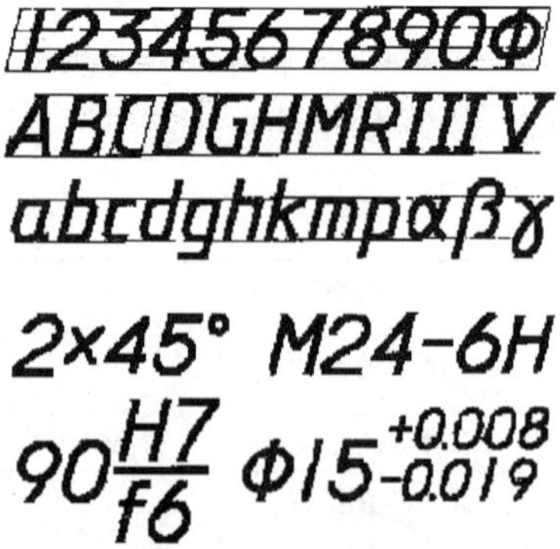

1234567890Φ

ABCDGHMRIIIV

abcdghkmpαβγ

2×45°　M24-6H

$90\frac{H7}{f6}$　$\Phi15^{+0.008}_{-0.019}$

图 1-7　数字和字母

1.1.4　图线（GB/T 4457.4—2002、GB/T 17450—1998）

1. 图线的种类

绘制图样时应采用表 1-3 中规定的图线。

各类图线在图形中都有一定的含义，其应用举例如图 1-8 所示。

表 1-3　图样中图线形式及应用

图线名称	图线形式	宽　度	一般应用
粗实线	━━━━━━	d	可见轮廓线 可见过渡线
虚线	— — — — —	$0.5d$	不可见轮廓线 不可见过渡线
细实线	————————	$0.5d$	尺寸线及尺寸界线 剖面线、引出线 重合断面的轮廓线 螺纹的牙底线及齿轮的齿根线 分界线及范围线
波浪线	～～～～	$0.5d$	断裂处的边界线 视图和剖视的分界线
细点画线	—— - —— - ——	$0.5d$	轴线、对称中心线 轨迹线、节圆及节线
双折线	——\/——\/——	$0.5d$	断裂处的边界线 视图和剖视的分界线
双点画线	—— - - —— - - ——	$0.5d$	相邻辅助零件的轮廓线 极限位置的轮廓线
粗点画线	━━ - ━━ - ━━	d	有特殊要求的线或表面的表示线

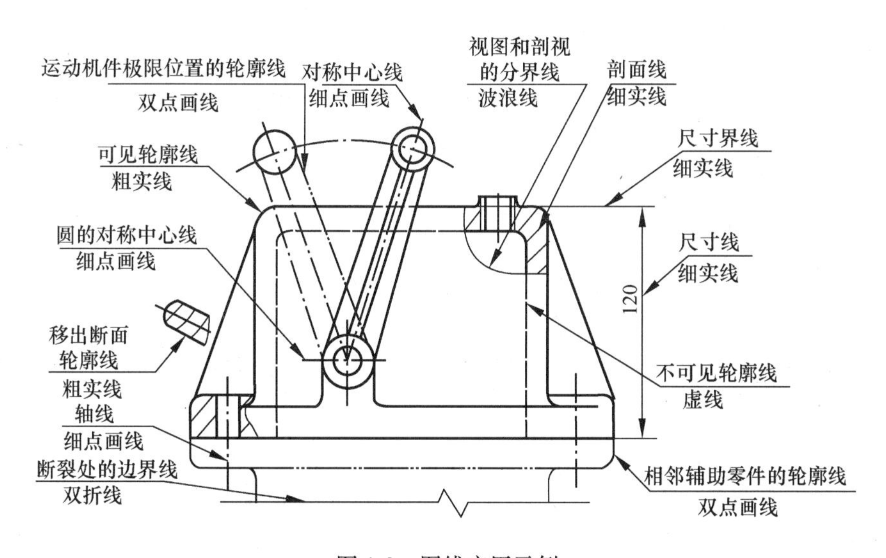

图 1-8　图线应用示例

图线的宽度应按图样的类型和尺寸大小在下列数系中选取：

0.13mm，　0.18mm，　0.25mm，　0.35mm，　0.5mm，　0.7mm，　1mm，1.4mm，2mm。

粗线、中粗线和细线的宽度比为 4∶2∶1。

2. 图线画法的注意事项

(1) 粗实线的宽度 d 应按图线的大小和复杂程度，在 0.5～2mm 之间选择，当 d 值一经确定，同一张图样中的同类图线的宽度基本一致。

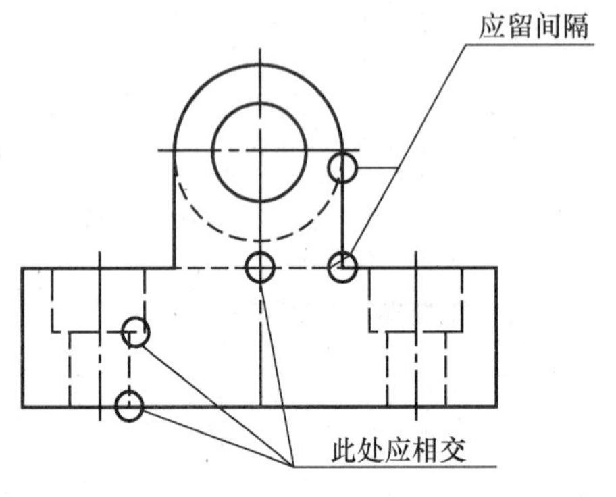

图 1-9　图线画法

(2) 虚线、点画线和双点画线的线段长度、间隔应各自大致相等，其推荐值见表 1-3 所标数值。点画线和双点画线中的点是极短的一横（长约 1mm），不能画成圆点，且应点、线一起绘制，而线的首末两端应该是长画，不应画成点。

(3) 当虚线为粗实线的延长线时，在分界处应稍留间隙。除此之外，两图线相交应画成线段相交。如图 1-9 所示。

绘制圆的中心线时，圆心应为线段的交点。点画线、双点画线的首尾是线段而不应是短画。当点画线、双点画线较短时，可用细实线代替。

1.1.5　尺寸注法（GB/T 4458.4—2003、GB/T 16675.2—1996）

在机械图样中，图形只反映机件的形状结构，而机件的真实大小应以图样上所注尺寸来确定。图样尺寸的标注必须严格遵守国家标准中的规定。

1. 基本原则

(1) 机件的真实大小应以图样上所注尺寸数值为依据，与图形的大小（即采用的比例）和绘图的准确度无关。

(2) 图样中的尺寸以 mm 为单位时，不需标注计量单位或名称，若采用其他单位，则必须注明相应的计量单位。

(3) 图样中所注尺寸为该图所示机件的最后完工尺寸，否则应另加说明。

(4) 机件的每一个尺寸，一般只标注一次，并应标注在反映该结构最清晰的图形上。

2. 尺寸标注的几个要素

每一个完整的尺寸，一般应有尺寸数字、尺寸线和尺寸界线三个要素，如图 1-10 所示。

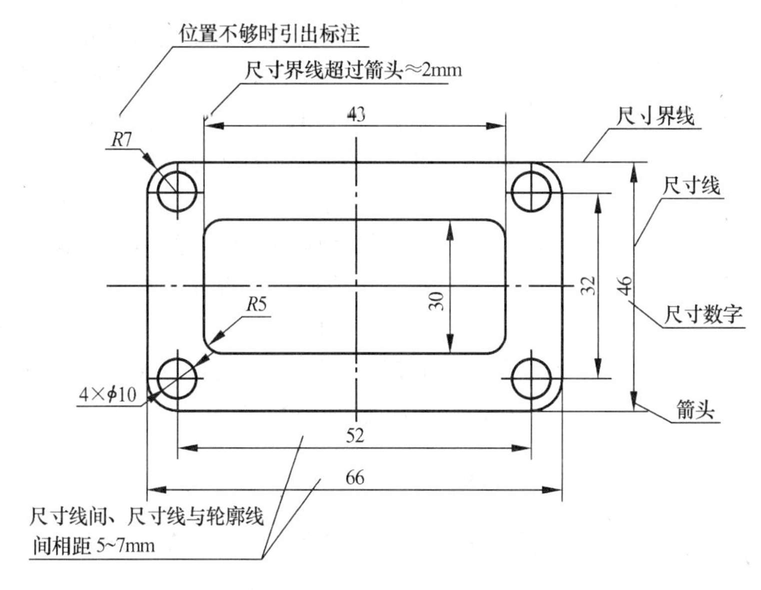

图 1-10　尺寸组成及标注示例

（1）尺寸数字：它是图样中指令性最强的部分，因而要求字迹清楚，容易辨认，应避免造成误解的一切因素。尺寸数字应符合以下规定。

① 线性尺寸的数字一般应注写在尺寸线的上方，也允许注写在尺寸线的中断处，如图 1-10 所示。但一张图样中尽可能采用一种注写法。

② 线性数字的方向，一般采用图 1-11（a）所示方向注写，即水平数字头朝上，垂直尺寸数字头朝左，倾斜尺寸数字应有朝上的趋势。应尽量避免在图1-11（a）所指明的 30°范围内标注尺寸数字，当无法避免时，可按图 1-11（b）所示的形式标注。

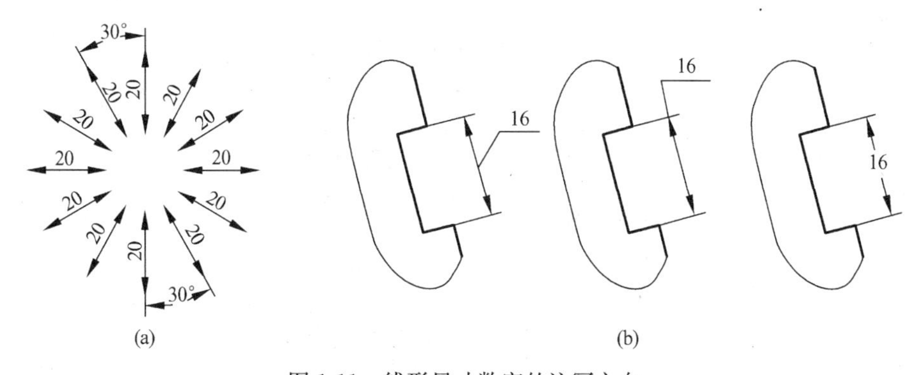

图 1-11　线形尺寸数字的注写方向

③ 在注写尺寸数字时，数字不可被任何图线所通过。当不可避免时，必须把图线断开，如图 1-12 所示。

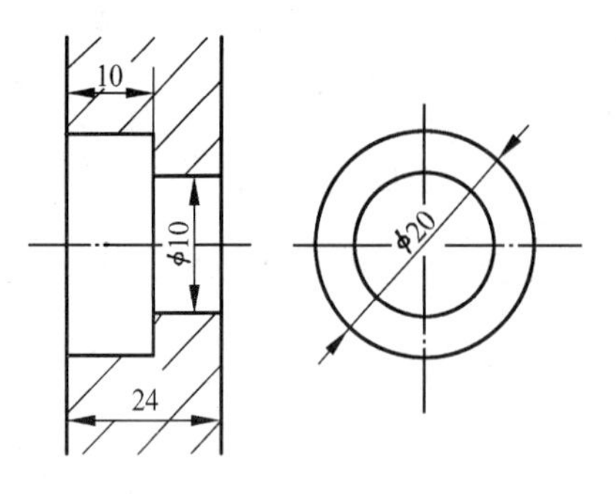

图 1-12 任何图线都不得穿过尺寸数字

④ 角度数字一律写成水平方向，一般注写在尺寸线的中断处，必要时可写在尺寸线附近或引出线上方，见表 1-4。

(2) 尺寸线：表示所注尺寸的度量方向，它应符合以下规定。

尺寸线用细实线绘制，其终端有箭头或斜线两种形式。箭头终端适用于各种类型的图样，其形状大小见图 1-13 (a)。斜线终端必须在尺寸线与尺寸界线相互垂直时才能使用，斜线用细实线绘制，方向应以尺寸线为准，反时针转 45°画出，见图 1-13 (b)。

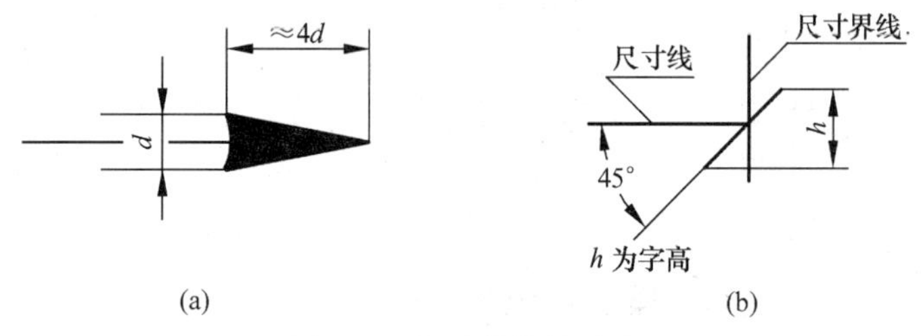

图 1-13 尺寸线终端画法

(3) 尺寸界线：表示该尺寸度量范围的界线，它应符合以下规定。

① 尺寸界线用细实线绘制，并应由图形轮廓线、轴线或对称中心线引出，也可利用轮廓线、轴线或对称中心线作为尺寸界线。

② 尺寸界线一般应与尺寸线垂直，并超出尺寸线终端 2mm 左右。必要时允许尺寸界线与尺寸线倾斜。

某些常见的尺寸注法见表 1-4。

表 1-4 常用尺寸注法示例

尺寸种类	图 例	说 明
直线尺寸的注法	(a) 正确 (b) 错误	串列尺寸，箭头应对齐
	(a) 正确 (b) 错误	并列尺寸，要保持小在内，大在外，尺寸间隔不小于7～10mm

续表

尺寸种类	图　　例	说　　明
狭小部位直线尺寸注法	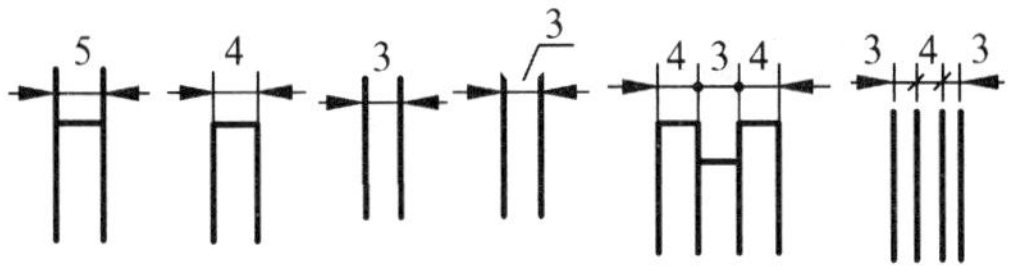 5　4　3　3　4 3 4　3 4 3	狭小部位直线尺寸的注法，可将箭头画在尺寸界线外侧，或用圆点或斜线代替箭头，尺寸数字优先写在右边箭头上方或引出标注
圆的尺寸注法	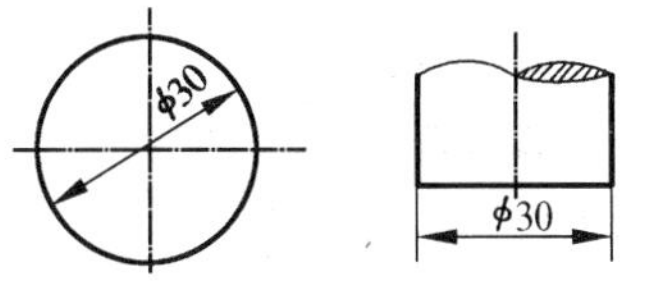 ϕ30　ϕ30 (a) 圆的标注 ϕ40　ϕ30　ϕ10　ϕ10　ϕ10　ϕ5　ϕ5 (b) 不完整圆标注　(c) 小圆注法	尺寸线通过圆心，并在直径尺寸数字前加注符号“ϕ”
圆弧尺寸的注法	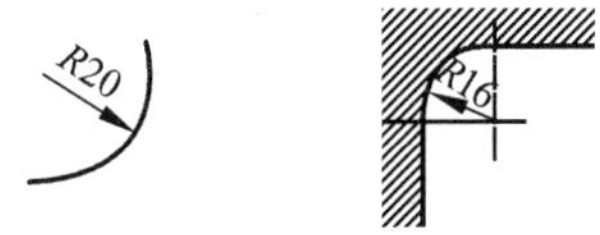 R20　R16 (a) 基本注法	半径尺寸一般注法：单箭头的尺寸线通过圆心，指向圆弧，并在半径尺寸数字前加注符号“R”
	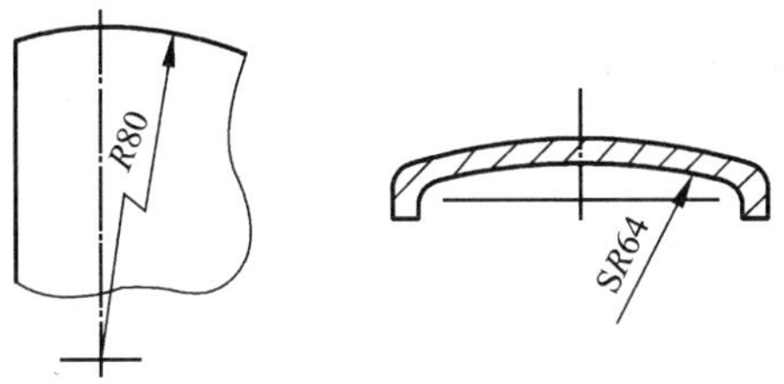 R80　SR64 (b) 大圆弧注法	需要标明圆心位置，但圆弧半径过大，在图纸范围内无法标出其圆心位置时用左图，不需标明圆心位置时用右图
	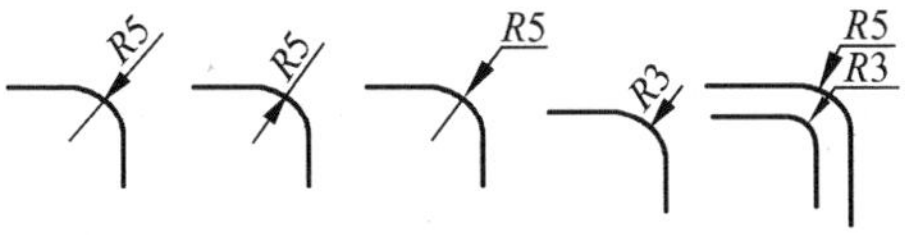 R5　R5　R5　R3　R5 R3 (c) 小圆弧注法	位置不够时，小圆弧可采用引出标注
角度注法	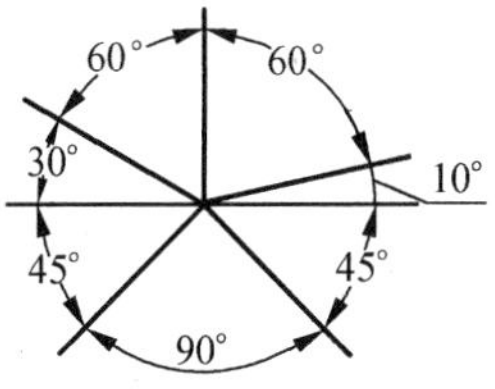 60°　60°　30°　10°　45°　45°　90°	标注角度的数字，一律水平填写在尺寸线的中断处或适当位置；必要时可以写在尺寸线的上方或外面，也可以引出标注

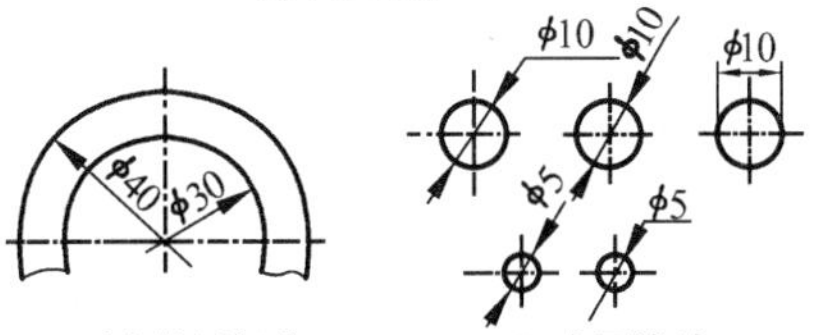

续表

尺寸种类	图例	说明
球体的注法	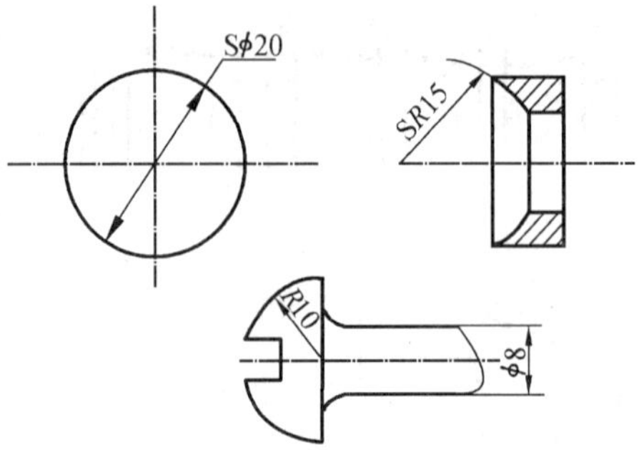	球直径和球半径的标注，应在 ϕ 或 R 前加注符号“S”，不致引起误解时，即可省略符号“S”
板类零件的尺寸注法	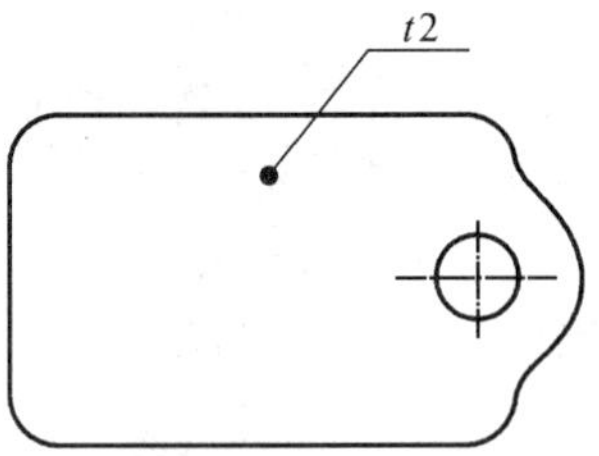	标注板类零件的厚度时，可在尺寸数字前加符号“t”
参考尺寸的注法	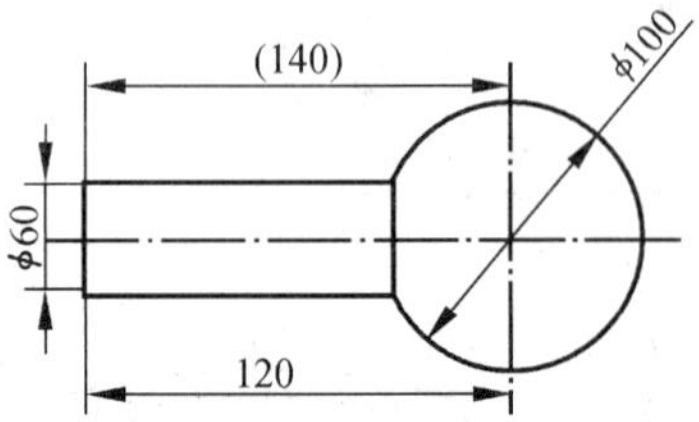	标注参考尺寸，应将尺寸数字加上圆括弧
不完整的对称图形的尺寸注法	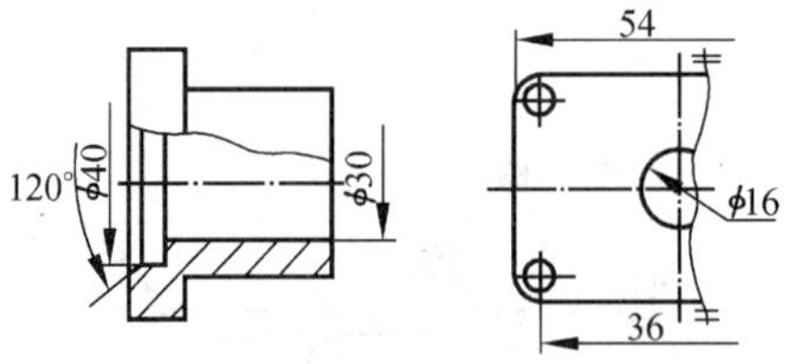	当对称机件的图形只画一半或略大于一半时，尺寸线应略超过对称中心线或断裂处的边界线，此时仅在尺寸线的一端画终端符号
正方形的尺寸注法	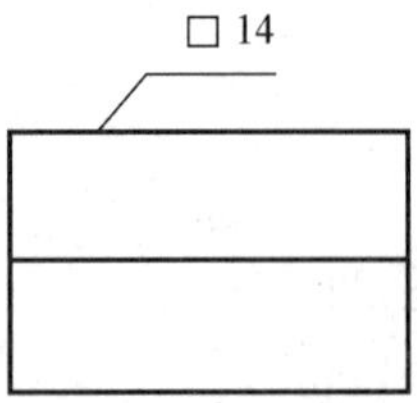 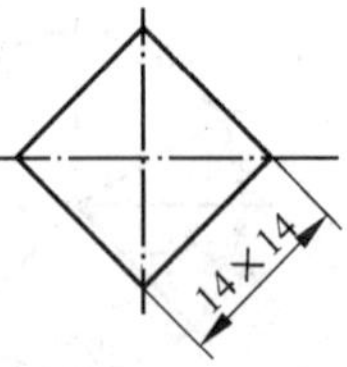	断面为正方形的结构，可在尺寸数字前注符号“□”或用“边长×边长”标注

续表

尺寸种类	图　例	说　明
均匀分布的成组要素的尺寸注法	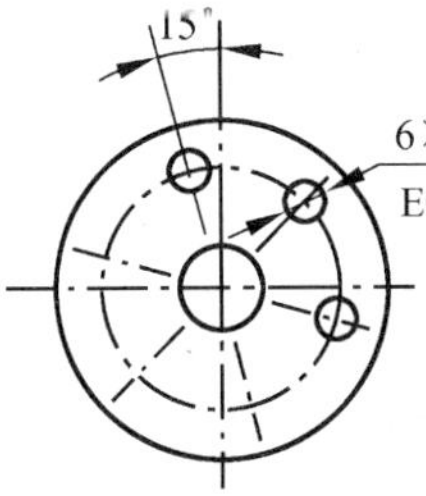 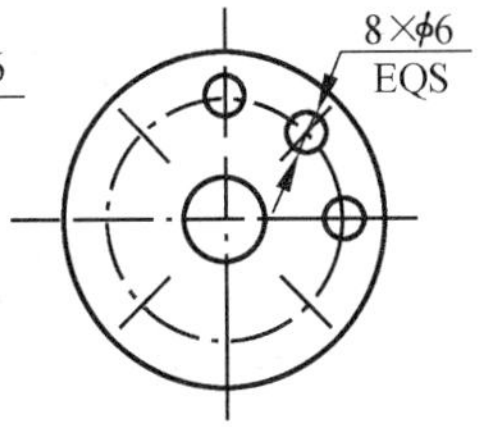 15°　6×ϕ6 EQS　8×ϕ6 EQS	均匀分布的成组要素如果在图形中的定位明确时，可以不注明相互角度，只注（或不注）“EQS”（均布）
斜度和锥度的尺寸注法	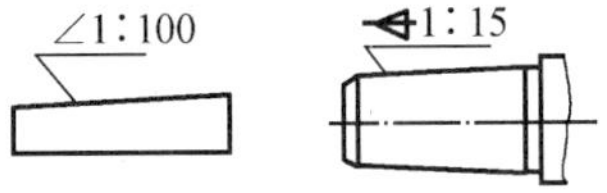 ∠1∶100　1∶15	斜度、锥度可用图中所示的方法标注。锥度也可注在轴线上

1.2　常用绘图工具、仪器和用品

正确使用绘图工具和仪器是保证绘图质量和提高绘图速度的一个重要方面，因此必须养成正确使用维护绘图工具和仪器的良好习惯。

1.2.1　常用的手工绘图工具及其使用方法

常用的手工绘图工具及其使用方法如表 1-5 所示。

表 1-5　常用绘图工具及其用法

工具名称	图　示	说　明
图板、丁字尺、三角板	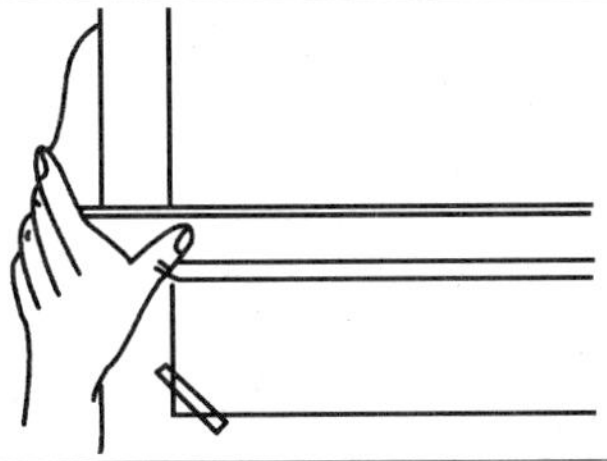	图板板面要平整光滑，板边要平直。丁字尺尺头紧贴图板左侧，工作边上下滑动即可画出一系列水平线
	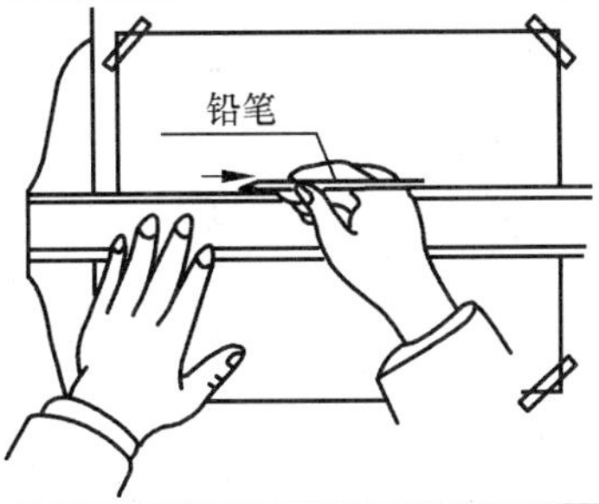 铅笔	铅笔沿尺口自左向右画出水平线，此时绘图者左手要压住尺身

续表

工具名称	图　　示	说　　明
图板、丁字尺、三角板	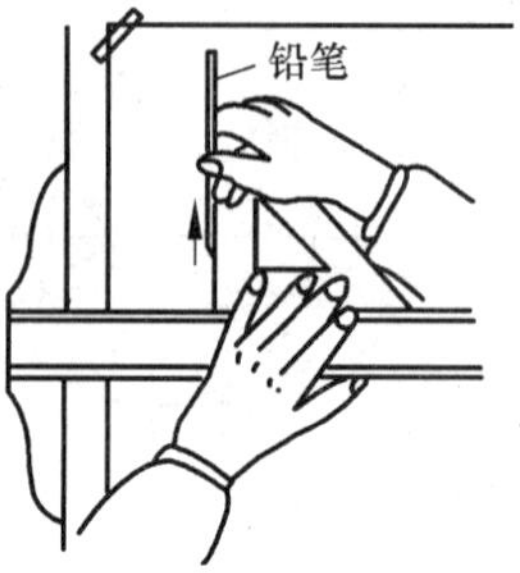 铅笔	三角板与丁字尺配合使用可画铅垂线和其他倾斜线，绘图时左手压住三角板和丁字尺，右手自下向上画出铅垂线
	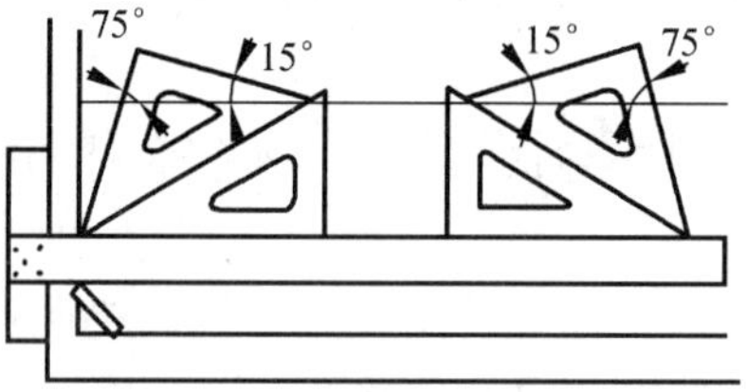 75° 15° 15° 75°	两块三角板与丁字尺一起使用可画出15°整数倍角的斜线
圆规	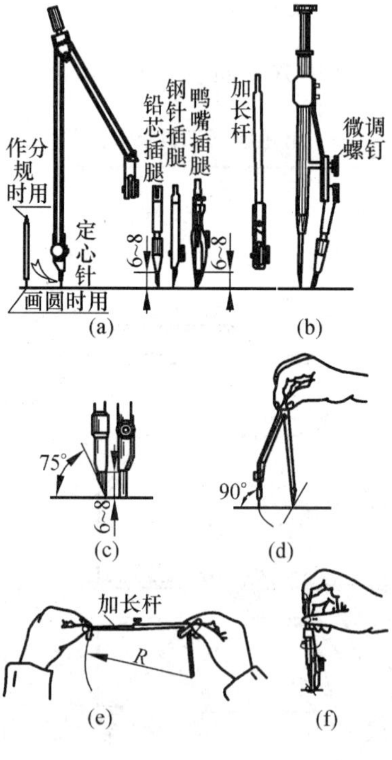 作分规时用 定心针 画圆时用 铅芯插腿 钢针插腿 鸭嘴插腿 6~8 加长杆 微调螺钉 (a) (b) 75° 6~8 (c) 90° (d) 加长杆 R (e) (f)	圆规主要用于画圆和圆弧，其中一条腿可以换装铅芯插腿、鸭嘴插腿、钢针插腿和加长杆。圆规有大圆规［图(a)］和小圆规［图(b)］两种。其中，小圆规主要用于画5mm以下的圆。用微调螺钉进行调节，使用方法如图（f）所示

续表

工具名称	图　示	说　明
分规	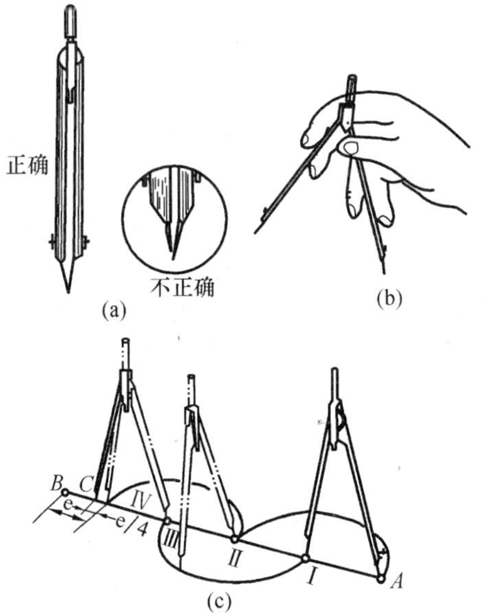 正确　不正确　(a)　(b)　B C e e/4 IV III II I A (c)	分规是用来量取和试分线段的，分规两腿针尖并拢时应平齐［图（a)］。量取尺寸时，先张开至大于被量尺寸距离，再逐步压缩至被量尺寸大小［图(b)］。分规等分线段时的用法如图（c）所示
曲线板	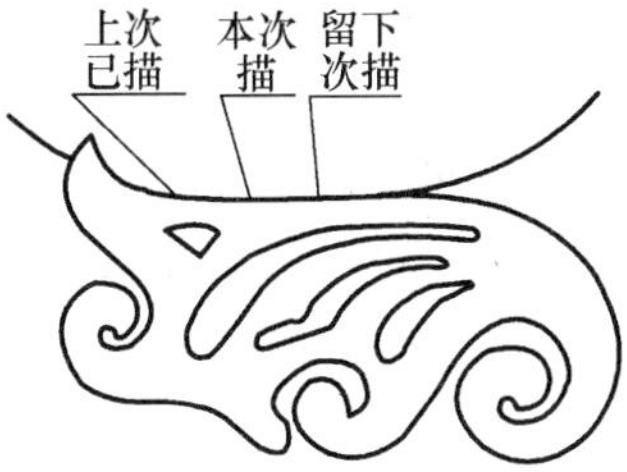 上次已描　本次描　留下次描	曲线板是绘制非圆曲线的工具。使用时，应先用铅笔轻轻地把各点光滑连接起来，然后，选择曲线板上曲率合适部分，分段描绘
铅笔	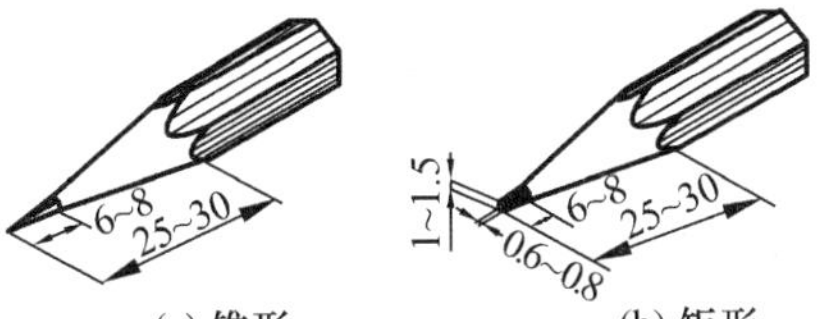 6~8　25~30　(a) 锥形　1~1.5　0.6~0.8　6~8　25~30　(b) 矩形	铅笔有软（代号为 B)、硬（代号为 H）之分，代号前数字越大则铅笔越软或越硬。一般绘图前应准备 H、HB、B 型铅笔各一支，并将其削磨成图中所示的形状。H 型铅笔用于画底稿，HB 型铅笔可以用于写字和描深细实线，B 型铅笔用于描深粗实线
擦图片	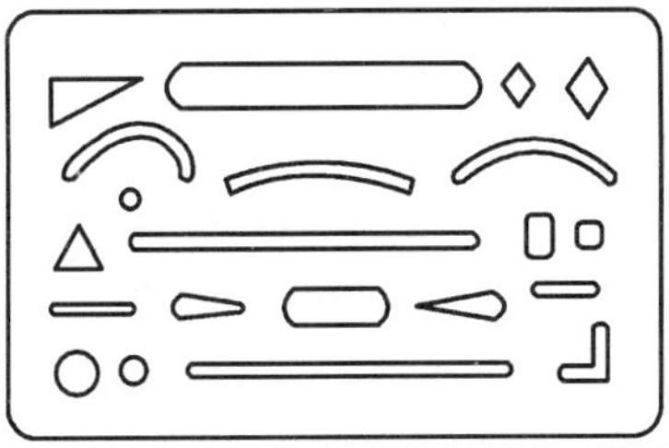	用于修改图线时遮盖不需擦掉的图线

1.2.2 手工绘图的方法

掌握正确的绘图方法和步骤是十分必要的。手工绘图的方法一般有三种。

1. 徒手绘制草图

草图是仅用铅笔，经过目测比例徒手在图纸上画出的图样。草图一般用在设计构思的初级阶段，用来反映设计者的技术思想。另外，在现场测绘工作中，用来记录机件的形状结构和尺寸大小。草图要求内容完备，图形准确，线条工整，字体清晰，它是每个工程技术人员必须掌握的基本技能之一。

画草图的图纸可以不固定，以便于转向有利于画线的方位。画竖向直线段应从上至下，画横向直线段应从左至右。画长线段时，眼睛不要只看笔尖，应常顾及终点，以免将线段画斜。画直线时执笔手的小手指可轻轻抵靠纸画，以保证运笔平稳。

2. 用工具绘制铅笔图

选好比例，根据图形大小确定图幅，将图纸固定在图板左下方才可着手绘图，其步骤如下。

① 画底稿：画底稿宜用 H 型铅笔，用力要轻，图线要细，除图线粗度一致外，各类线型要按规定加以区别。着手画图，要先将图框画出，再确定图形的位置画出基准线，然后逐步绘出图形，图形底稿可以不画出尺寸线、尺寸界线，也不注出尺寸数字。底稿画好后要仔细检查一遍，改正图中的错误，擦去不要的图线。

② 加深描粗图线：这项工作关系着图面质量的优劣，应宁慢勿快，耐心、仔细地进行。加粗加深的顺序原则是：先粗后细，先曲后直，先上后下，先左后右。

③ 画尺寸界线、尺寸线：用 HB 型铅笔画尺寸界线、尺寸线（包括箭头）。若图形尺寸较多，要慎重考虑，合理布局。同一张图上的箭头要一致。

④ 注尺寸数字、填写标题栏：用 HB 型铅笔统一注写尺寸数字，以确保尺寸数字大小一致。最后用长仿宋体字填写标题栏。

3. 描图

描图是用墨汁将图样绘制在描图纸上。先将描图纸覆盖在原图上，用胶带纸条把它们固牢，再用墨线笔上墨描出图样。上墨描线的顺序与加深描粗铅笔图的顺序相同。描图一定要冷静细心，掌握要领，万勿急躁。

1.3　几 何 作 图

为了准确、迅速地绘制机件的图形，应该掌握必要的几何作图方法和具备对平面图形进行尺寸分析的能力。

1.3.1　常见几何作图方法

常见几何作图方法如表 1-6 所示。

表 1-6　常见几何作图方法

内　　容	方法和步骤	图　　示
等分直线段	过点 A 任作一直线 AC，用分规在 AC 上取五等份，连 $5B$，过 4、3、2、1 各点分别作 $5B$ 的平行线，即可将 AB 五等份	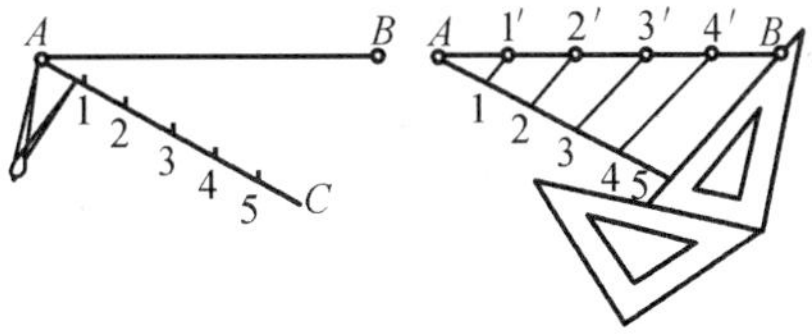
过点作已知斜度的斜度线	斜度是指一直线或一平面对另一直线或另一平面的倾斜度，其大小以它们夹角的正切值来表示。在图样上常以“1∶n”的形式出现，并在数值前加注符号“∠”，符号斜边方向与斜度方向一致。作图方法如图所示	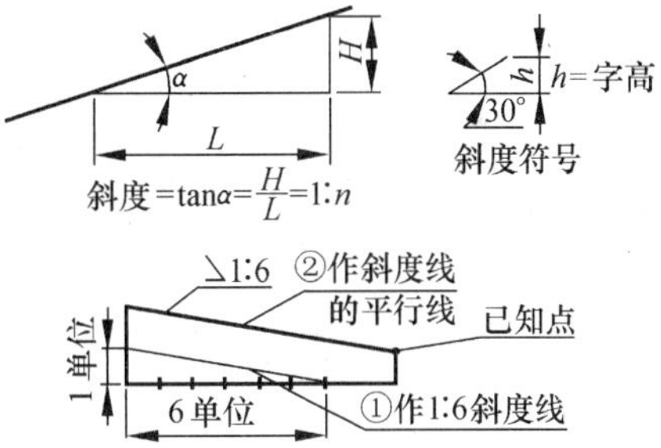 斜度 $=\tan\alpha=\frac{H}{L}=1:n$
过点作已知锥度的锥度线	锥度是指正圆锥底圆直径与圆锥高度之比。在图样上常以“1∶n”的形式出现，并在数值前加注符号 ∆，符号方向与锥度方向一致。作图方法如图所示	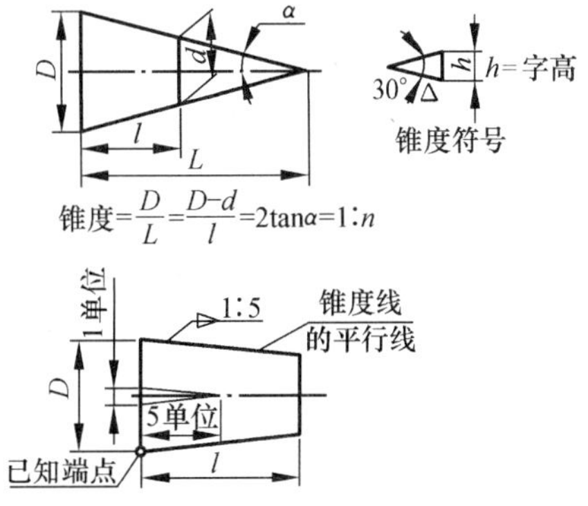 锥度 $=\frac{D}{L}=\frac{D-d}{l}=2\tan\alpha=1:n$

续表

内　　容	方法和步骤	图　　示
六等份圆周及画正六边形	按作图方法，分为用三角板作图和圆规作图两种。按已知条件：有已知对角距作圆内接正六边形和已知对边距作圆外切正六边形两种	六等分圆周和作正六边形　已知对角距作圆内接正六边形　已知对边距作圆外切正六边形
用圆弧连接两条直线	作两条直线分别平行于两已知直线（距离为 R_2），其交点即为圆心 O，自点 O 向两已知直线分别作垂线，垂足即为切点 a、b，再用半径为 R_2 的圆弧连接两直线即可	
用圆弧连接直线与圆弧	作直线平行已知直线（距离为 R_2），作圆弧 R（左图 $R=R_1-R_2$，右图 $R=R_1+R_2$）与直线的交点即为圆心 O，自点 O 向已知直线作垂线，垂足即为切点，作直线 OO_1 与圆弧的交点即切点 b，再用半径为 R_2 的圆弧连接即可	
用圆弧 R_2 连接两圆弧（其圆心分别为 O_aO_b）	作圆弧 R_a 和 R_b（其大小由内切或外切确定），其交点即为圆弧 R 的圆心 O，作直线 OO_a、OO_b，它们与已知圆弧的交点即为切点 a、b，再用半径为 R_2 的圆弧连接即可	

1.3.2　平面图形分析

1. 平面图形尺寸分析

平面图形的尺寸分为定形尺寸和定位尺寸。

(1) 尺寸基准。在平面图形上标注尺寸时，首先要确定长度和高度方向尺寸的起始位置，即尺寸基准。平面图形的尺寸基准是点或线。通常以平面图形的对称线、中心线或某一线段作为尺寸基准；以圆心、球心、多边形中心点、角点等也可作为尺寸基准。如图 1-14 所示。

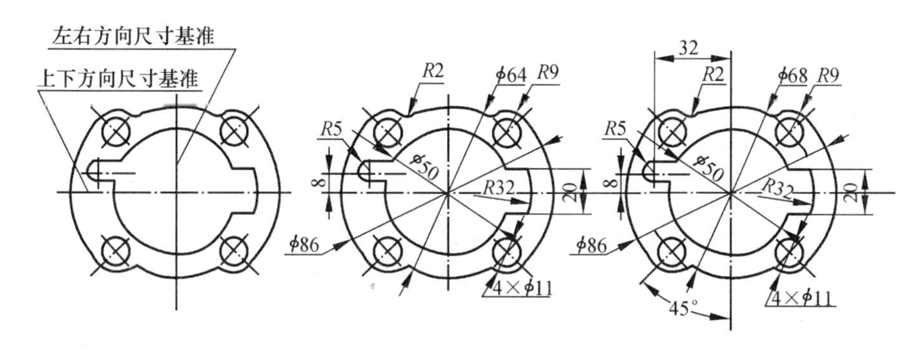

图 1-14　平面图形尺寸的分析与标注

（2）定形尺寸。确定平面图形中各封闭线框形状和大小的尺寸，也就是确定直线长度、角度、圆弧半径或直径大小的尺寸，如图 1-14 中的 φ64、R32、20 等。

（3）定位尺寸。确定平面图形中各线框与基准之间相对位置的尺寸，如图 1-14 中的 φ68、32 等。

应该注意：有的尺寸可以兼有定位和定形两种，如图 1-14 中的 20、φ50 等。

2. 平面图形中线段性质的分析

平面图形中的各线段（直线或圆弧），具有影响绘图先后顺序的性质，线段的这个性质又是由给定的尺寸多少确定的。线段按其性质分为以下三类。

（1）已知线段。给定尺寸完全，可以直接画出的线段或圆弧，称为已知线段，如图 1-15 中手柄左边的各直线段及 R5.5 圆弧。

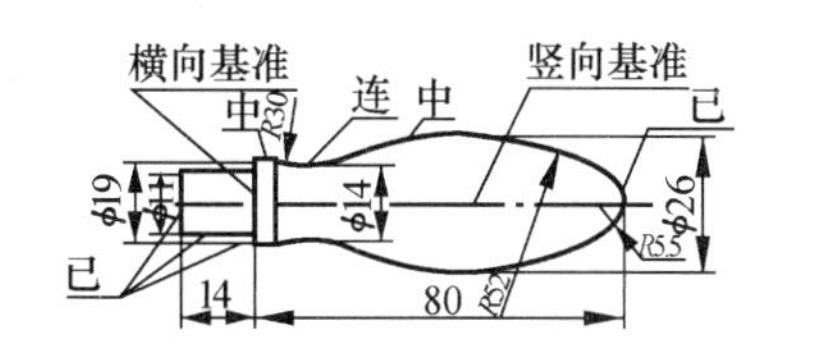

已—已知线段；中—中间线段；连—连接线段

(a) 分析原因，确定基准及线段性质　　(b) 估算尺寸，画出基准线，确定图形位置

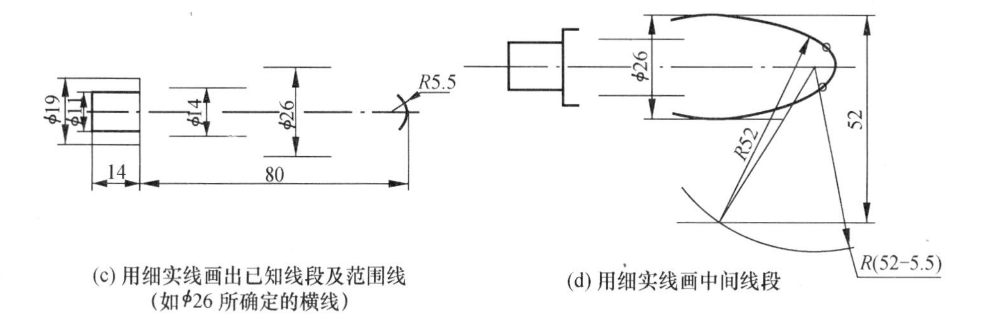

(c) 用细实线画出已知线段及范围线（如φ26 所确定的横线）　　(d) 用细实线画中间线段

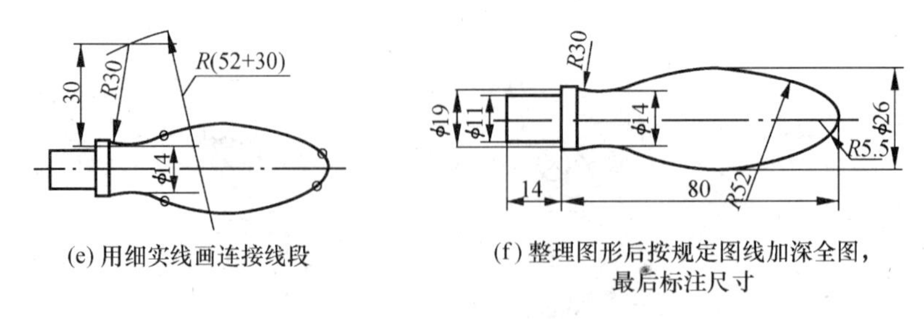

(e) 用细实线画连接线段

(f) 整理图形后按规定图线加深全图，最后标注尺寸

图 1-15　手柄的线段分析及画图步骤

(2) 中间线段。给定尺寸不完全，需要通过与它相邻某一边图线的相切关系，才能作出的直线段或圆弧称作中间线段，如图 1-15 的 $R52$ 弧线。

(3) 连接线段。给定尺寸很不完全，需要通过与它相邻两边图线的相切关系，才能作出的直线或圆弧称为连接线段，如图 1-15 中的 $R30$ 弧线。

3. 平面图形的画图步骤

从平面图形的线段分析可以看出，画平面图形有一定的先后次序。先画已知线段，再画中间线段，最后画连接线段。图 1-15 所示手柄的平面图形说明了对平面图形的线段分析及画图步骤。

4. 平面图形的尺寸标注

标注平面图形的尺寸必须细心，特别是由多段圆弧光滑连接而成的线框，在确定圆心的横向和竖向尺寸时要反复推敲，正确地确定已知线段、中间线段、连接线段。一般是先选好横向和竖向尺寸基准，然后标注定形尺寸和定位尺寸，最后进行调整。调整的一般原则如下。

(1) 多条线段连接时，在两已知线段之间可以有（也可无）几条中间线段，但只需一条连接线段。

(2) 在抄画平面图形时，所有的尺寸都应用到，未用到的尺寸即为多余尺寸；某线段不能绘制时，则必是遗漏了尺寸。

第 2 章　点、直线、平面的投影

2.1　投影的基本知识

2.1.1　投影的概念

在日常生活中，人们都知道一种自然现象，当光线照射物体时，可以在预设的平面上产生它们的影子。用几何方法来分析这一自然现象，如图 2-1 所示，把发出光线的点光源称为投影中心 S，光线 SAa、SBb、SCc 称为投影线，承受影子的平面叫投影面 P，则三角形 abc 就是三角板在投影面上的投影。

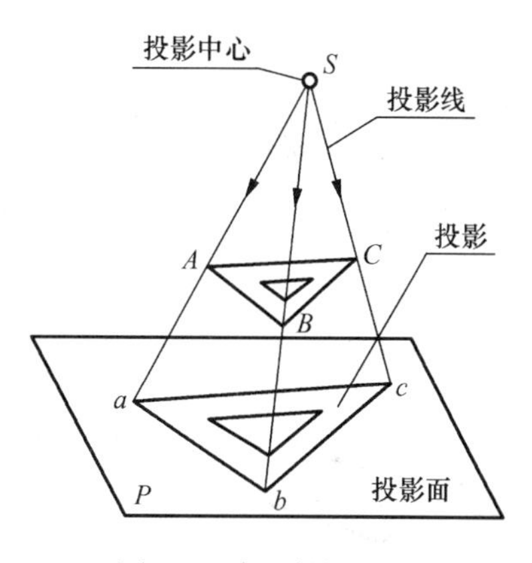

图 2-1　中心投影法

2.1.2　投影法的种类

研究形体与投影之间对应规律的方法称为投影法。投影法通常分为中心投影法和平行投影法。

1. 中心投影法

所有的投影线都通过一点（即投影中心），这种投影法称为中心投影法，如图 2-1 所示。中心投影法常用于绘制建筑图。

2. 平行投影法

所有的投影线都相互平行（即投影中心在无穷远处），这种投影法称为平行投影法，如图 2-2 所示。平行投影法又分为以下两种。

（1）斜投影法。投影线相互平行且与投影面倾斜，如图 2-2（b）所示。

（2）正投影法。投影线相互平行且与投影面垂直，如图 2-2（a）所示。

机械图主要是用正投影法绘制的，正投影的基本理论是机械制图的基础，斜投影用得比较少。为叙述简单起见，本书今后把正投影称为投影。

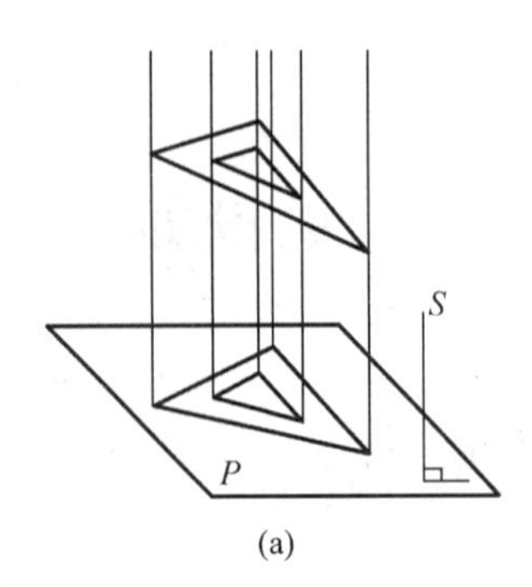

(a)

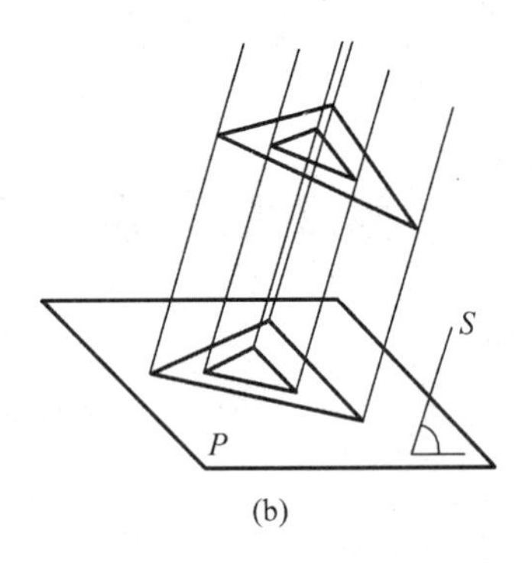

(b)

图 2-2　平行投影法

2.2　点的三面投影

如图 2-3 所示，当空间点 A 的位置及投影方向已定时，它在投影面上的投影就可以确定。相反，根据点的一个投影，不能确定该点的空间位置。因为这时与 A 点位于同一投影线上的任何一点，如 A_0、…它们的投影都是 a 与之对应，因此，工程上常把几何形体假想放在相互垂直的三个投影面之间，在三个投影面上所形成的投影，就是三面投影。

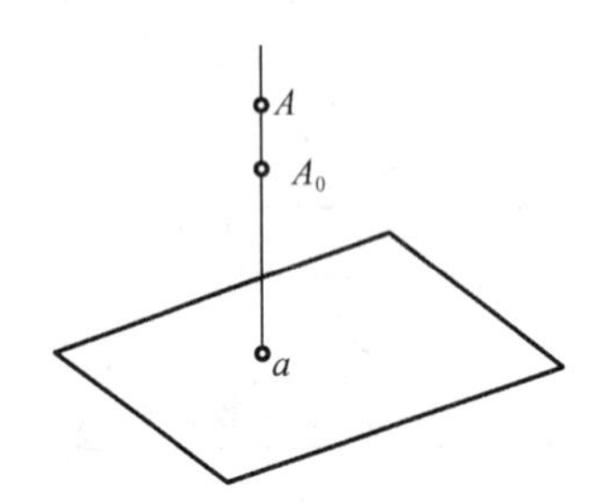

图 2-3　点的投影

2.2.1　点的三面投影

如图 2-4 所示，设相互垂直的正立投影面（正面）V 和水平投影面（水平面）H，侧立投影面（侧面）W，三个投影面之间的交线 OX、OY、OZ 称为投影轴，三条投影轴垂直相交于 O，称为原点。

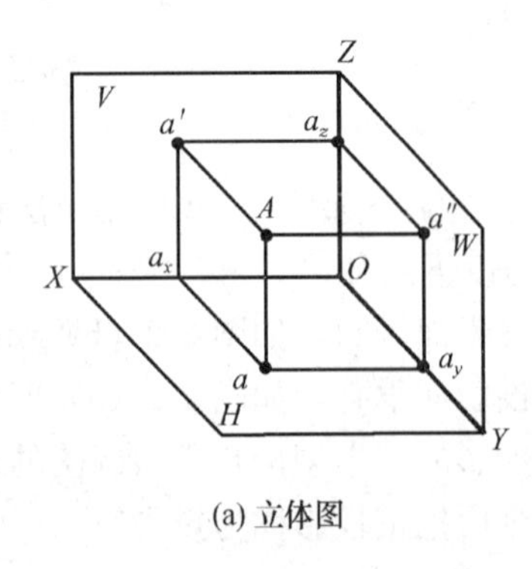

(a) 立体图

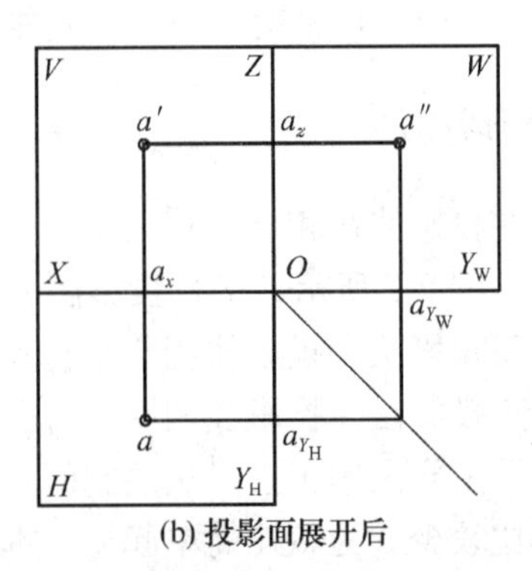

(b) 投影面展开后

图 2-4　点的三面投影与该点直角坐标的关系

由空间点 A 分别向三个投影面作投影线（垂线），交得的垂足 a'、a、a'' 即为点 A 在三个投影面上的投影。正面投影 a'，水平投影 a，侧面投影 a''。为使三个投影处于同一个平面上，规定 V 面不动，使 H 面绕 X 轴向下旋转 90°，W 面绕 Z 轴向右旋转 90°，使三个投影面展开成一个平面。这样就得到了 A 点的三面投影，如图 2-4（b）所示。投影面展开后 Y 轴被一分为二，分别用 Y_H（H 面）和 Y_W（W 面）表示。

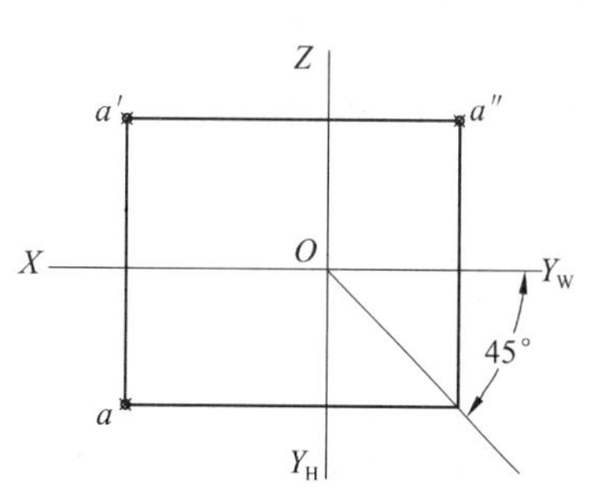

图 2-5　用辅助线作图

为便于投影分析和作图，去掉边框线并过 O 点加画 45°线将 a 与 a'' 相连，如图 2-5 所示。由图 2-4（a）可以看出，过 A 点作的三条投影线，构成互相垂直的平面，组成一个长方体，各面是矩形，对边互相平行且相等，邻边互相垂直。所以

$Aa''=aa_Y=a'a_Z=Oa_X=X_A$——A 点到 W 面的距离；

$Aa'=aa_X=a''a_Z=Oa_Y=Y_A$——A 点到 V 面的距离；

$Aa=a'a_X=a''a_Y=Oa_Z=Z_A$——A 点到 H 面的距离。

由此可以得出点的三面投影规律如下。

（1）点的 V 面投影与 H 面投影的连线垂直于 X 轴，即 $a'a\perp OX$。

（2）点的 V 面投影与 W 面投影的连线垂直于 Z 轴，即 $a'a\perp OZ$。

（3）点的 H 面投影到 X 轴的距离等于点的 W 面投影到 Z 轴的距离，即 $aa_X=a''a_Z$。

投影面上的点有一个坐标为 0，投影轴上的点有两个坐标为 0，这些点的三面投影特性读者可以自行思考。根据点的投影规律，可由点的三个坐标值画出点的三面投影图，也可根据点的两面投影作出点的第三面投影。

例 2-1　已知 A 点的坐标为（12，10，15），求作 A 点的三面投影图。

作图　先在三条轴上量取相应的坐标值，得 α_X、α_{YH}、α_{YW}、α_Z 等点，然后过这些点作所在轴的垂线，其交点便是 α、α'、α''，如图 2-6 所示。

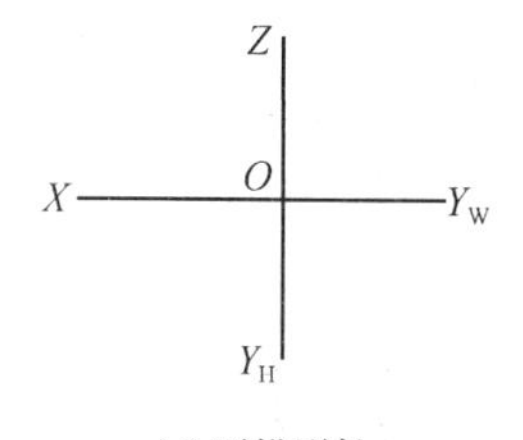

(a) 画投影轴

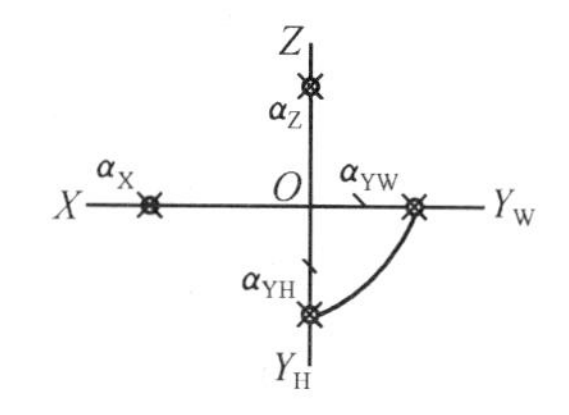

(b) 量取 $O\alpha_X=12$，$O\alpha_Z=15$，$O\alpha_{YH}=10$ $O\alpha_{YW}=10$，得 α_X、α_Z、α_{YH}、α_{YW} 等点

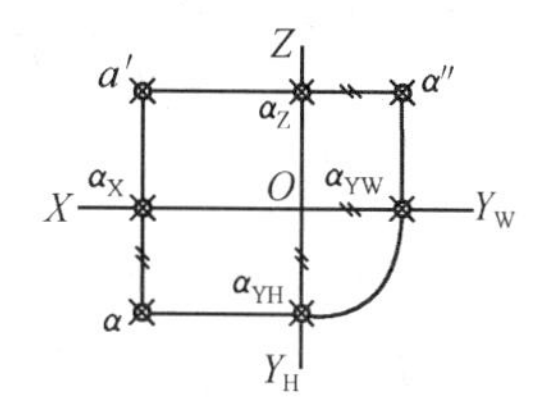

(c) 过 α_X、α_Z、α_{YH}、α_{YW} 等点分别作所在轴的垂线，交点 α、α'、α'' 即为所求

图 2-6　已知点的坐标，求作点的投影图

例 2-2 已知点的两面投影，求作第三面投影。

分析 由于空间点的任一面投影都反映了点的两个坐标值，已知点的两面投影，则点的三个坐标值都知道了，故可求作第三面投影。

作图 如图 2-7 所示，过已知两面投影分别作相应轴的垂线（箭头所示），两垂线的交点即为所求。

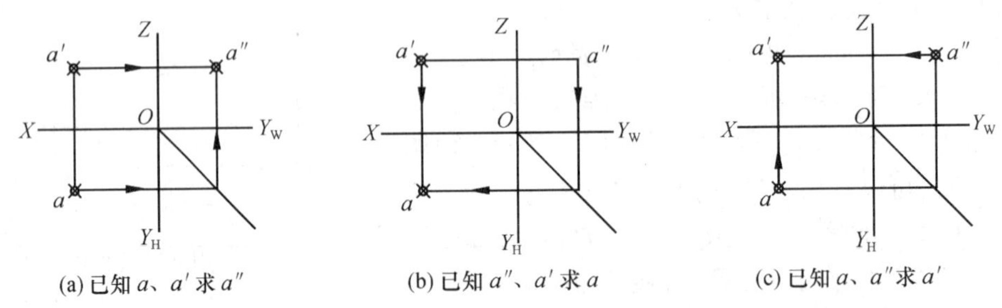

图 2-7 已知点的两面投影，求第三面投影

2.2.2 两点的相对位置

1. 两点的相对位置

空间点在三面投影体系中的相对位置，由空间点到三个投影面的距离来确定，距 W 面远者在左，近者在右；距 V 面远者在前，近者在后；距 H 面远者在上，近者在下。如图 2-8 所示，已知 A、B 两点的三面投影，它们的相对位置确定如下。

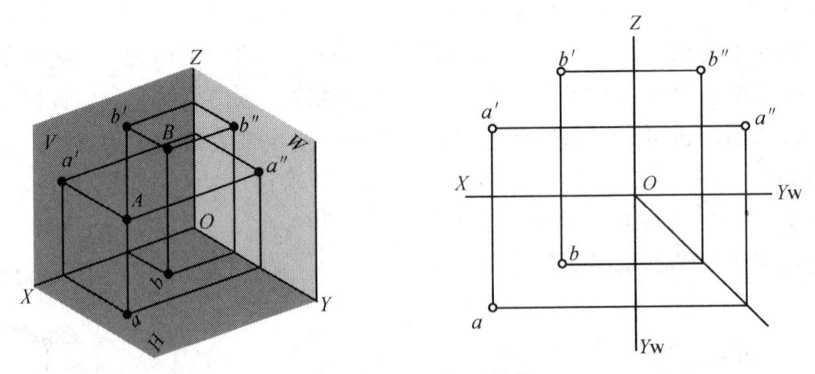

图 2-8 两点的相对位置

① 从 V、H 面投影看出，B 点比 A 点距 W 面近，故 B 点在右，A 点在左。

② 从 V、W 面投影看出，A 点比 B 点距 H 面近，故 A 点在下，B 点在上。

③ 从 H、W 面投影看出，A 点比 B 点距 V 面远，故 B 点在后，A 点在前。

2. 重影点及其可见性

当空间两点（或更多的点）处于同一投影线上时，则它们在该投影线所垂直的投影面上的投影重合，故称它们为重影点。

如图 2-9 所示，A、B 两点处于同一 V 面投影线上，它们在 V 面的投影重合，故称 A、B 两点为对 V 面的重影点。

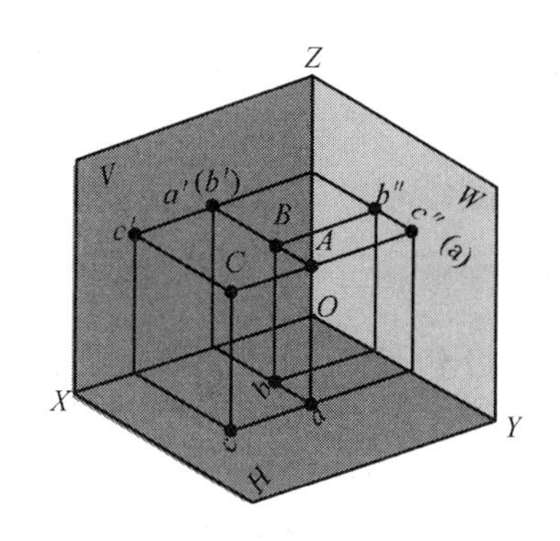

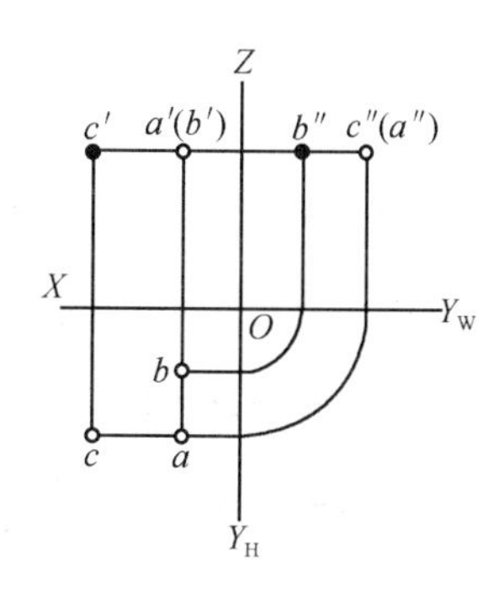

图 2-9　重影点的投影

重影点需要判断其可见性，将不可见点的投影用括号括起来，以示区别。若以两点到投影面的距离来判断，距投影面远者可见，近者被遮住而不可见。如图 2-9 所示，从前向后看时显然是 A 点可见，B 点不可见，故将 B 点的 V 面投影用括号括起来；从左向右看时 C 点可见，A 点不可见，故将 A 点的 W 面投影用括号括起来。

2.3　直线的投影

2.3.1　直线的三面投影

点定向运动的轨迹构成了直线。作直线的投影，实质上就是作直线上一系列点的投影。如图 2-10 所示，将 AB 上一系列点向 H 面投影，当投影的点无限增加时，其投影线便形成与 H 面相交的平面 P，P 面与 H 面的交线 ab 就是 AB 直线在 H 面上的投影。所以，直线的投影仍为直线，只有当直线与投影线方向一致时，其投影才积聚成一点。如图 2-10 中的 CD 直线。

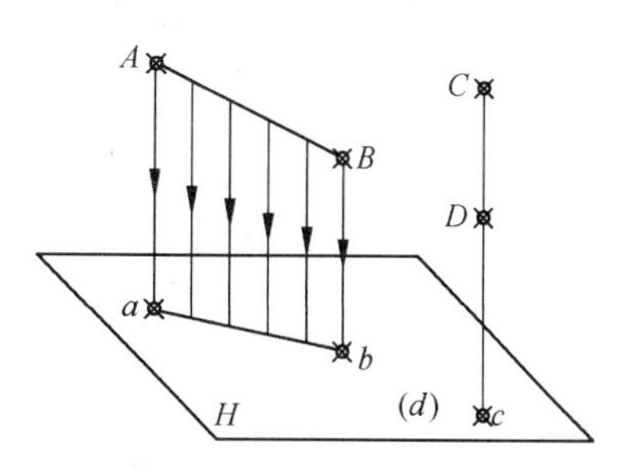

图 2-10　直线投影的形成

由于直线通常是以两个点（或线段上的两个端点）来确定，所以直线上两点的同面投影的连线，就是直线在该面上的投影。如图 2-11 所示，已知 AB 直线（工程上均使用线段，习惯称为直线）上 A、B 两点的坐标，便可作出 A、B 两点

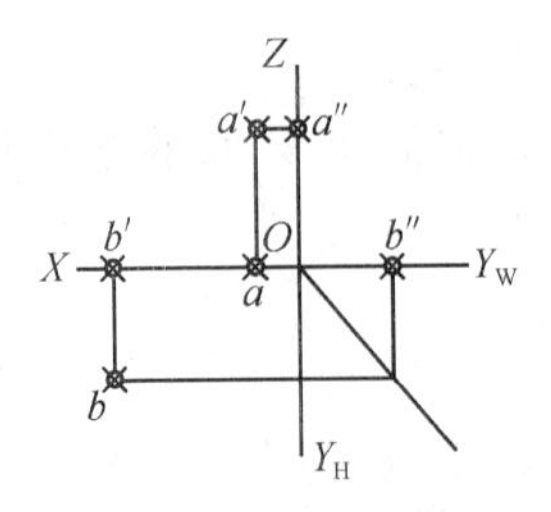

(a) 作 *A*、*B* 两点的投影

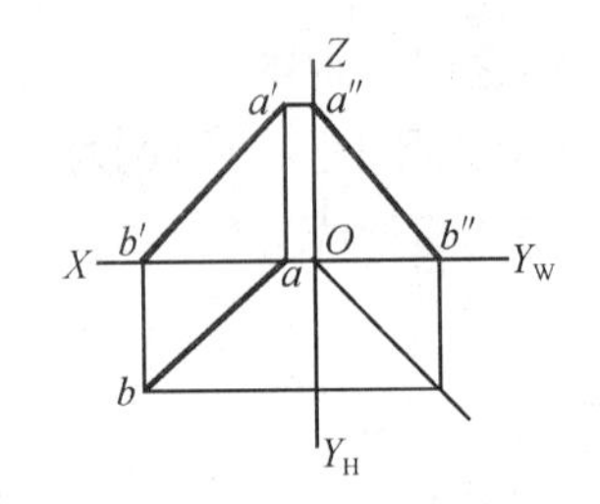

(b) 将 *A*、*B* 两点的同面投影相连

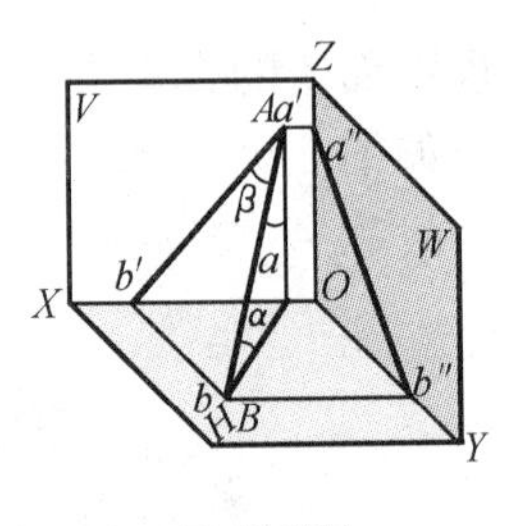

(c) 直观图

图 2-11　直线的三面投影图

的三面投影，然后用直线将两点的各同面投影相连，即得 *AB* 直线的三面投影图。

2.3.2　各种位置直线的投影特性

直线在三面投影体系中的位置可分为三类：一般位置直线、投影面平行线、投影面垂直线，后两类称为特殊位置直线。

1. 一般位置直线

对三个投影面都倾斜的直线为一般位置直线，如图 2-11 所示。它具有下列投影特性。

(1) 由于一般位置直线上各点到任一投影面的距离都不相等，故三面投影都与投影轴倾斜。

(2) 由于一般位置直线与三个投影面都倾斜，故三面投影都小于线段实长。

2. 投影面平行线

平行于一个投影面而与另外两个投影面倾斜的直线，称为投影面平行线。投影面平行线可分为正平线、水平线和侧平线三种，如表 2-1 所示。

表 2-1　投影面平行线

名称	立体图	投影图	投影特性
正平线			(1) $a'b'$ 反映实长，$a'b'$ 与 *X*、*Z* 轴的夹角反映实际倾角 α、γ (2) $ab // OX$，$a''b'' // OZ$，长度缩短

续表

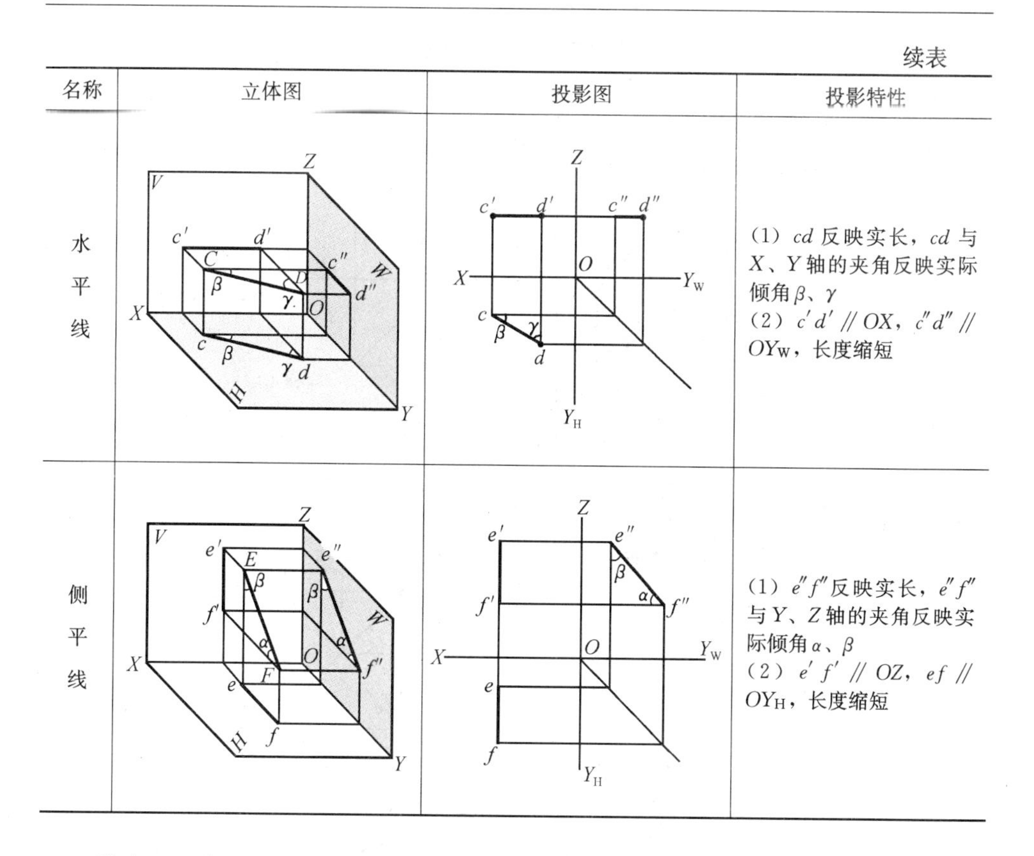

名称	立体图	投影图	投影特性
水平线			(1) cd 反映实长，cd 与 X、Y 轴的夹角反映实际倾角 β、γ (2) $c'd' /\!/ OX$，$c''d'' /\!/ OY_W$，长度缩短
侧平线			(1) $e''f''$ 反映实长，$e''f''$ 与 Y、Z 轴的夹角反映实际倾角 α、β (2) $e'f' /\!/ OZ$，$ef /\!/ OY_H$，长度缩短

从表 2-1 中可概括出投影面平行线的投影特性。

(1) 在与直线相平行的投影面上的投影，反映实长，它与投影轴的夹角，分别反映直线与另外两个投影面的真实倾角。

(2) 在另外两个投影面上的投影，平行于相应的投影轴，长度缩短。

以水平线为例，由于水平线平行于 H 面，则线上一切点到 H 面的距离都相等，故有下列投影特性。

(1) 水平线的 H 面投影反映实长。

(2) 水平线的 V、W 面投影分别平行于 H 面的两根轴。

(3) 水平线的 H 面投影与 OX 轴的夹角，反映该直线对 V 面的倾角 β；与 OY 轴的夹角，反映该直线对 W 面的倾角 γ。

同理，可得出正平线和侧平线的投影特性。

3. 投影面垂直线

垂直于一个投影面，而与另外两个投影面平行的直线，称为投影面垂直线。可分为正垂线、铅垂线和侧垂线三种，如表 2-2 所示。

表 2-2　投影面垂直线

名称	立体图	投影图	投影特性
正垂线	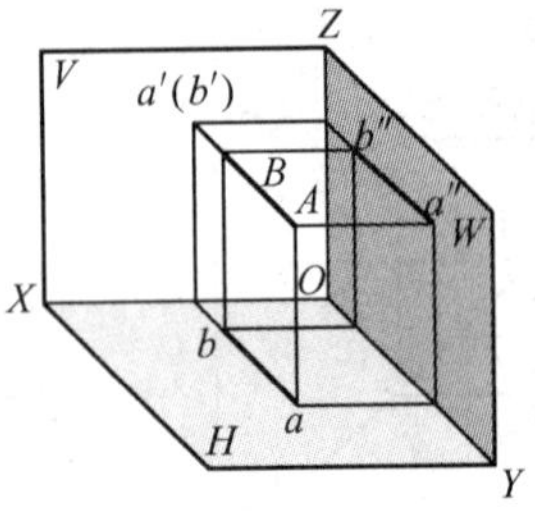	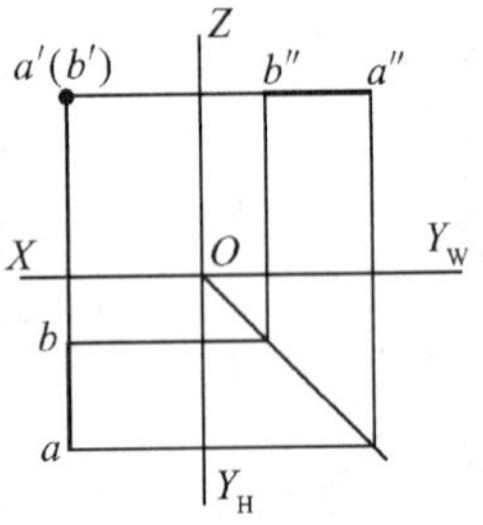	(1) $a'(b')$ 积聚成一点 (2) $ab \parallel OY_H$，$a''b'' \parallel OY_W$，都反映实长
铅垂线	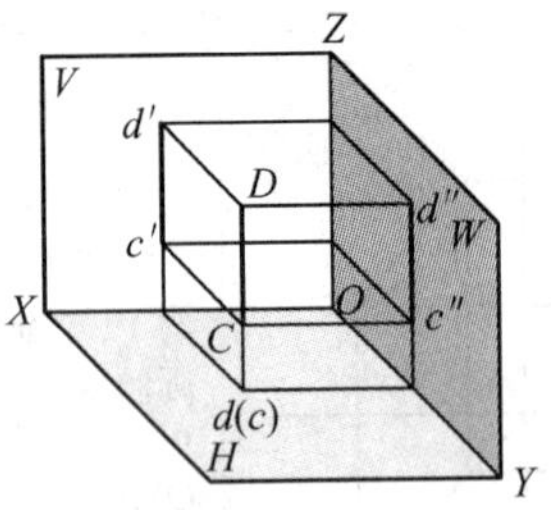	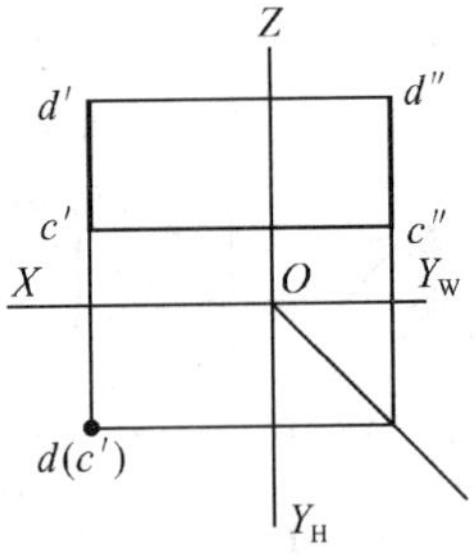	(1) $(c)d$ 积聚成一点 (2) $c'd' \parallel OZ$，$c''d'' \parallel OZ$，都反映实长
侧垂线	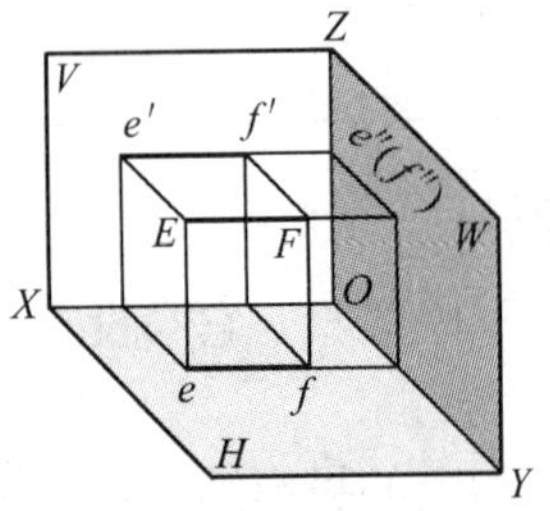	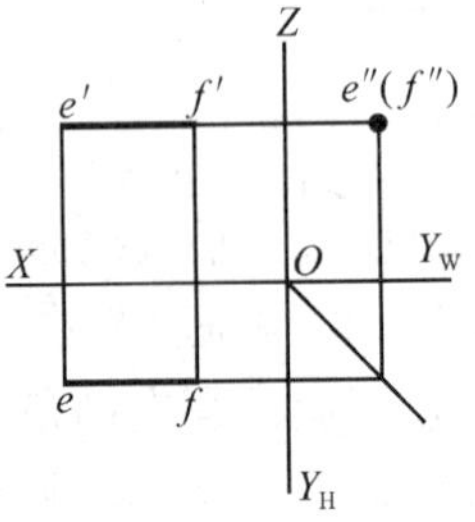	(1) $e''(f'')$ 积聚成一点 (2) $ef \parallel OX$，$e'f' \parallel OX$，都反映实长

从表 2-2 中可概括出投影面垂直线的以下投影特性。

(1) 在与直线相垂直的投影面上的投影，积聚成一点。

(2) 在另外两个投影面上的投影，平行于相应的投影轴，反映实长。

以正垂线为例，由于正垂线垂直于 V 面，必然平行于 H、W 面，故有下列投影特性。

(1) 正垂线的 V 面投影积聚为一点。

(2) 正垂线 H、W 面投影均反映实长。

(3) 正垂线 H、W 面投影分别垂直于 V 面的两根坐标轴。

同理，可得铅垂线和侧垂线的投影特性。对于特殊位置直线的判断如下。

(1) 只要有投影积聚成一点，则该直线一定是投影面垂直线，并一定垂直于投影积聚成一点的那个投影面。

(2) 只要投影平行于投影轴（无积聚点），则该直线一定是投影面平行线，并一定平行于其投影为倾斜的那个投影面。

2.3.3　点与直线的相对位置

1. 点在直线上

当点在直线上时，点的各面投影一定在该直线的各同面投影上。

如图 2-12 所示，C 点在 AB 直线上，过点 C 作 H 面的投影 Cc，则 Cc 必然在过 AB 向 H 面所作的投影平面 $AabB$ 上。所以，Cc 与 H 面的交点 c 在平面 $AabB$ 与 H 面的交线 ab 上。同理，C 点的 V 面投影 c' 在 AB 直线的 V 面投影 $a'b'$ 上。

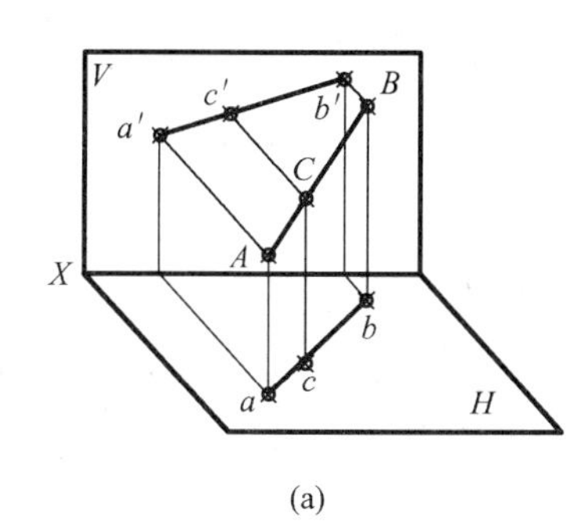

(a)

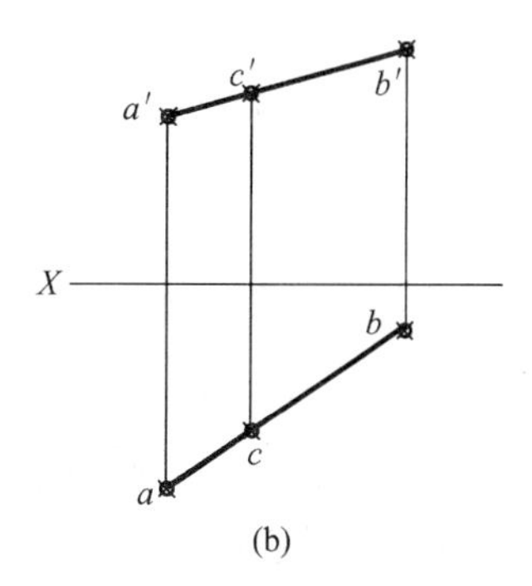

(b)

图 2-12　直线上的点

由图 2-12 还可看出：C 点将 AB 分成 AC 和 CB 两段，C 点的 H 面投影 c 也将 AB 直线的 H 面投影分成 ac 和 cb 两段。由于 $Cc /\!/ Aa /\!/ Bb$，则有

$$AC : CB = ac : cb \qquad \text{同理} \qquad AC : CB = a'c' : c'b'$$

即直线上的点将线段分成定比，该点的投影必将该线段的同面投影分成相同的定比。这一投影特性，称为定比特性。

例 2-3　已知线段的两面投影，试将 AB 分成 $AC : CB = 2 : 3$，求分点 C 的投影 c 和 c'。

分析　如图 2-13 所示，用几何作图法先将 ab（或 $a'b'$）分成要求的比例，得到分点 C 的 H 面投影 c，然后按照点的投影规律求出 c'。

作图　用等分线段法求出 c 点，使 $ac : cb = 2 : 3$；然后过 c 作 $cc' \perp OX$ 轴与 $a'b'$ 交于 c'。

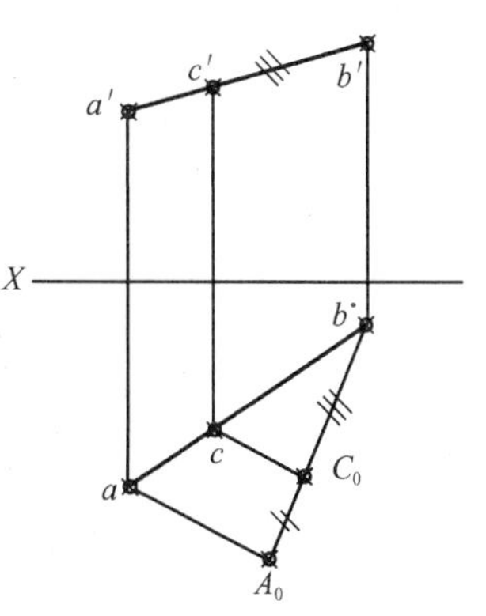

图 2-13　分线段成定比

2. 点不在线上

当点不在直线上时，则点至少有一个投影面上的投影不在直线的同面投影上。

例 2-4　已知直线 AB 和点 K 的两面投影，判断 K 点是否在 AB 直线上，见图 2-14（a）。

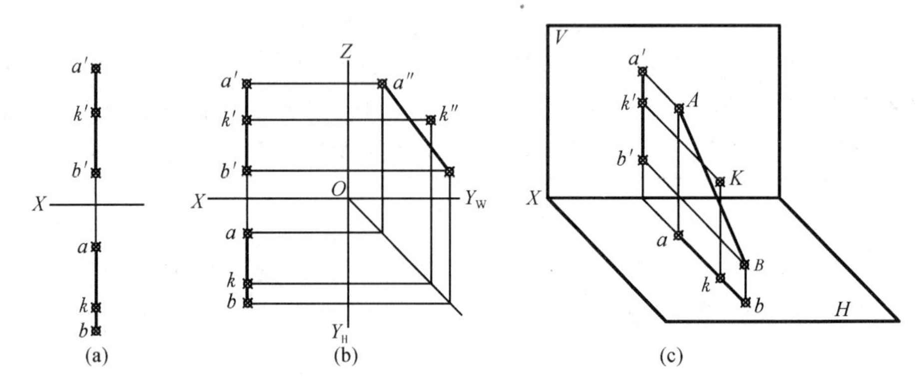

图 2-14　判断 K 点是否在直线 AB 上

分析　如图 2-14（c）所示，虽然 k 在 ab 上，k'在 $a'b'$上，且 $k'k \perp OX$ 轴，但 $ak : kb \neq a'k' : k'b'$，不符合定比特性，故 K 点不在 AB 直线上。也可作出 AB 和 K 的 W 面投影进行判断，结论是一致的。

作图　如图 2-14（b）所示。

2.3.4　两直线的相对位置

两直线的相对位置有三种情况：相交、平行、交叉（既不相交，又不平行，亦称异面），如表 2-3 所示。

表 2-3　两直线相对位置关系

名　称	立 体 图	投 影 图	判断条件
相交	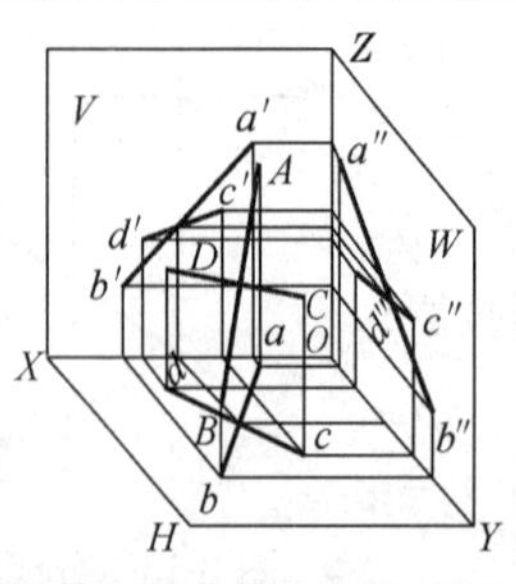	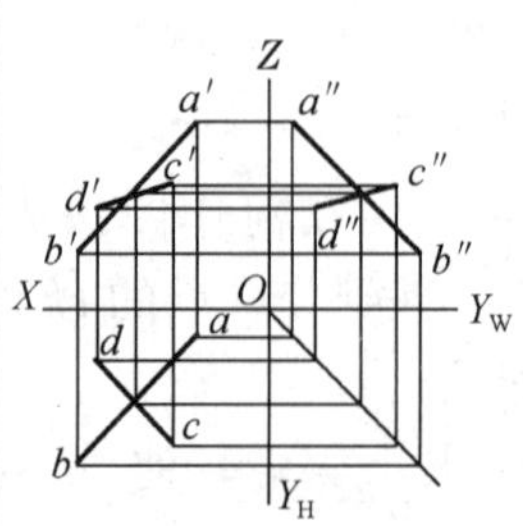	若空间两直线相交，则其各同面投影必相交，且交点的投影必符合空间一点的投影规律

续表

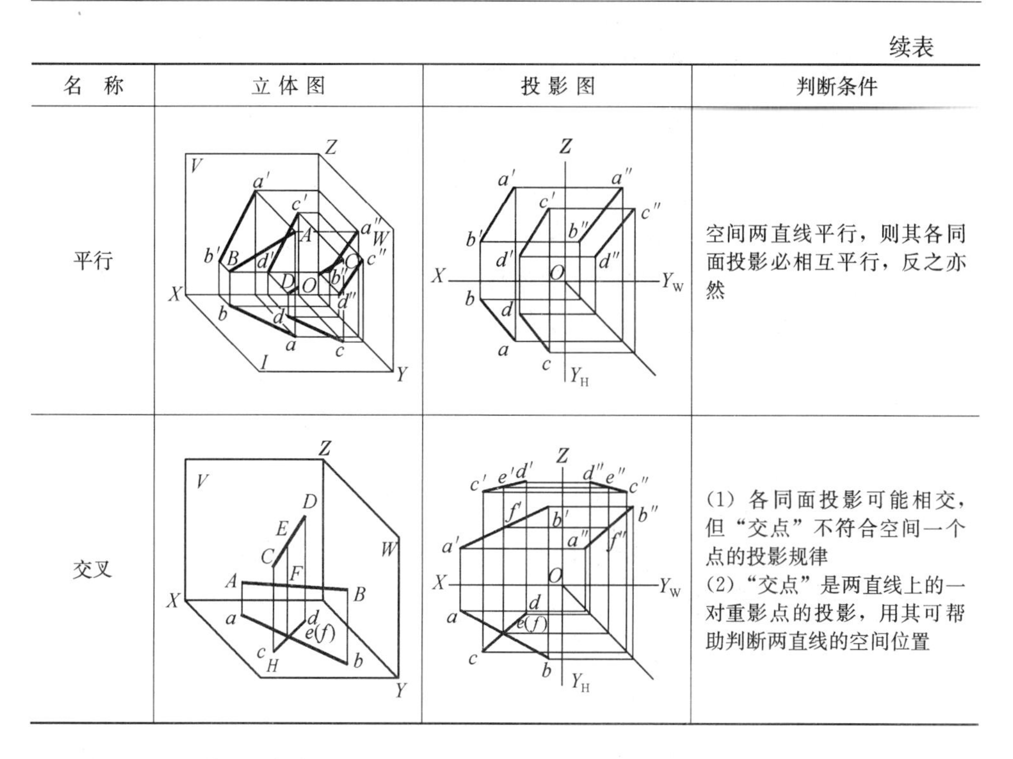

名 称	立 体 图	投 影 图	判断条件
平行			空间两直线平行，则其各同面投影必相互平行，反之亦然
交叉			(1) 各同面投影可能相交，但“交点”不符合空间一个点的投影规律 (2) “交点”是两直线上的一对重影点的投影，用其可帮助判断两直线的空间位置

例 2-5　判断两直线 AB、CD 是否平行，如图 2-15（a）所示。

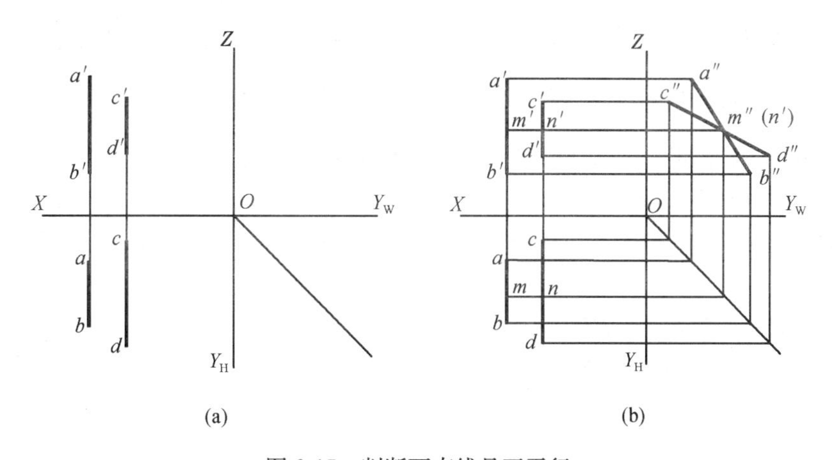

图 2-15　判断两直线是否平行

分析　由 AB、CD 的两面投影可知，AB、CD 都是侧平线，要判断其是否平行，可补画出两直线的侧面投影，如图 2-15（b）所示，$a''b''$ 与 $c''d''$ 不平行，所以 AB 与 CD 不平行。

作图　如图 2-15（b）所示。

2.3.5 一般位置直线的实长及对投影面的倾角

1. 换面法

一般位置直线的投影，不能直接反映实长及其对投影面的倾角，而投影面平行线的投影能够反映实长和倾角。因此，求作一般位置直线的实长和倾角，可用换面法。设置一个与该直线平行，且垂直于原投影体系中一个投影面的新投影面，使该直线变换成新投影面的平行线。如图 2-16（a）所示。

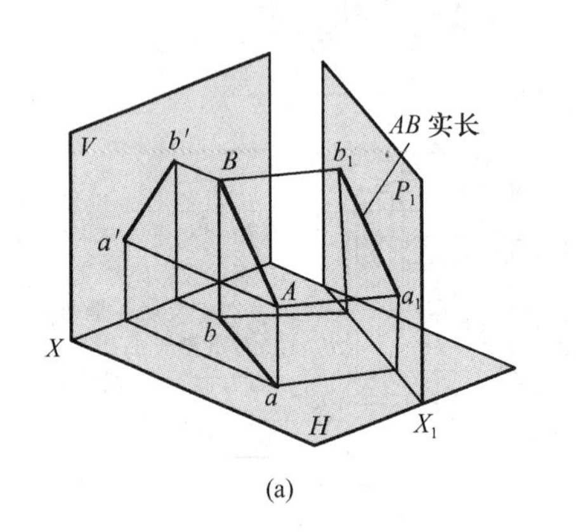

(a)

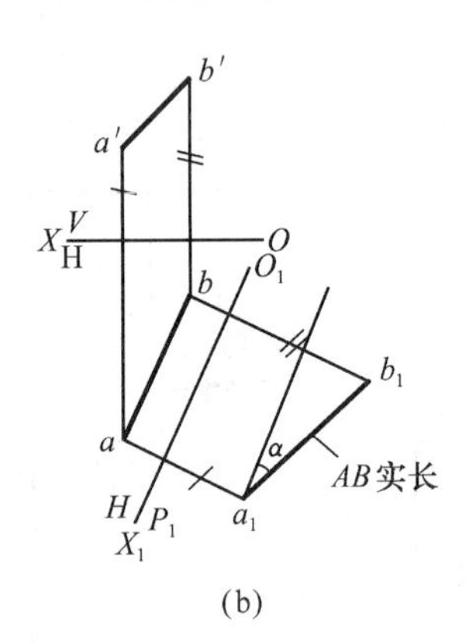

(b)

图 2-16 换面法

空间分析：如图 2-16（a）所示，取 P_1 代替 V 面，使 P_1 既平行于直线 AB 又垂直于 H 面，则 AB 在新体系$\dfrac{P_1}{H}$中就成为投影面平行线了（$AB /\!/ P_1$）。

投影作图：如图 2-16（b）所示，步骤如下。

（1）作 $O_1X_1 /\!/ ab$。

（2）根据用换面法求点的新投影的作图步骤，分别由 a' 和 a、b' 和 b 作出 a_1、b_1。

（3）连 a_1 和 b_1，a_1b_1 的长度就是直线 AB 的实长；a_1b_1 与 O_1X_1 轴的夹角 α，就是 AB 对 H 面的倾角。

2. 直角三角形法

求一般位置直线的实长和倾角，也可用下述的直角三角形法，如图 2-17 所示。

空间分析：如图 2-17（a）所示，在通过直线 AB 上，各点的垂直于 H 面的投影线所形成的平面 $ABba$ 上，由 A 作 $AK /\!/ ab$，与 Bb 相交于 K，得直角三角形 ABK。从图中可看出，$AK=ab$；$BK=Bb-Aa$（即两端点与 H 面的距离

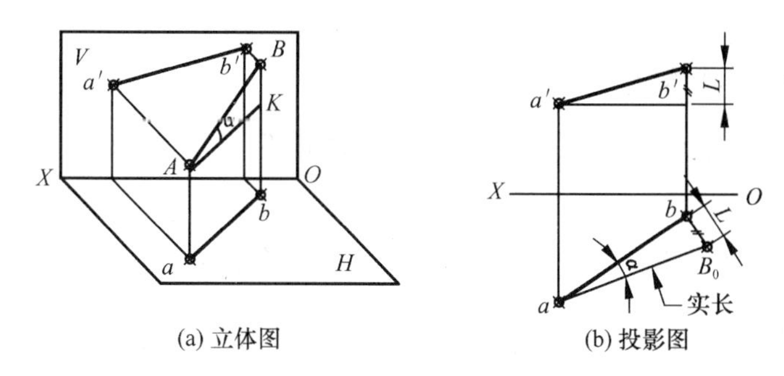

(a) 立体图　(b) 投影图

图 2-17　用直角三角形法求 AB 的实长和倾角

差)；AB 与 AK 的夹角，就是 AB 对 H 面的倾角 α。只要作出这个直角三角形的实形，就能确定 AB 的实长和倾角 α。

投影作图：如图 2-17（b）所示。

（1）以 ab 为一直角边，由 b 作 ab 的垂线。

（2）由 a'作水平线，在 V 面投影中作出 A、B 两点与 H 面的距离差，并将其量到由 b 所作的垂线上，得点 B_0，bB_0，即为另一直角边。

（3）连 a 和 B_0，aB_0 即为直线 AB 的实长，$\angle B_0ab$ 即为 AB 对 H 面的倾角 α。

由此可知，用直角三角形法求一般位置直线的实长和倾角的方法是：以直线在某一投影面上的投影为一直角边，直线两端点与这个投影面的距离差为另一直角边，所形成的直角三角形的斜边就是该直线的实长，斜边与底边的夹角就是该直线对这个投影面的倾角。

2.4　平面的投影

2.4.1　平面的表示法

平面通常是用确定该平面的点、直线或平面图形等几何元素的投影来表示。如图 2-18 所示的各种形式，这些形式可以相互转换。

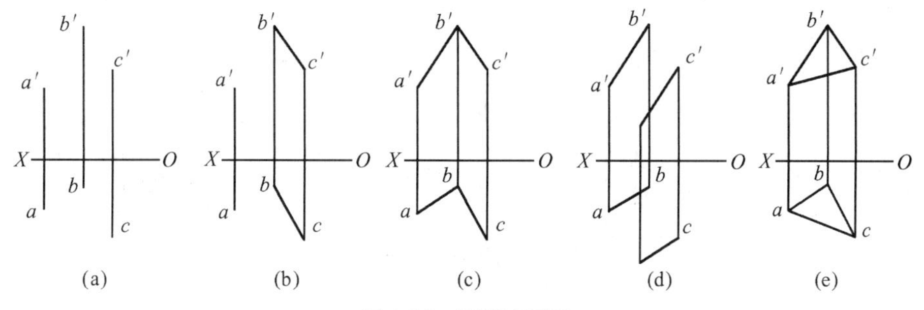

图 2-18　平面表示法

2.4.2　平面的各种位置

平面在三投影面体系中的位置分为一般位置平面、投影面平行面、投影面垂直面，后两类称为特殊位置平面。

1. 一般位置平面

对三个投影面都倾斜的平面，称为一般位置平面，如图 2-19 所示。

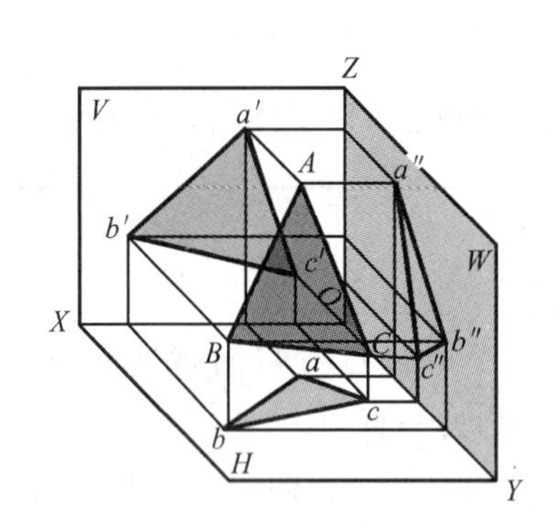

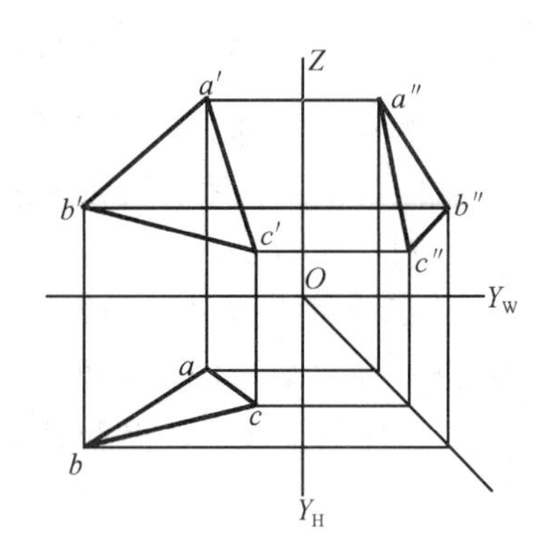

图 2-19　一般位置平面

投影特性：三面投影均为小于实形的类似图形。

判别方法：如果平面的三面投影均为几何图形，则该平面是一般位置平面。

2. 投影面垂直面

垂直于一个投影面与另外两投影面倾斜的平面，称为投影面垂直面。它可分为正垂面、铅垂面和侧垂面，如表 2-4 所示。

表 2-4　投影面垂直面的投影

名称	立体图	投影图	投影特性
正垂面			（1）正面投影积聚成直线，并反映真实倾角 （2）水平投影、侧面投影仍为平面图形，面积缩小

续表

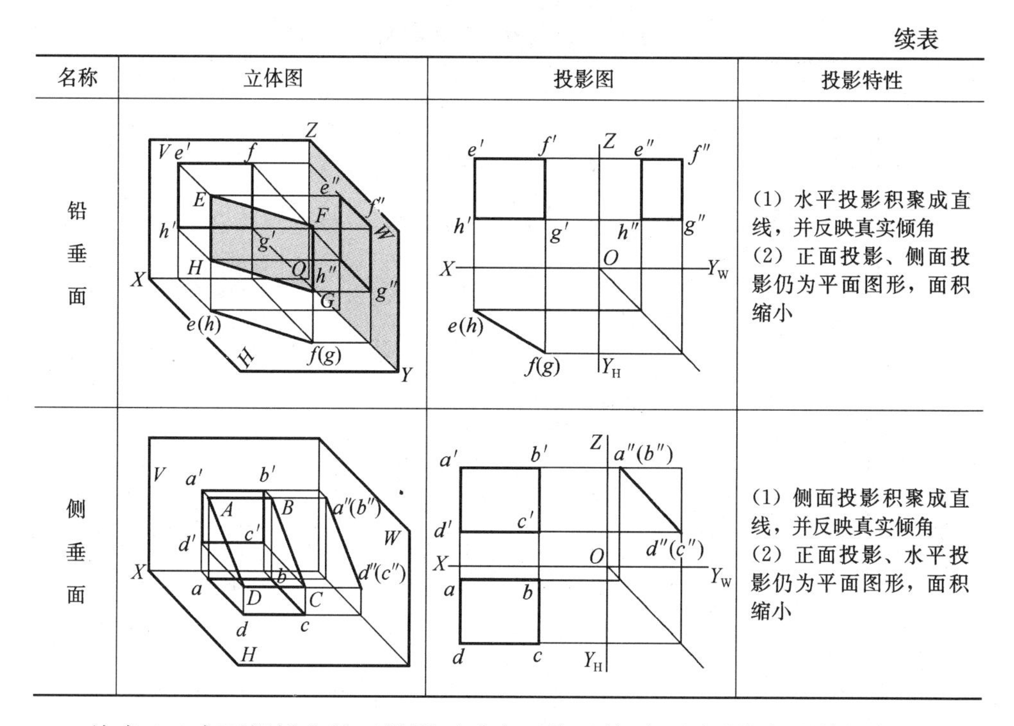

名称	立体图	投影图	投影特性
铅垂面			(1) 水平投影积聚成直线，并反映真实倾角 (2) 正面投影、侧面投影仍为平面图形，面积缩小
侧垂面			(1) 侧面投影积聚成直线，并反映真实倾角 (2) 正面投影、水平投影仍为平面图形，面积缩小

从表 2-4 中可概括出处于投影面垂直面位置的平面图形的投影特性如下：

(1) 在与该表面相垂直的投影面上的投影，积聚成直线，它与投影轴的夹角分别反映该平面对另外两个投影面的真实倾角。

(2) 在另外两个投影面上的投影，仍为平面图形，而且面积缩小。

以正垂面为例，由于正垂面垂直于 V 面，而与 H 面和 W 面倾斜，故有下列投影特性。

(1) 正垂面的 V 面投影积聚为一直线。积聚线与 OX 轴的夹角为平面对 H 面的倾角；积聚线与 OZ 轴的夹角为平面对 W 面的倾角。

(2) 正垂面的 H 面和 W 面投影均为小于实形的类似图形。

同理，可得出铅垂面和侧垂面的投影特性。

3. 投影面平行面

平行于一个投影面，而与另外两个投影面垂直的平面，称为投影面平行面。它可分为正平面、水平面和侧平面三种，如表 2-5 所示。

从表 2-5 中可概括出处于投影面平行位置的平面图形的投影特性。

(1) 在与该平面相平行的投影面上的投影，反映实形。

(2) 在另外两个投影面上的投影，分别积聚成平行相应投影轴的直线。

以正平面为例，由于正平面平行于 V 面，与 H 和 W 面垂直，故有下列投影特性：

表 2-5　投影面平行面的投影

名称	立体图	投影图	投影特性
正平面	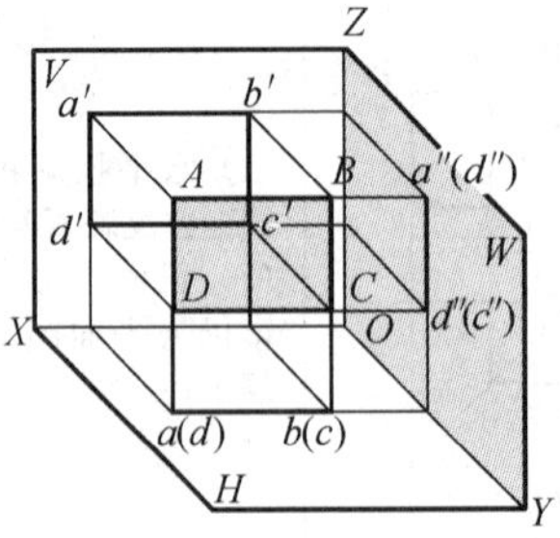	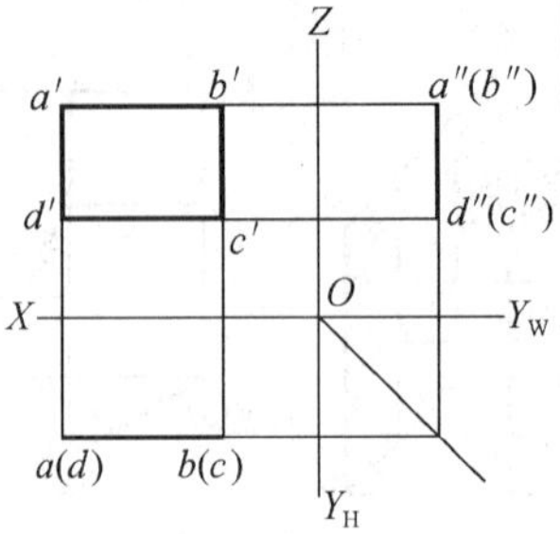	(1) 正面投影反映实形 (2) 水平投影平行 OX，侧面投影平行 OZ，并分别积聚成直线
水平面	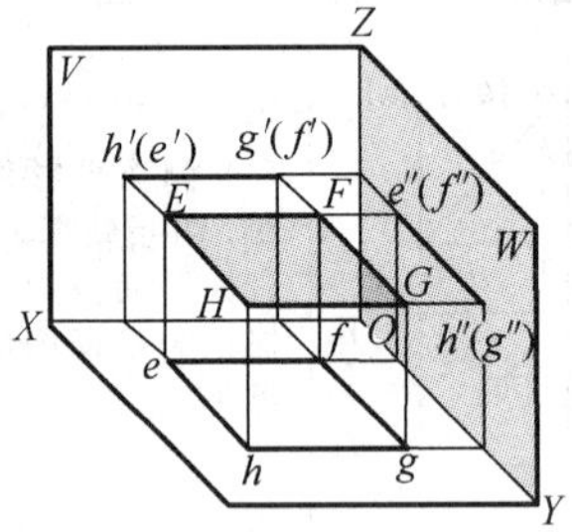	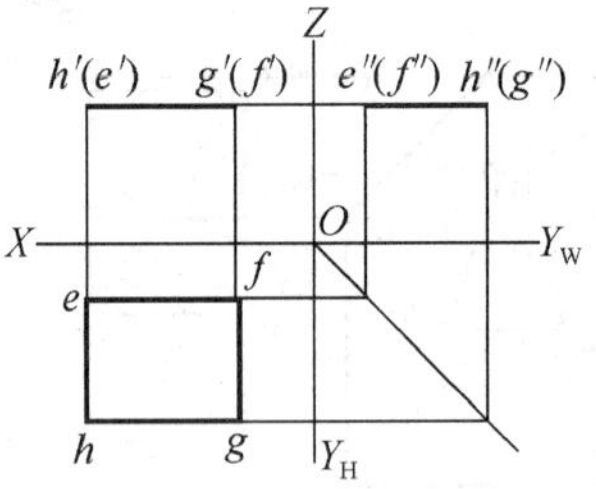	(1) 水平投影反映实形 (2) 正面投影平行 OX，侧面投影平行 OY_W，并分别积聚成直线
侧平面	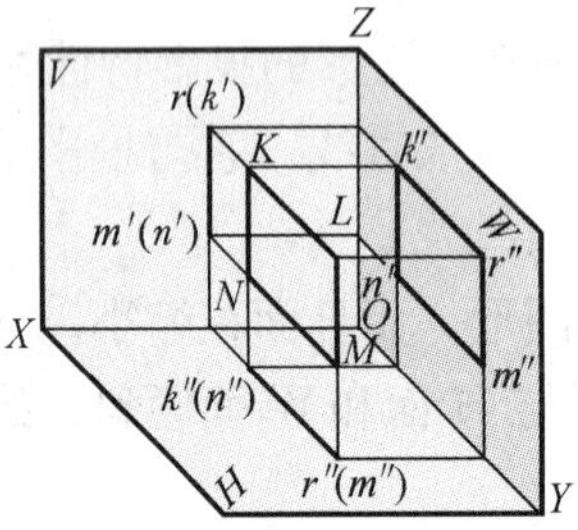	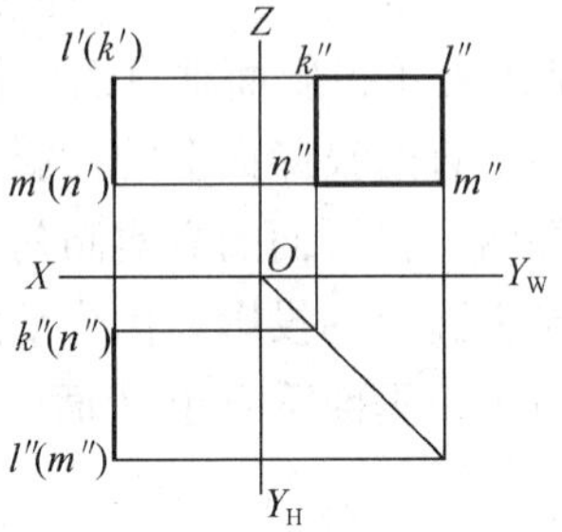	(1) 侧面投影反映实形 (2) 正面投影平行 OZ，水平投影平行 OY_H，并分别积聚成直线

(1) 正平面的 V 面投影反映实形。

(2) 正平面的 H 面和 W 面投影积聚成平行于 OX 轴和 OZ 轴的直线。

同理，可得出水平面和侧平面的投影特性。

对于特殊位置平面的判断如下：

(1) 只要平面有一面投影积聚成一条倾斜于投影轴的直线，则该平面一定是投影面垂直面，此平面就垂直于积聚投影所在的投影面。

(2) 只要平面有一面投影积聚成一条平行于投影轴的直线，则该平面一定是投影面平行面，此平面就平行于投影为实形的那个投影面。

2.4.3　平面上的直线和点

1. 平面上的直线

若直线通过属于平面的两个点，如图 2-20 (b) 所示，或通过平面内的一个点，且平行于属于该平面的任一直线，如图 2-20（c）所示，则直线属于该平面。

2. 平面上的点

若点从属于平面内的任一直线，如图 2-20（a）所示，则该点从属于该平面。换言之，点在平面内的任意一直线上，则点在该平面内。

在平面上取点，应先在平面上取直线，而在平面上取直线又必须取自平面上的点。可见，两者既互相联系又互相制约。在作图时，必须正确运用平面上的点和直线的这一相互关系。

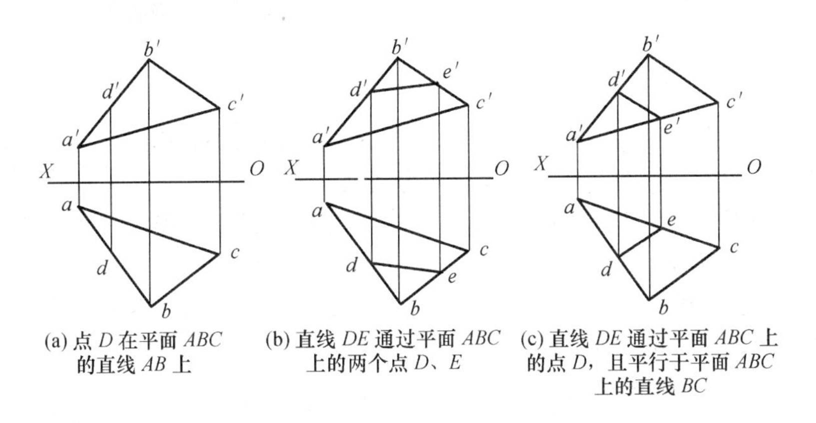

图 2-20　平面内的点和直线

例 2-6　已知七边形平面的 V 面投影和 AB、BC 两边的 H 面投影，且 $AB /\!/ CD$，$BC /\!/ FG /\!/ AM$，试完成七边形的 H 面投影，如图 2-21（a）所示。

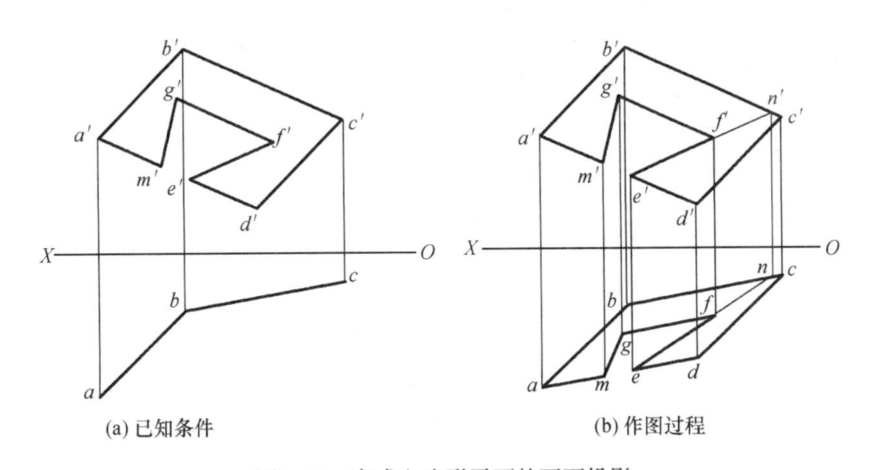

图 2-21　完成七边形平面的两面投影

作图 如图 2-21（b）所示，作 $cd/\!/ab$，过 d' 作 $dd'\perp OX$ 轴，与 cd 交于 d（$ad/\!/bc$）；作 $e'e$ 和 $m'm\perp OX$ 轴，与 ad 交于 e、m；延长 $e'f'$ 与 $b'c'$ 交于 n'，求出 n，连接 en。再过 f' 作 $f'f\perp OX$ 轴，与 en 交于 f；作 $fg/\!/bc$，过 g 作 $g'g\perp OX$ 轴，与 fg 交于 g；连结 gm。

2.4.4 平面上圆的投影

1. 投影面平行面上圆的投影

根据投影面平行面的投影特性可知，圆在它所平行的投影面上，投影仍为等直径的圆。圆的另两面投影积聚成与直径等长，且平行于投影轴的线段。

2. 投影面垂直面上圆的投影

根据投影面垂直面的投影特性可知，圆在它所垂直的投影面上，投影积聚为与直径等长的线段，圆的另两面投影均为椭圆。

如图 2-22 所示，圆平面垂直于 V 面，所以 V 面投影积聚成直线 $d'e'$，长度为圆的直径。H 面投影为椭圆，椭圆的长轴 $ba=BA$，为圆的直径。椭圆的短轴 $de\perp ab$，其长度可根据投影关系求得，如图 2-22（b）所示，不用计算。作出椭圆的长、短轴后，可用四心法近似地画出椭圆。

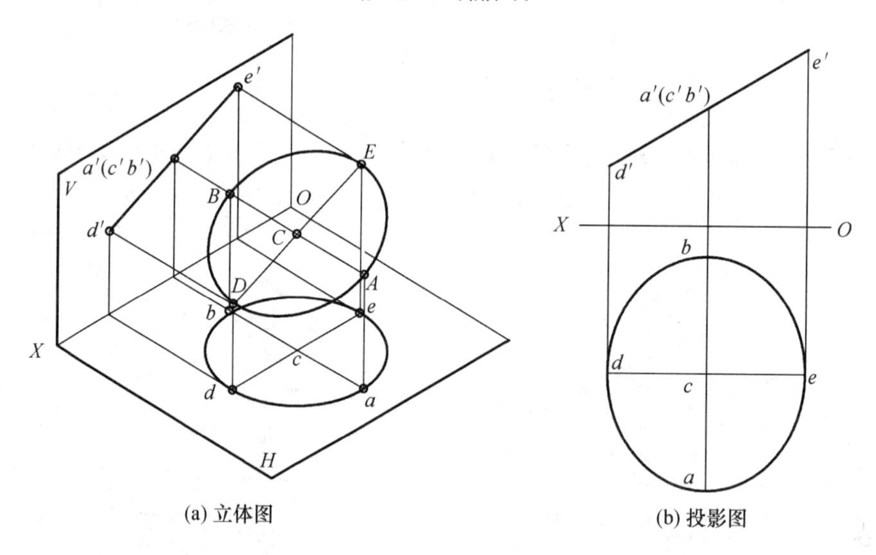

(a) 立体图　　(b) 投影图

图 2-22 正垂面上圆的投影

第 3 章　立体的投影

根据国家标准的规定，工程上所用的投影图，均不画出投影轴。从这章开始，在形体的投影图中，都不画出投影轴。按规定，对于正投影面（V 面）上的投影图称为主视图，水平投影面（H 面）上的投影图称为俯视图，侧投影面（W 面）上的投影图称为左视图。如图 3-1（b）所示。

在画形体三视图时，虽然不画出投影轴，但形体上各点的正面投影与水平投影，应在铅垂的投影线上；正面投影与侧面投影应在水平的投影线上；形体上任意两点的水平投影和侧面投影，应保持前、后方向的宽度相等，且前、后对应（即远离主视图为前方）。这就是视图的“长对正”、“高平齐”、“宽相等”三条原则。

任何复杂的立体都由简单基本体所组成。基本体又可以分成平面体和曲面体两大类；由平面围成的立体称为平面体，如棱柱和棱锥；由曲面或曲面和平面所围成的立体称为曲面体，如常见的回转体中的圆柱、圆锥、圆球、圆环等。

3.1　平面立体

平面体上相邻两表面的交线称为棱线。画平面体的视图，就是画出围成该平面体的所有平面（或棱线）的投影，并判别投影的可见性。

3.1.1　棱柱

顶面和底面是平行且相等的多边形，侧面为若干个平行四边形的形体称为棱柱。相邻两侧面的交线称为侧棱线，侧棱线与顶面倾斜的棱柱称为斜棱柱；侧棱线与顶面垂直的棱柱称为直棱柱。

1. 棱柱的投影

图 3-1 所示为一正六棱柱的投影。其顶面和底面均与 H 面平行，在俯视图上反映实形，前、后两侧面平行于 V 面，在主视图上反映实形，其余四个侧面垂直于 H 面，六个侧面在俯视图上都积聚成与六边形的边重合的直线。

作图过程如图 3-1（b）所示。

（1）在各个视图中画出作图基准线或对称中心线。

（2）画出反映顶、底面实形的水平投影。

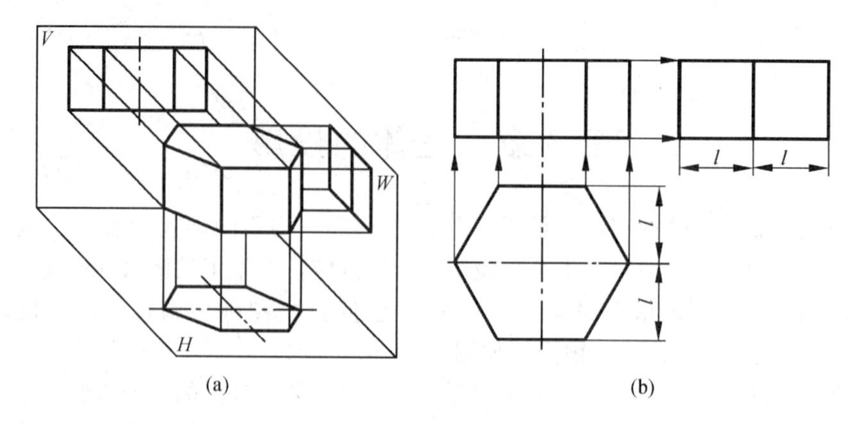

图 3-1　六棱柱的投影

(3) 根据侧棱线的高度按三视图间的对应关系画出其余两个视图。

2. 棱柱表面取点

在棱柱表面上取点，其原理和方法与平面上取点相同，关键在于如何确定点所在表面的可见性。

如图 3-2 (a) 所示，已知棱柱表面上 A、B 两点的正面投影，求其另两面投影并判别可见性。因为 a'可见，因此 A 点在左前侧棱面上，该棱面在俯视图上积聚成一条直线，A 点的水平投影 a 也应在该直线上，求出 a 后由 a'和 a 即可求出侧面投影 a''。

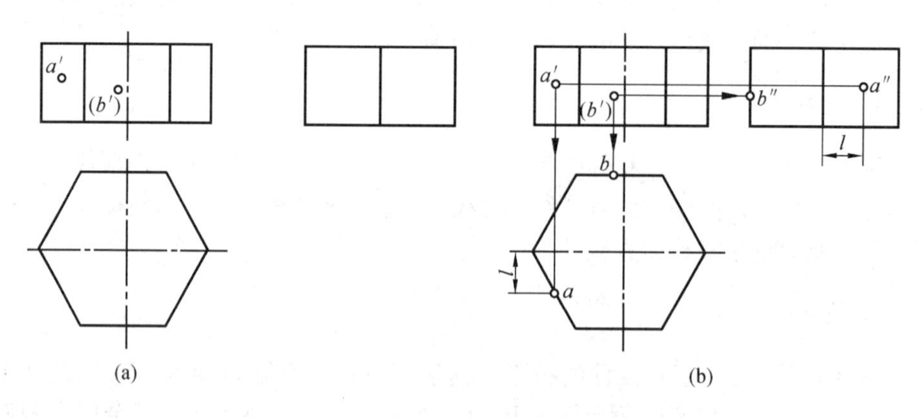

图 3-2　六棱柱表面取点

判别可见性的原则为：若点所在的面的投影可见（或有积聚性），则点的投影亦可见。由于点 A 位于左前棱面上，故 a'、a''均可见。

同理，根据点 B 的位置可求出 b、b''，并判别它们的可见性，如图 3-2 (b) 所示。

3.1.2　棱锥

底面为多边形，所有的侧棱线交于顶点的形体称为棱锥。

1. 棱锥的投影

如图 3-3（a）所示为正三棱锥的投影，其底面△ABC 为水平面，因此它的水平投影反映底面实形，其正面和侧面投影积聚为一直线。侧棱面△SAC 为侧垂面，它的侧面投影积聚为一直线，水平和正面投影均为类似图形。侧棱面△SAB、△SBC 为一般位置平面，它们的三面投影均为类似图形。

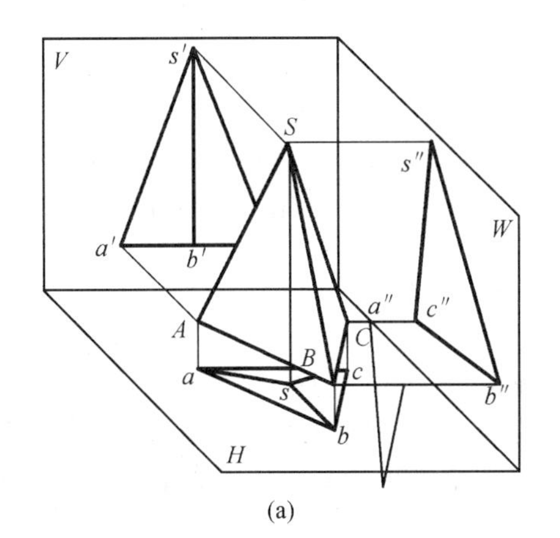

(a)

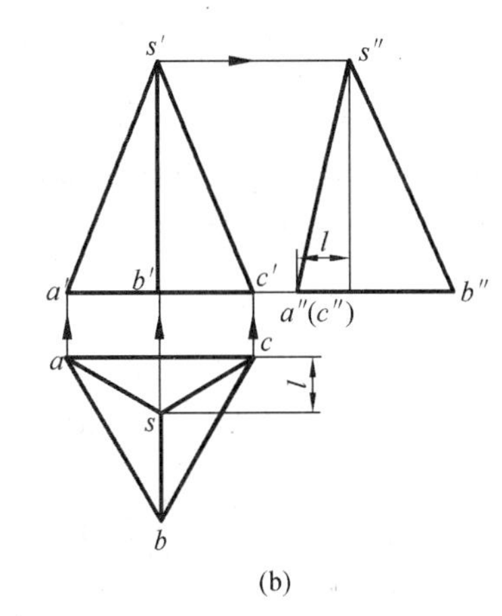

(b)

图 3-3　正三棱锥的投影

作图过程如图 3-3（b）所示。

（1）在各个视图中画出作图基准线或对称中心线。

（2）画出底面△ABC 的各面投影。

（3）作出锥顶 S 的各面投影。

（4）连接各棱线即可。

2. 棱锥表面取点

首先确定点所在的平面，再分析该平面的投影特性。若该平面为一般位置时，可采用辅助直线法求出点的投影。

如图 3-4（a）所示，已知正三棱锥表面上 K 点与 N 点的正面投影，求水平面投影和侧面投影。如图 3-4（b）所示，点 K 处于一般位置的侧棱面 SAB，过点 K 的正面投影 k' 作辅助直线 SD 的正面投影，求出 SD 的水平投影并在其上确定 K 点的水平投影 k，再根据 k、k' 求出侧面投影 k''。

如图 3-4（c）所示，过点 N 的正面投影做 BC 的平行线 ⅠⅡ 的正面投影，从而求出点 N 的另两个投影。

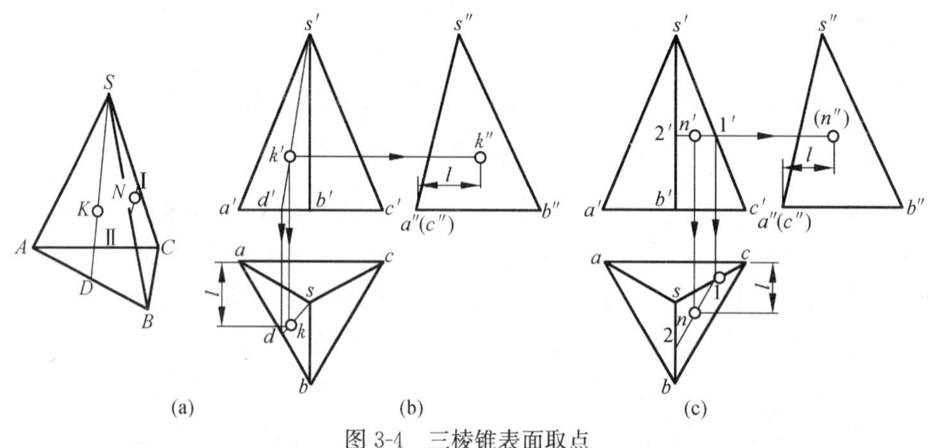

图 3-4　三棱锥表面取点

由于侧棱面△SAB 的水平投影和侧面投影均是可见，故 k'、k''均可见。而侧棱面△SBC 的水平投影可见而侧面投影不可见，故 n 可见，n''不可见。

3.2　回　转　体

工程中常见的曲面立体是回转体，常见的有圆柱、圆锥、圆球和圆环等。直线或曲线绕某一轴线旋转而成光滑曲面称为回转面，该直线或曲线称为母线，母线在回转体上的任意位置称为素线。画回转体的投影就是画组成它的所有回转面和平面的投影。

由于回转面是光滑的表面，因此画回转面的投影时，仅画出回转面上对投影面的可见面与不可见面的分界素线的投影，此分界素线称为外形素线。同一回转面，不同的投影方向，其外形素线的位置是不同的。

3.2.1　圆柱

圆柱是由上、下底面和圆柱面所组成。圆柱面可视为由一直线作母线，绕与之平行的轴线回转所形成，如图 3-5（a）所示。

1. 圆柱的投影

如图 3-5（a）所示，圆柱轴线垂直于水平投影面，其上、下底面圆为水平面，在水平投影上反映实形，正面投影和侧面投影分别积聚为直线。圆柱面上所有素线都是铅垂线，因此圆柱面的水平投影积聚为圆，在正面和侧面投影上分别画出决定投影范围的外形素线，即为圆柱面可见与不可见部分的分界投影。如正面投影上是最左、最右两条外形素线的投影，它们是正面投影可见的前半圆柱面和不可见的后半圆柱面的分界线，也称为正面投影的转向轮廓素线。侧面投影上是最前、最后两条素线的投影，它们是侧面投影可见的左半圆柱面和不可见的右

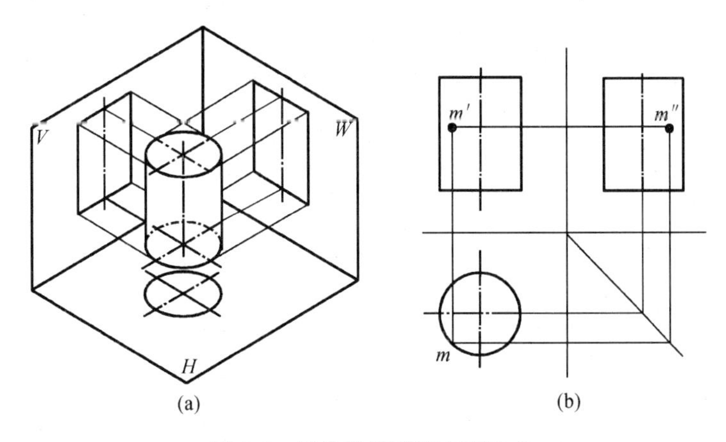

图 3-5　圆柱的投影及表面取点

半圆柱面的分界线，也称为侧面投影的转向轮廓素线。

作图过程如图 3-5（b）所示。

（1）画俯视图的中心线及主视图、左视图的轴线。

（2）画投影为圆的俯视图。

（3）按圆柱体的高画出另两个视图（矩形）。

2. 圆柱表面取点

如图 3-5（b）所示，已知圆柱表面 M 点的正面投影 m'，求作 M 点的另两面投影 m、m''。因为 m'可见，所以 M 点必在前半圆柱面上，根据该圆柱面水平投影具有积聚性的特征，M 点的水平投影 m 必定在前半圆周上，由 m、m''即可求出 m''。

3.2.2　圆锥

圆锥是由底面圆和圆锥面所组成。圆锥面可视为以一条直线为母线，绕与其相交的轴线旋转所形成。母线与轴线的交点，称为圆锥的顶点。

1. 圆锥的投影

如图 3-6（a）所示，圆锥轴线垂直于水平投影面，其底面圆为水平面，在水平投影上反映实形，正面投影和侧面投影分别积聚为直线。圆锥面的正面投影上是最左、最右两根素线与底面所围成的等腰三角形。这两根素线为正面投影可见的前半圆锥面和不可见的后半圆锥面的分界线，也称为正面投影的转向轮廓素线。侧面投影为最前、最后两条素线与底面所围成的等腰三角形，这两根素线是侧面投影可见的左半圆锥面和不可见的右半圆锥面的分界线，也称为侧面投影的转向轮廓素线。显然，圆锥面的三面投影都没有积聚性。

作图过程如图 3-6（b）所示。

（1）画俯视图的中心线及主视图、左视图的轴线。

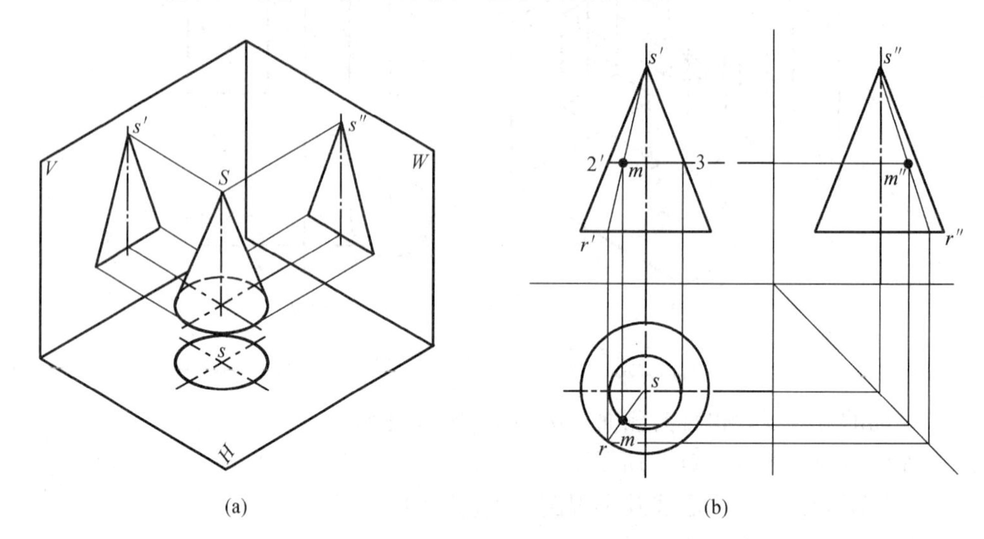

图 3-6 圆锥的投影及表面取点

（2）画投影为圆的俯视图。

（3）按圆锥的高确定顶点 S 的投影并画出另两个视图（等腰三角形）。

2. 圆锥面上取点

由于圆锥面的投影没有积聚性，因此必须采用作辅助线的方法来求作圆锥面上的点的投影。

为了作图方便，作辅助线一般是过所求点作圆锥面上的纬圆（即与底面平行的圆）或素线（即过顶点的直线），如图 3-6（b）所示。

3.2.3 圆球

圆球的表面是以一半圆弧为母线绕其直径为轴线旋转形成的。

1. 圆球的投影

如图 3-7 所示，圆球的三个投影都是大小相等的圆，但各个投影面上的圆是圆球上不同位置的转向轮廓素线的投影。正面投影的圆是圆球上平行于正面的最大圆的投影，该圆为前半圆球面和后半圆球面的分界线。侧面投影的圆是圆球上平行于侧面的最大圆的投影，该圆为左半圆球面和右半圆球面的分界线，水平面投影的圆是圆球上平行于水平面的最大圆的投影，该圆为上半圆球面和下半圆球面的分界线。显然，圆球面的三面投影都没有积聚性。

作图过程如图 3-7（b）所示。

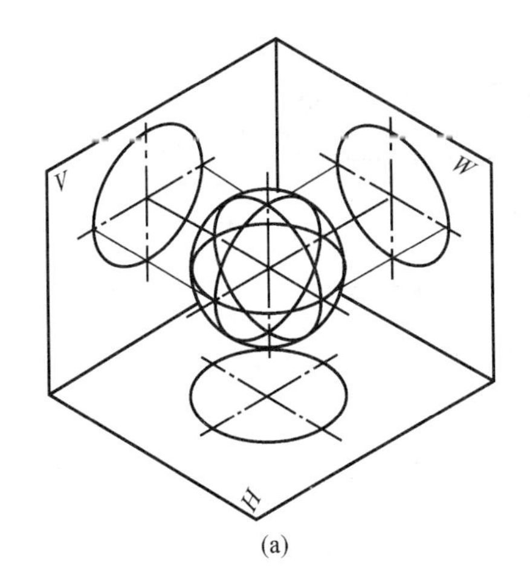

(a)

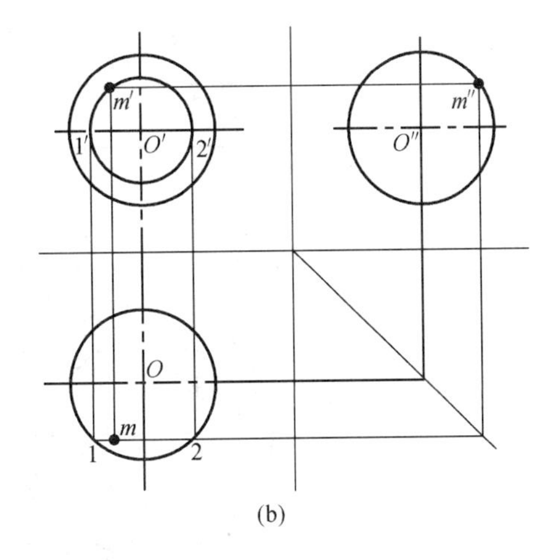

(b)

图 3-7　圆球的投影及表面取点

(1) 画三面视图的中心线。

(2) 根据圆球的直径画出三面视图（圆）。

2. 圆球表面取点

由于圆球表面的各面投影都没有积聚性，在圆球表面上也不能作直线，因而，只能采用在圆球面上作辅助圆的方法以求出圆球表面上点的投影。为作图方便，使辅助圆与投影面平行，这样辅助圆的两面投影积聚成为直线（与该辅助圆的直径相等），另一面投影为反映该辅助圆实形的圆，如图 3-7（b）所示。

3.2.4　圆环

圆环面是以圆为母线，绕与该母线在同一平面内但不通过圆心的轴线旋转而形成的，靠近轴线的半个母线圆旋转形成的环面称为内环面；远离轴线的半个母线圆旋转形成的环面称为外环面。

1. 圆环的投影

如图 3-8 所示，圆环面轴线垂直于水平面，在正面投影上左、右两圆是圆环上平行于正面的两母线圆的投影，它们是前半圆环面和后半圆环面的分界线。侧面投影上左、右两圆是圆环上平行于侧面的两母线圆的投影，它们是左半圆环面和右半圆环面的分界线。水平面投影中最大、最小圆是上半圆环面和下半圆环面的分界线，点画线圆是母线圆心的轨迹。显然，圆环面的三面投影都没有积聚性。

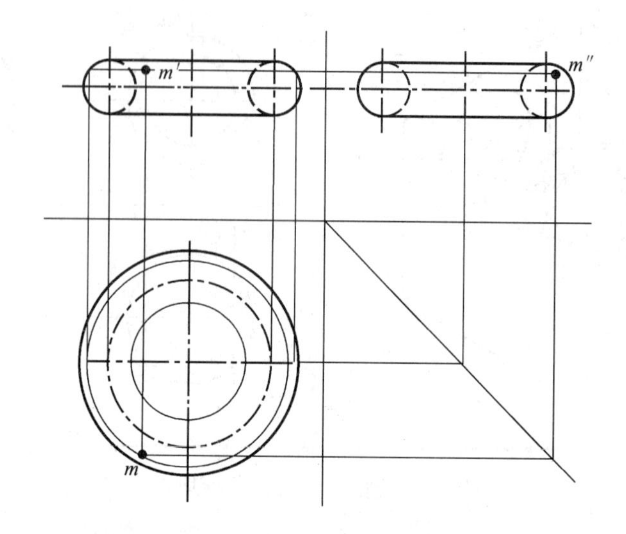

图 3-8 圆环的投影及表面取点

2. 圆环表面取点

圆环面与圆球面一样，也只能用辅助圆法作圆环面上点的投影，作图方法如图 3-8 所示。

3.3 平面与立体表面的交线-截交线

平面与立体表面相交截去立体的一部分叫截切，与立体相交的平面叫截平面，截平面与立体表面的交线称为截交线。立体上由截交线围成的平面图形，称为截断面。如图 3-9 所示。

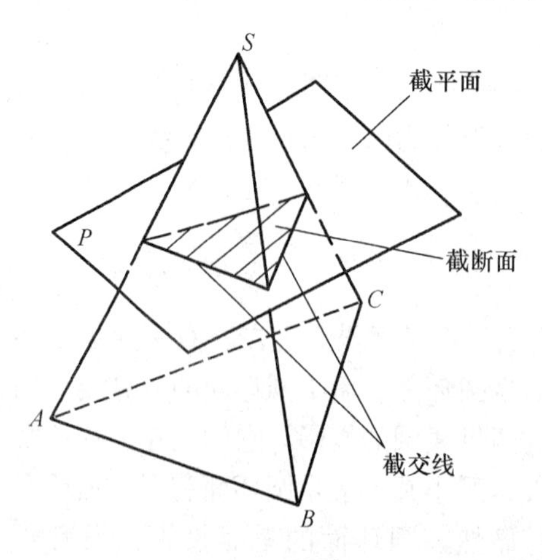

图 3-9 截交线

截交线的性质如下：

(1) 截交线既在截平面上，又在立体表面上，因此截交线是截平面与立体表面的共有线，截交线上的点是截平面与立体表面的共有点；

(2) 由于立体表面是封闭的，因此截交线一般是封闭的线框；

(3) 截交线的形状取决于立体表面的形状和截平面与立体的相对位置。

3.3.1　平面体的截交线

平面与平面体相交，其截交线是由直线围成的平面多边形，多边形的边是截平面与平面体表面的交线，多边形的顶点是截平面与平面体棱线的交点。因此，求平面体的截交线实际上就是求截平面与立体表面的交线或求截平面与棱线的交点。

1. 棱柱的截交线

图 3-10 所示为求五棱柱被截切后的截交线。

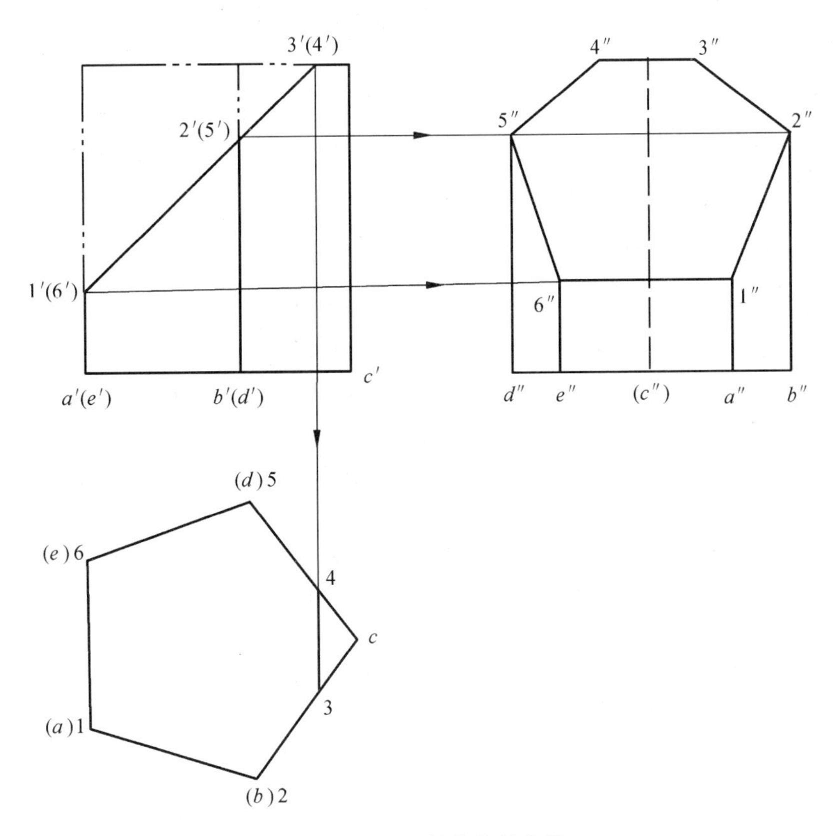

图 3-10　正五棱柱的截交线

由于截平面的正面投影具有积聚性，故截交线的正面投影与该积聚线重合。截交线的各边为截平面与侧棱面和顶面的交线，由于五棱柱各侧棱面的水平投影有积聚性，所以截交线水平投影与五边形的五条边重合，截交线的侧面投影为类似图形。

作图过程如图 3-10 所示。

（1）在正面投影中找出截平面与侧棱线的交点 1′、2′、5′、6′，和与顶面的交线 3′、4′。

（2）根据直线上取点的方法作出侧面投影 1″、2″、3″、4″、5″、6″和水平投影 1、2、3、4、5、6。

（3）依次连接各点的同面投影，即得截交线的三面投影。

（4）检查截交线的投影特性（在俯视图和左视图上是否为类似图形），并判别截断面各投影的可见性，截断面的侧面投影可见。

2. 棱锥的截交线

图 3-11 所示为求四棱锥被正垂面 P 截切后的三视图。

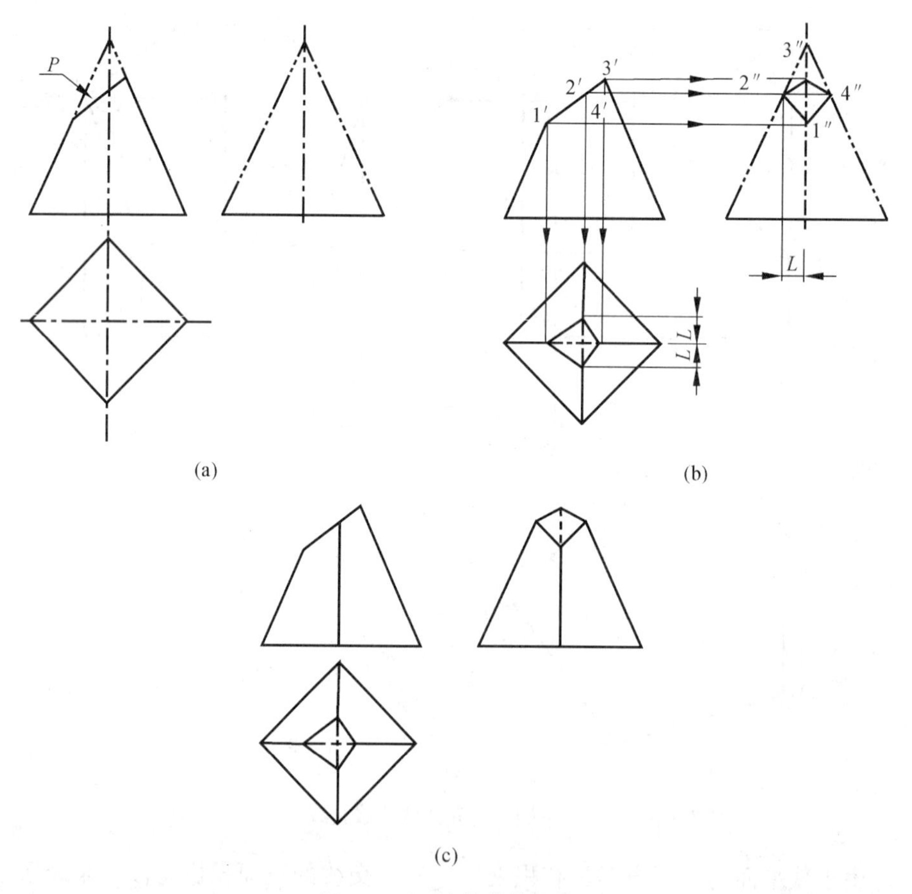

图 3-11　四棱锥的截交线

如图 3-11（a）所示，根据截平面与四棱锥的相对位置可知，截平面 P 与四棱锥的四个侧棱面相交，故截交线的形状为四边形，四边形的四个顶点分别为 P 平面与四条侧棱线的交点。由于截平面 P 为正垂面，故截交线的正面投影积聚

在 P'上，水平投影为类似图形。

作图过程如图 3-11（b）所示。

（1）在正面投影中找出 P'与四棱锥的交点 $1'$、$2'$、$3'$、$4'$。

（2）根据直线上取点的方法作出其侧面投影 $1''$、$2''$、$3''$、$4''$和水平投影 1、2、3、4。

（3）依次连接各点的同面投影，即得截交线的三面投影。

（4）分析四条侧棱线的投影并检查截交线的投影特性（在俯视图和左视图上是否为类似图形），最后完成三视图，如图 3-11（c）所示。

3.3.2　回转体的截交线

平面与回转体相交时，截交线可能是曲线，也可能是直线。若交线是圆（或圆弧）时，只需确定圆弧的半径和圆心点的位置即可作出，当交线为非圆曲线时，一般先求出能确定交线的形状和范围的特殊点，如最高、最低、最左、最右、最前、最后点及可见与不可见的分界点等，然后再求出若干中间点，最后光滑连接成曲线。

1. 圆柱的截交线

由于截平面与圆柱轴线的位置不同，其截交线有三种形状，如表 3-1 所示。

表 3-1　平面与圆柱的截交线

截平面的位置	平行于轴线	垂直于轴线	倾斜于轴线
截交线的形状	两平行直线	圆	椭圆
立体图	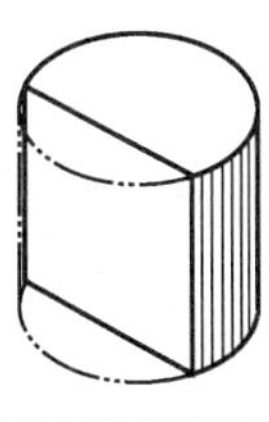	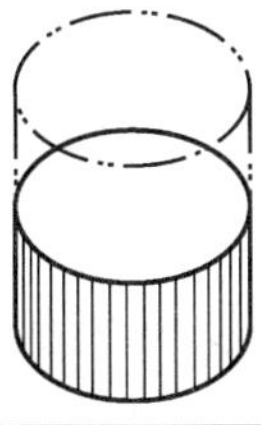	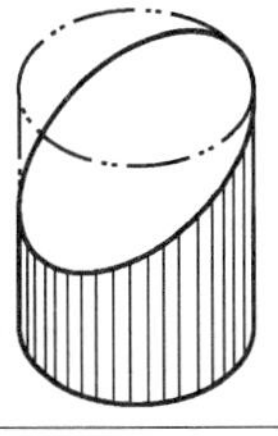
投影图	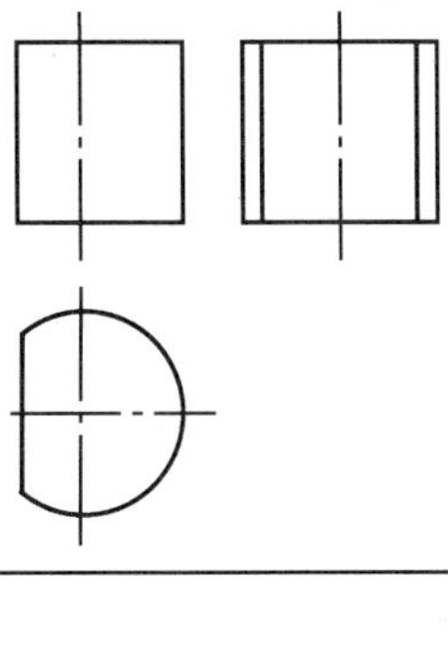	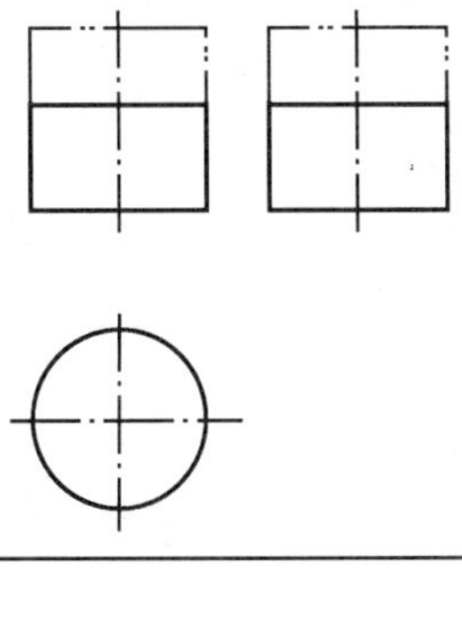	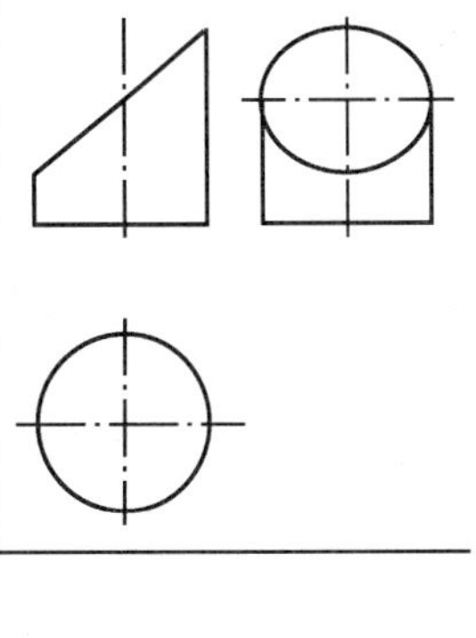

当截交线为圆时，可直接作出，不再详述。

当截交线为直线时，截交线的投影可采用作截平面与顶面（或底面）圆周的交点投影而得到截交线的投影。

当截交线是椭圆且投影也为椭圆时，则用在圆柱面上作点的投影的方法，作出椭圆曲线上若干点的投影后，光滑连接成椭圆的投影。

图 3-12 所示为求圆柱被正垂面 P 截切后的三视图。

由于截平面与圆柱轴线倾斜，截交线为椭圆。截交线的正面投影与截平面的积聚线重合，由于圆柱面具有积聚性，故截交线的水平投影与圆柱面的投影重合，侧面投影可以根据圆柱面上取点的方法求出。

作图过程如图 3-12 所示。

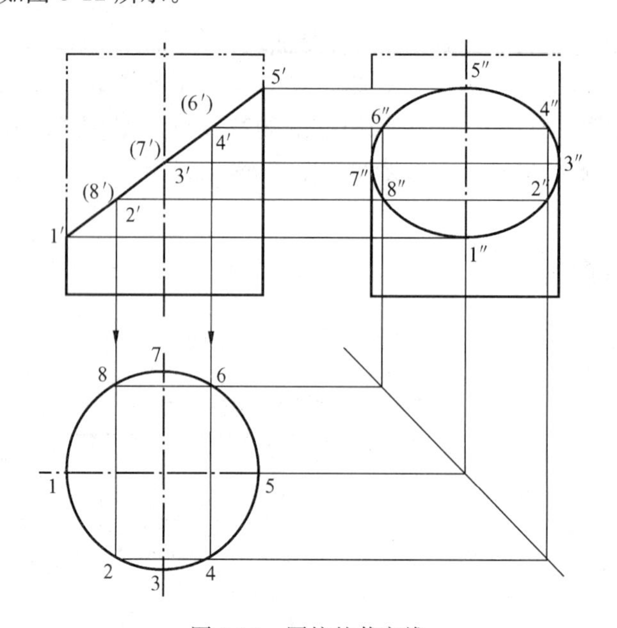

图 3-12　圆柱的截交线

(1) 在正面投影中找出截交线上的特殊点 1′、5′、3′、7′，它们是圆柱面最左、最右、最前、最后素线上的点，也是椭圆长、短轴的四个端点。

(2) 根据圆柱表面取点的方法作出其侧面投影 1″、3″、5″、7″，和水平投影 1、3、5、7。

(3) 再作出适当数量的一般点。先在正面投影上选取 2′、4′、6′、8′，根据圆柱面的积聚性，找出其水平投影 2、4、6、8，再根据点的两面投影作出侧面投影 2″、4″、6″、8″。

(4) 依次光滑连接各点的侧面投影，即得截交线的三面投影。

图 3-13 所示为补全圆柱被截切后的三视图。

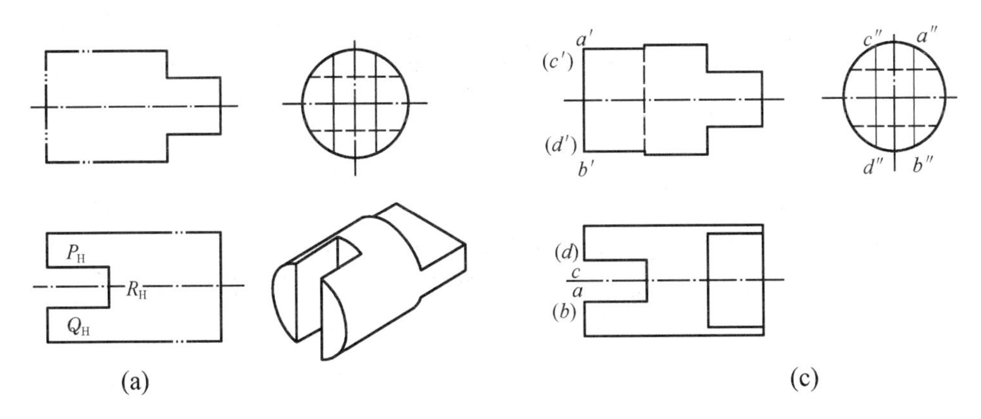

图 3-13　圆柱的截交线

该圆柱轴线为侧垂线，其侧面投影为圆，因此圆柱表面上点的侧面投影都积聚在该圆周上。如图 3-13（a）所示，该圆柱左端的槽由两个平行于轴线的正平面 P、Q 和一个垂直于轴线的侧平面 R 切割而成。

作图过程如图 3-13（b）所示。

（1）截平面 P、Q 与圆柱面的交线是四条素线（侧垂线），它们在侧面的投影积聚在圆周上，水平投影重合在 P_H、Q_H 上；故作出点 a''、b''、c''、d''和 a、b、c、d，并根据两面投影可作出其正面投影。

（2）截平面 R 与圆柱的交线是两段平行于侧面，且夹在平面 P、Q 之间的圆弧，其侧面投影反映实形，并与圆柱面的侧面投影重合，正面投影积聚成一条直线。

（3）整理轮廓并判别可见性。左端的槽将圆柱最上、最下两条素线截断，所以正面投影只保留这两条转向轮廓线的右边，截平面 R 的正面投影在四条交线中间的部分不可见，画成虚线。

2. 圆锥的截交线

截平面与圆锥轴线的相对位置不同，其截交线有五种形状，如表 3-2 所示。

求圆锥截交线的方法与求棱锥截交线的方法基本相同，不同的是，当截交线是曲线，其投影为非圆曲线时，则需用在圆锥面上作点的投影方法，作出曲线上若干点（特殊点和一般点）的投影而得到截交线的投影。

图 3-14（a）所示为求圆锥被正平面截切后的正面投影。

因为截平面 Q 与圆锥面的轴线平行，故与圆锥面的交线为双曲线，其水平投影与截平面的积聚线重合，正面投影反映实形。

作图过程如图 3-14（b）所示。

表 3-2　平面与圆锥的截交线

截平面的位置	过锥顶	与轴线垂直 $\theta=90°$	与轴线倾斜 $\alpha<\theta<90°$	与一条素线平行 $\theta=\alpha$	与轴线平行或倾斜 $0°\leqslant\theta<\alpha$
交线的形状	两直线	圆	椭圆	抛物线	双曲线
立体图					
投影图					

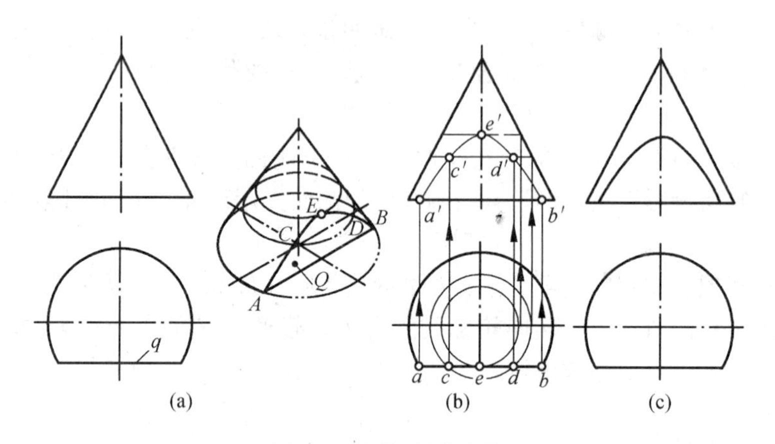

图 3-14　圆锥的截交线

(1) 在水平投影中找出截交线上的特殊点 a、b，它们是截平面与圆锥底面的共有点，同时又是双曲线的最左、最右点。找出 ab 的中点 e，它是双曲线的最高点。

(2) 作出 A、B 的正面投影 a'、b'，并利用辅助圆法作出 E 点的正面投影 e'。

(3) 依次光滑连接各点的正面投影，即得双曲线的正面投影，如图 3-14 (c) 所示。

3. 圆球的截交线

平面与圆球相交，其截交线为圆。但由于截平面与投影面的位置不同，截交线的投影可能为圆、椭圆或直线。

图 3-15（a）所示为求半圆球开槽后的水平和侧面投影。

半圆球上方的凹槽由两个侧平面和一个水平面切割而成，两个侧平面各截得一段平行于侧面的圆弧，而水平面则截得前、后各一段水平圆弧，截平面之间的交线为正垂线。

作图过程如图 3-15 所示。

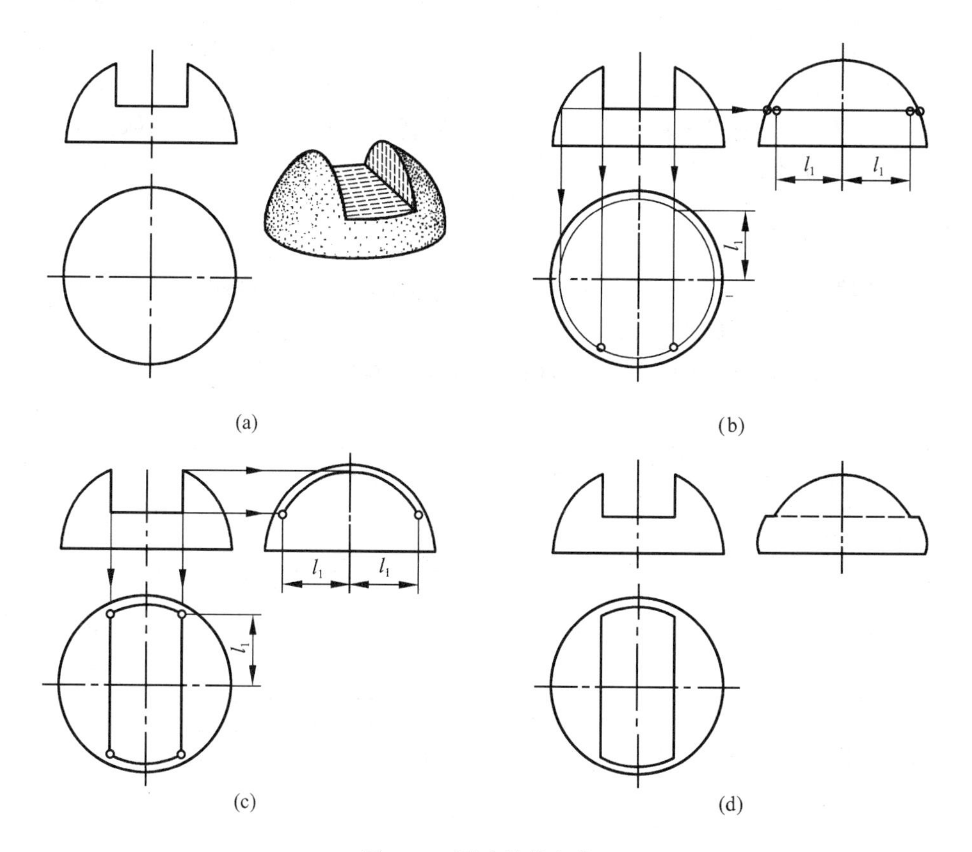

图 3-15　圆球的截交线

（1）假设水平面将半圆球整体截切，求出截交线的水平投影后取局部，如图 3-15（b）所示。

（2）求出侧平面截圆球的截交线的侧面和水平面投影，如图 3-15（c）所示。

(3) 求出截平面间的交线（左视图上为虚线），如图 3-15（d）所示。

(4) 整理轮廓线，圆球侧面投影的轮廓线上面一段被截去。

3.4　两回转体表面相交

两回转体表面相交称为相贯，相贯时形成的表面交线称为相贯线。相贯线具有下列性质。

(1) 相贯线是两回转体表面的共有线，也是它们的分界线。相贯线上所有的点都是两回转体表面的共有点。

(2) 相贯线一般情况下是封闭的空间曲线，特殊情况下是平面曲线或直线。

当相贯线的投影为非圆曲线时，一般应先找出决定相贯线的投影范围的界限点（最上、最下、最前、最后、最左、最右点）及一些特殊点（如可见与不可见部分的分界点），再适当补充一些中间点，最后光滑连接成曲线。具体作图可采用表面取点法或辅助平面法。

3.4.1　表面取点法

两回转体相交，如果其中有一个是轴线垂直于投影面的圆柱，则相贯线在该投影面上的投影就与圆柱面的积聚投影圆周重合。这样就可以在相贯线上取一些点，按回转体表面取点的方法作出相贯线的其他投影。

图 3-16（a）所示为求两圆柱的相贯线。

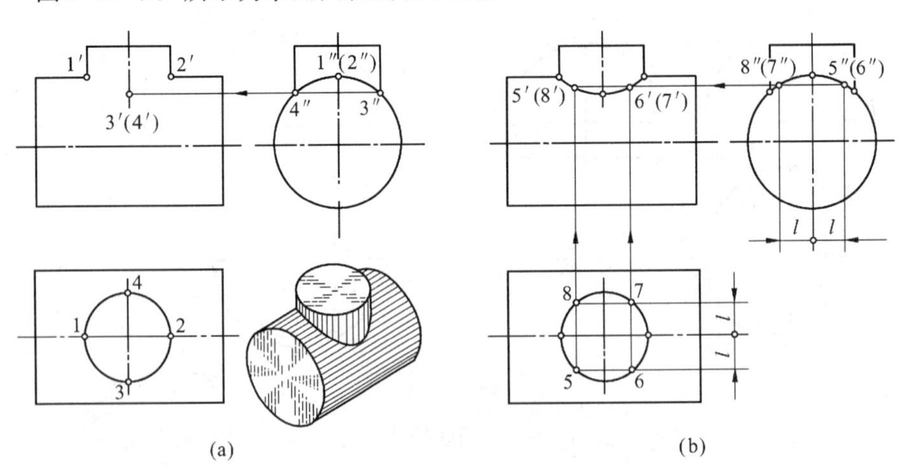

图 3-16　表面取点法求相贯线

由于两圆柱的轴线分别为铅垂线和侧垂线，两轴线垂直相交，其相贯线的水平投影就积聚在铅垂圆柱的水平投影圆上，侧面投影积聚在侧垂圆柱的侧面投影圆上。利用相贯线的两面投影即可求出其正面投影。

作图过程如图 3-16 所示。

（1）首先在相贯线的水平投影上定出 1、2、3、4 点，它们是铅垂圆柱最左、最右、最前、最后素线上的点，再在相贯线的侧面投影上相应作出 $1''$、$2''$、$3''$、$4''$。由这四点的两面投影，求出正面投影 $1'$、$2'$、$3'$、$4'$。可以看出，它们也是相贯线上最高、最低点。如图 3-16（a）所示。

（2）在相贯线的水平投影上定出左、右、前、后对称四点 5、6、7、8，求出它们的侧面投影 $5''$、$6''$、$7''$、$8''$以及正面投影 $5'$、$6'$、$7'$、$8'$。如图 3-16（b）所示。

（3）依次光滑连接各点的正面投影，即得相贯线的正面投影。

讨论：两轴线垂直相交的圆柱，它们的相贯线一般有如图 3-17 所示的三种情况。

（1）图 3-17（a）表示两实心圆柱相交，其中铅垂圆柱直径较小，相贯线是上、下对称的两条封闭的空间曲线。

（2）图 3-17（b）表示圆柱孔与实心圆柱相交，相贯线也是上、下对称的两条封闭的空间曲线。

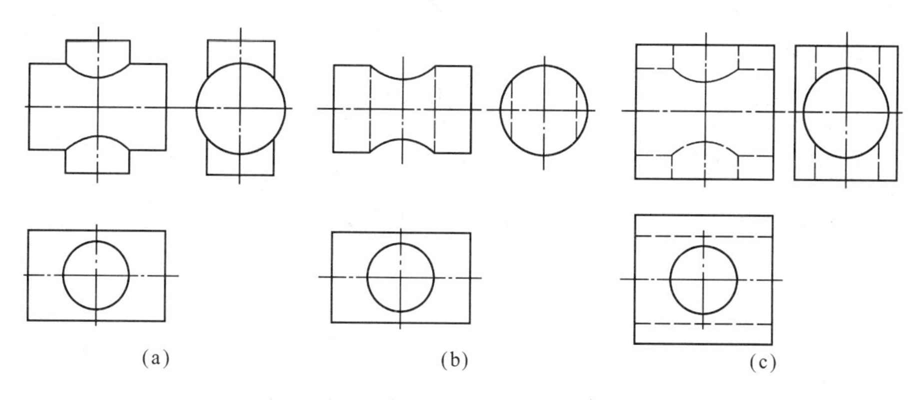

图 3-17 两圆柱相贯线的三种情况

（3）图 3-17（c）表示两圆柱孔相交，相贯线同样是上、下对称的两条封闭的空间曲线。

3.4.2 辅助平面法

所谓辅助平面法就是根据三面共点的原理，利用辅助平面求出两回转体表面上若干共有点，从而画出相贯线的投影。为了作图方便，采用辅助平面法时，辅助平面一般是投影面平行面，以使辅助平面与两回转体的截交线的投影反映实形或积聚为直线，以便于解题。图 3-18 所示为求圆柱与圆锥的相贯线。

圆柱与圆锥的轴线正交，其相贯线为封闭的空间曲线。由于圆柱的轴线垂直于侧面，侧面投影积聚为圆，相贯线的侧面投影也重合在圆柱的积聚圆周上，所以只需求出相贯线的正面投影和水平投影。

作图过程如图 3-18 所示。

(1) 先求特殊位置点。根据相贯线最高点、最低点和最前点、最后点的侧面投影 1″、2″、3″、4″可求出正面投影 1′、2′、3′、4′和水平投影 1、2、3、4，如图 3-18（b）所示。

(2) 再求一般位置点。在适当位置选用水平面 P_2 与 P_3 作为辅助平面，该平面与圆锥的截交线的水平投影为圆，与圆柱的截交线的水平投影为两条平行直线，两截交线的交点 5、6、7、8 即为相贯线上的点。再根据水平投影 5、6、7、8 求出正面投影 5′、6′、7′、8′点与侧面投影 5″、6″、7″、8″各点，如图 3-18（c）所示。

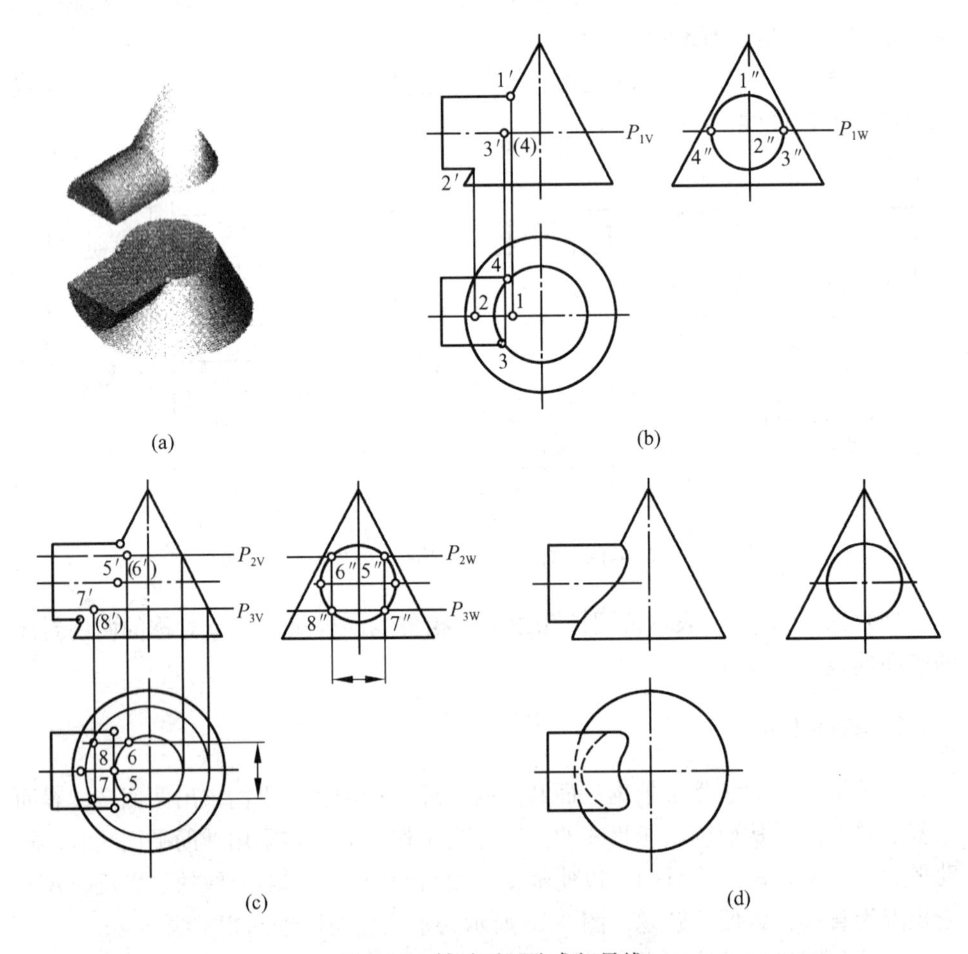

图 3-18 辅助平面法求相贯线

（3）依此光滑连接各点的同面投影，根据可见性原则，水平投影中 3、7、2、8、4 点在下半个圆柱面上，不可见，应画成虚线，其余画实线。如图 3-18（d）所示。

3.4.3 相贯线的特殊情况

一般情况下相贯线为空间曲线。但在某些特殊情况下，也可能是平面曲线或直线。

（1）两圆柱体轴线平行时，相贯线是直线，如图 3-19（a）所示。

（2）两圆锥体共顶点时，相贯线是直线，如图 3-19（b）所示。

（3）两回转体共轴相贯时，相贯线是平面圆，且该平面圆垂直于两回转体的公共轴线。如图 3-20 所示。

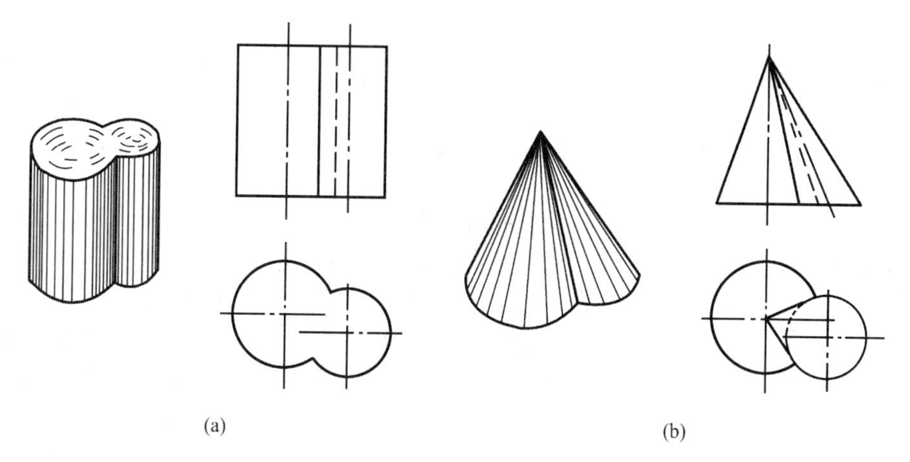

图 3-19　两圆柱体轴线平行和两圆锥体共顶点时的情况

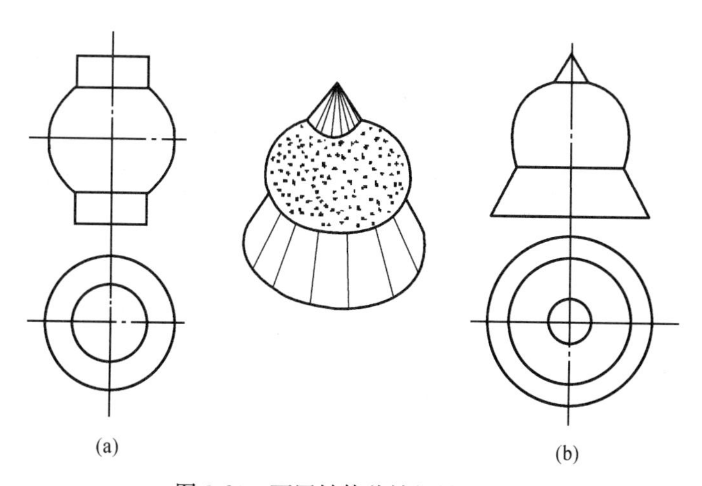

图 3-20　两回转体共轴相贯的情况

(4) 圆柱与圆柱或圆柱与圆锥两轴线相交且公切于一圆球时，其相贯线是平面曲线（椭圆），且该平面曲线垂直于两相交轴线所决定的平面。该椭圆的正面投影为一直线段，水平投影为类似形（椭圆）。如图 3-21 所示。

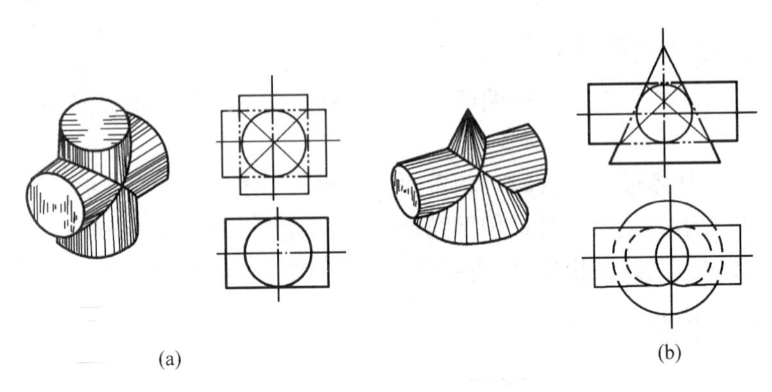

图 3-21　相贯线的另一特殊情况

3.4.4　两圆柱体轴线正交时相贯线的近似画法

若对视图的作图精确性要求不高时，为了画图方便，当两圆柱正交且直径相差较明显时，其相贯线可以采用圆弧代替非圆曲线的近似画法，如图 3-22 所示，相贯线可以大圆柱的半径 R 为半径，作圆弧代替实际为非圆曲线的相贯线，圆弧的圆心在小圆柱的轴线上，圆弧的两个端点是两圆柱面外形素线的交点，相贯线圆弧弯向大圆柱轴线。

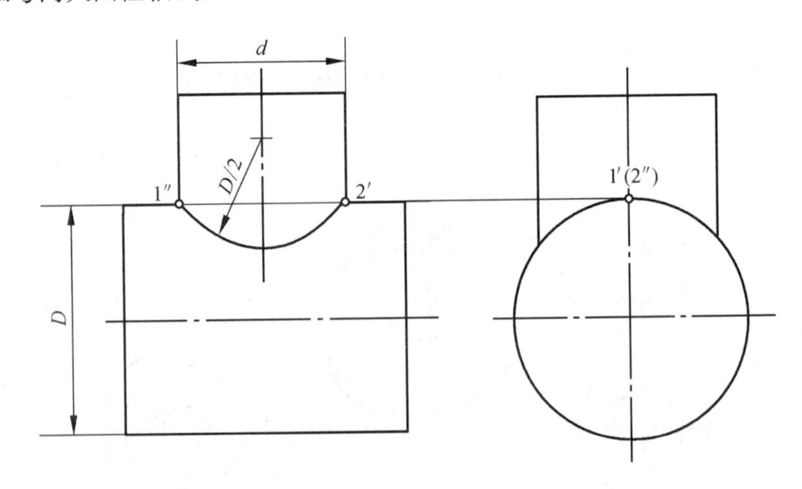

图 3-22　相贯线的近似画法

第 4 章　组　合　体

由若干基本体经过叠加、切割等方式组合而成的立体称为组合体。本章将研究组合体三视图的投影特性、组合体的画图和看图的基本方法，以及组合体的尺寸标注等问题。

4.1　组合体的组合形式及画法

4.1.1　组合体的组合形式

组合体的组成方式有切割和叠加两种形式，常见的组合体则是这两种方式的综合，如图 4-1 所示。

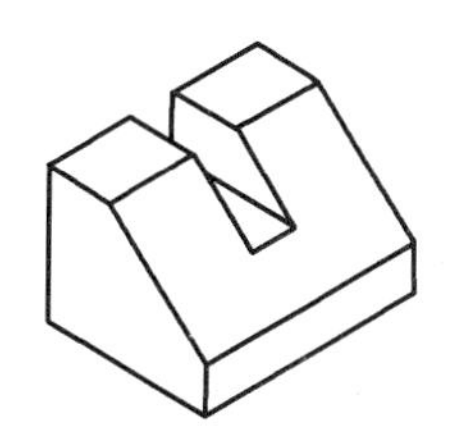
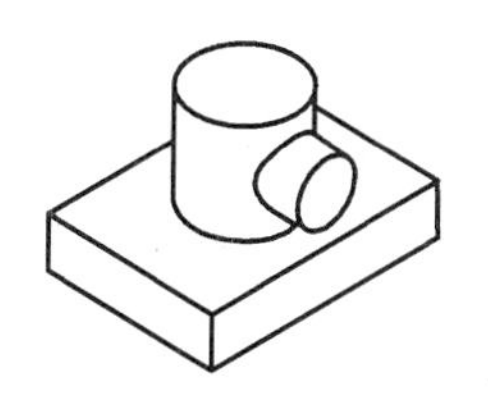
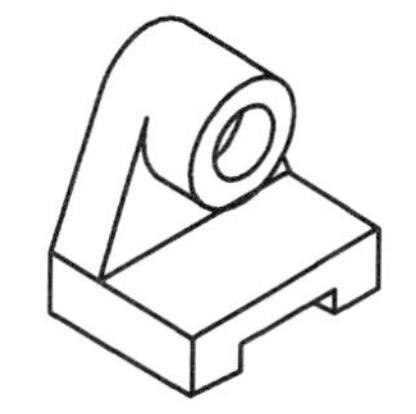

图 4-1　组合体的组合方式

4.1.2　表面连接关系

组合体中相邻两基本体的表面连接关系可分为平齐（表面重合）、相交和相切三种。

1. 平齐

当两基本体的表面平齐时，两表面连接处无分界线，而如果两基本体的表面不平齐时，则必须画出它们的分界线。如图 4-2（a）（b）所示。

2. 相交

当两基本体的表面相交时，相交处会产生不同形式的交线，在视图中应画出

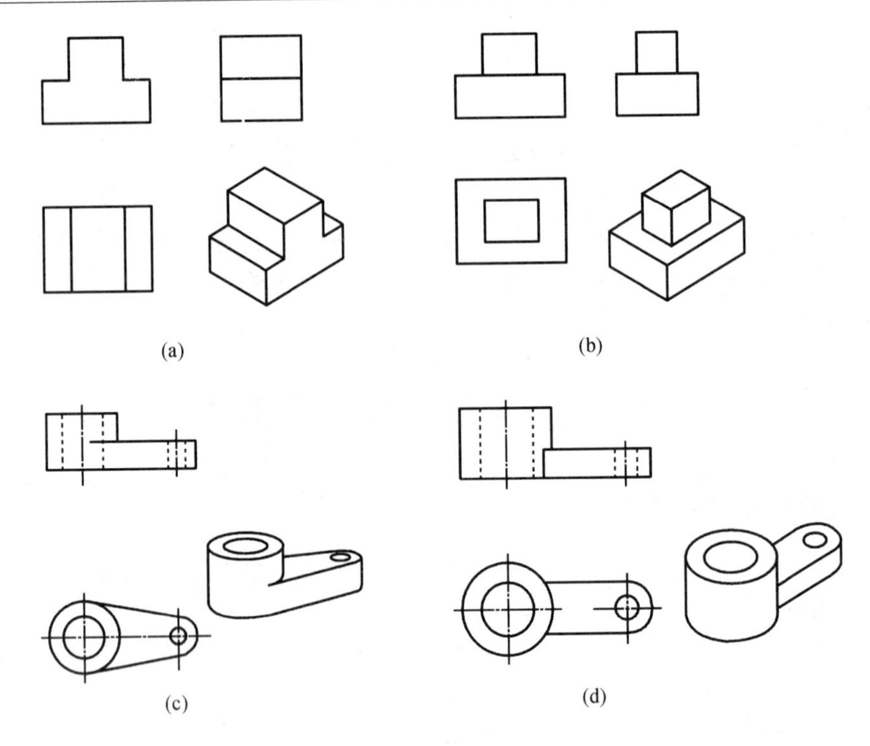

图 4-2　组合体的表面连接关系

交线的投影，如图 4-2（d）所示。

3. 相切

当两基本体的表面相切时，两表面在相切处光滑过渡，不应画出切线，如图 4-2（c）所示。

4.1.3　形体分析法

将组合体按照其组成方式分为若干基本体，以便弄清楚各基本体的形状、相对位置和表面连接关系，从而产生对组合体的完整概念，这种方法称为形体分析法。

如图 4-3 所示，该支架可看成是由上部的圆筒、中间的支承板、加强肋及底板组成。支承板、加强肋和底板分别是不同形状的平板，支承板的左、右两侧面与圆筒相切，加强肋的左、右两侧面与圆筒相交，底板的顶面与支承板、加强肋的底面互相叠合。

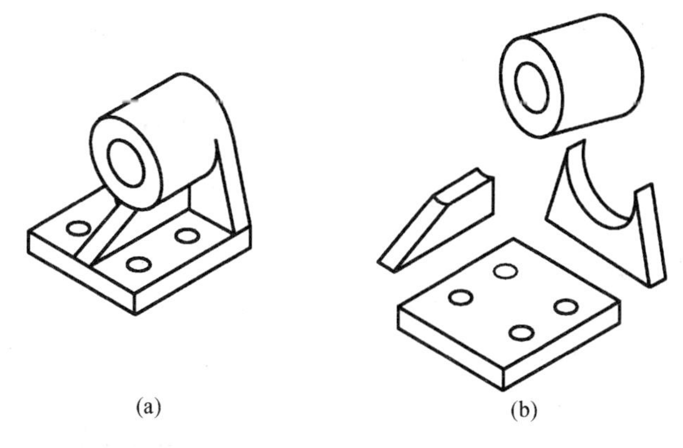

图4-3　支架

4.1.4　组合体三视图的画法

画组合体的视图时，通常先对组合体进行形体分析，选择最能反映其形体特征的方向作为主视图的投影方向，再确定其余视图，然后按投影关系画出组合体的视图。

1. 形体分析

如图4-3（b）所示，支架由圆筒、支承板、加强肋及底板组成。任选一个部分为基准，决定其他部分相对于它的位置关系。例如，以底板为基准，判别圆筒、支承板和加强肋相对于底板的上、下、左、右和前、后的相对位置和表面连接关系。因为这是在画组合体三视图时，确定各个组成部分投影位置的重要依据。

2. 视图选择

选择视图的关键是选择主视图。主视图应能较明显地反映组合体的形状特征和基本体之间相互位置关系，并能兼顾其他视图的合理选择。

先将组合体按自然位置放稳，并使其主要表面平行或垂直于投影面，便于看图和画图。如图4-3（a）所示为支架的安放位置，A向为主视图的投影方向。主视图确定后，俯视图和左视图的投影方向也就确定了。

3. 绘图步骤

首先根据各基本体的相对位置画出各个基本体的各面视图，以确定出组合体边界线的投影，然后画出各表面的积聚投影和相邻两表面交线的投影。支架的三视图作图过程如图4-4所示。

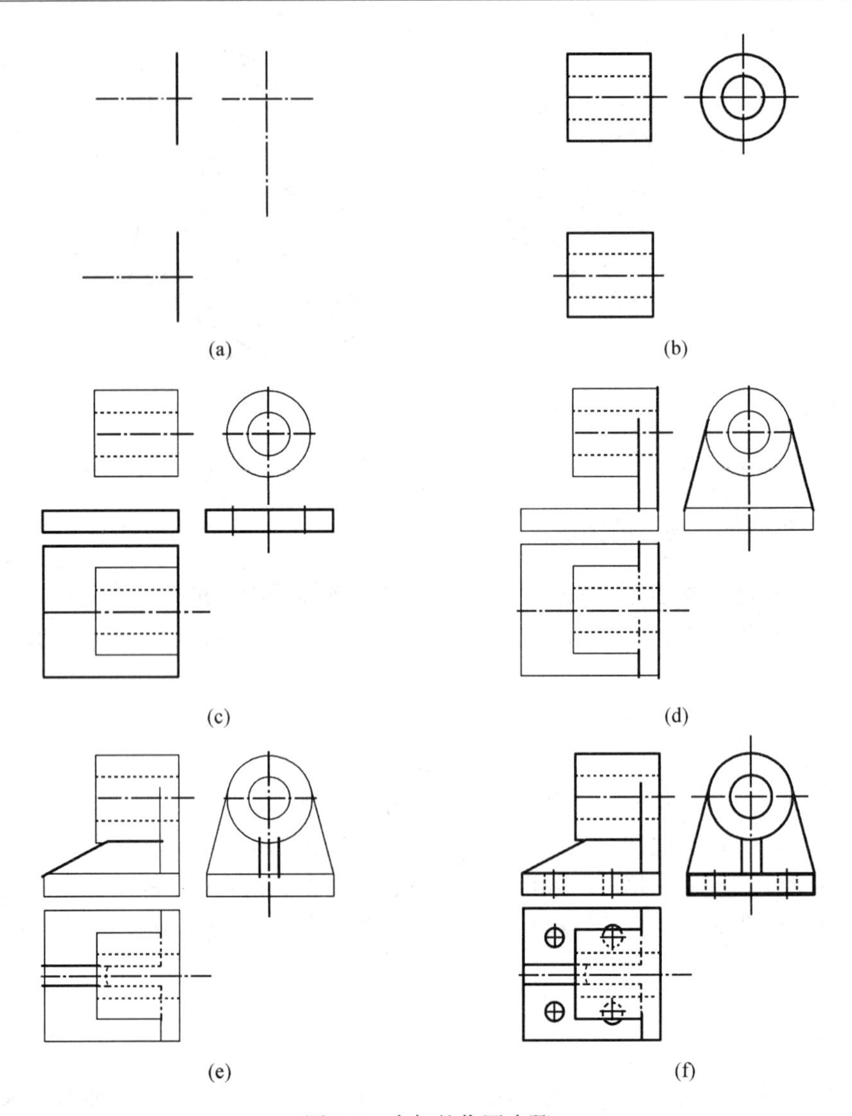

图 4-4　支架的作图步骤

4.2　组合体的尺寸标注

4.2.1　组合体尺寸的基本要求

(1) 正确　尺寸数值要正确；尺寸注法要符合机械制图国家标准的规定。

(2) 完全　尺寸要完整，即不遗漏、不重复。

(3) 清晰　尺寸的布局要整齐清楚，便于读图。

4.2.2　组合体尺寸的种类

1. 定形尺寸

确定组合体各部分形状、大小的尺寸。例如，图4-5中的ϕ80、ϕ40和80是确定圆筒的形状和大小的尺寸；130、20和120是确定底板大小的尺寸；4-ϕ18是确定底板上四个圆孔的定形尺寸；50、18等都是定形尺寸。

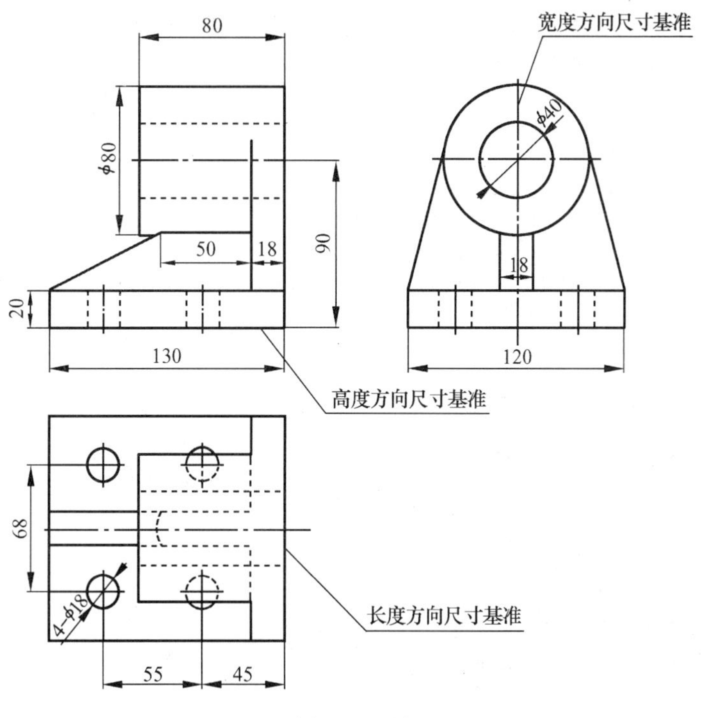

图4-5　支架的尺寸标注

2. 定位尺寸

确定组合体各结构之间相对位置的尺寸。例如，图4-5中的90是确定圆筒相对于底板的位置尺寸；55、45和68是确定四个圆孔在底板上的位置尺寸。

3. 总体尺寸

确定组合体总长、总宽和总高的尺寸，如图4-5中的130、120。组合体中的总体尺寸往往是定形尺寸或定位尺寸。例如，上述130和120既是总长和总宽，又是底板的长和宽。

对于由圆弧面所围成的立体，往往只标注中心距及圆弧半径，而不注该方向的总体尺寸。

4.2.3　尺寸布置的要求

为了便于阅读和查找尺寸，应使尺寸的布置清晰。为此，尺寸的布置应注意以下几点。

（1）尺寸应尽可能标注在图形之外。

（2）应避免尺寸线和尺寸界线相交，相互平行的尺寸线，应使小尺寸靠近图形，大尺寸依次远离图形；串联尺寸应使箭头排在一直线上。

（3）定形尺寸应尽量标注在反映形体特征的视图上，如图 4-6 所示的肋板高度 34。

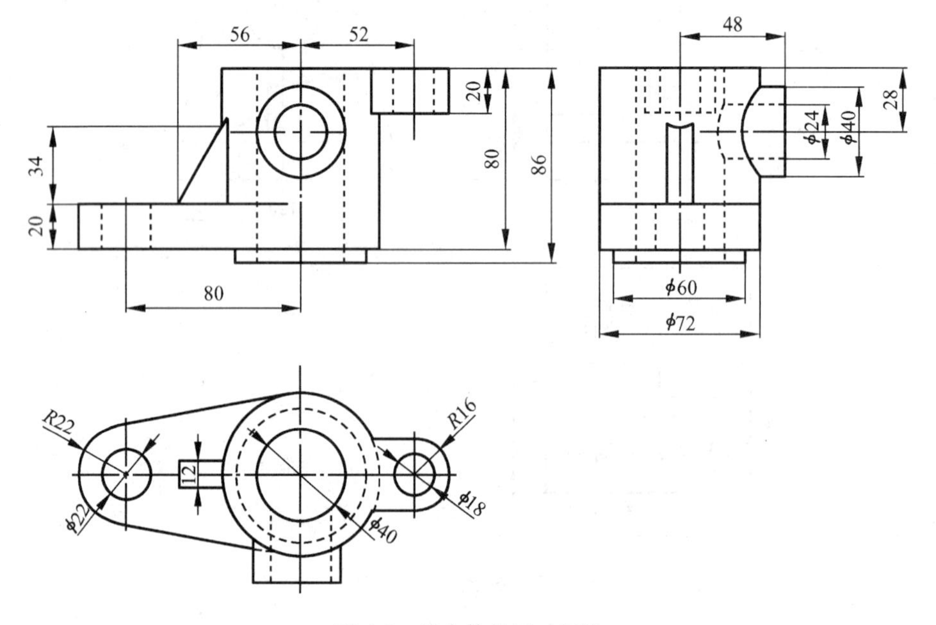

图 4-6　组合体的尺寸标注

（4）表示同一结构的相关尺寸，应尽量标注在同一视图上。如图 4-5 所示的底板上的四个圆孔的定形尺寸和定位尺寸。

（5）直径尺寸应尽可能地标注在非圆视图上。如图 4-5 中的 $\phi 80$。圆弧尺寸只能标注在投影为圆弧的视图上，如图 4-6 所示的 $R16$ 和 $R22$。

（6）尺寸尽量不标在虚线上。如图 4-5 所示的 4-$\phi 18$ 和 $\phi 40$。

4.2.4　组合体尺寸标注的方法

组合体尺寸标注的基本方法仍然是形体分析法，根据组成组合体的各基本体的形状、结构及相互位置，分别标注基本体的定形尺寸。如图 4-6 所示各圆柱的直径 ϕ72、ϕ60、ϕ40 等，以及圆柱的高 80，肋板、支板的定形尺寸 34、20、R22 等；基本体上结构的定形和定位尺寸，如图 4-5 所示的四个圆孔的尺寸 4-ϕ18和 68、55、45；各基本体之间的定位尺寸，如图 4-6 所示的 56、52、48、28 等；组合体的总体尺寸，如图 4-6 所示的总高 86。

在标注组合体上的尺寸时，应注意以下的问题。

(1) 截交线或相贯线不标注尺寸。由于截交线是由基本体的形状、大小和截面的位置所确定的，因此只需标注基本体的定形尺寸和截面的位置尺寸即可，但若截切面是曲面时，还需标注截切面本身的定形尺寸。相贯线是由两相贯体的形状、大小和相互位置所确定的，因此，只需标注两基本体的定形尺寸和定位尺寸。如图 4-6 中两圆筒相贯，只标注它们的定形尺寸 ϕ72、ϕ40 和定位尺寸 28。

(2) 相邻两表面相切，相切处由两表面的形状、大小和位置所确定的，不标注尺寸。如图 4-6 所示的底板的前、后面与圆筒相切，其切点是由底板和圆筒的形状、大小及相互位置所确定的，因此只标注出 R22、ϕ72 和 80 即可。

(3) 确定回转体或回转面的位置尺寸，一般标注确定回转轴线位置的尺寸。如图 4-5 和图 4-6 中的圆孔和圆柱的定位尺寸。

(4) 组合体中的定位尺寸一般应优先标注，至于定形尺寸和总体尺寸，应按尺寸不重复和不标截交线和相贯线尺寸的原则进行标注。如图 4-5 所示，该组合体的总长是由定位尺寸 80、52 和定形尺寸 R22 和 R16 所确定的，若再标注总长则尺寸就重复了；其总宽是由 48 和 ϕ72 所确定的，不再标总宽尺寸 84；标注总高尺寸 86 和圆柱高尺寸 80 后，就不再标注 ϕ60 圆柱的高。

4.3 组合体的看图方法

所谓看组合体的视图就是根据已知视图，应用投影规律，正确识别组合体的形状与结构。看图时必须掌握看图要点和看图方法，总结各类形体的形成及特点，以逐步培养看图能力。

4.3.1 看图的要点

1. 几个视图联系起来看

一般情况下，一个视图不能完全确定形体的形状。因此在看图时，必须要将几个视图联系起来分析。如图 4-7 所示的三组视图，它们的主视图都相同，但实际上是三种不同的形体。

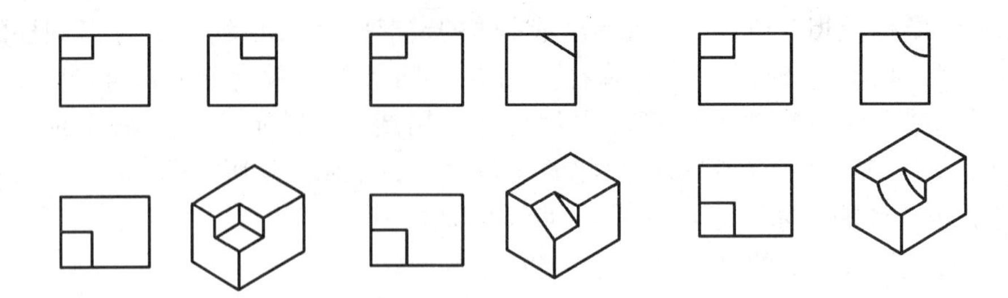

图 4-7 几种不同组合体的三视图

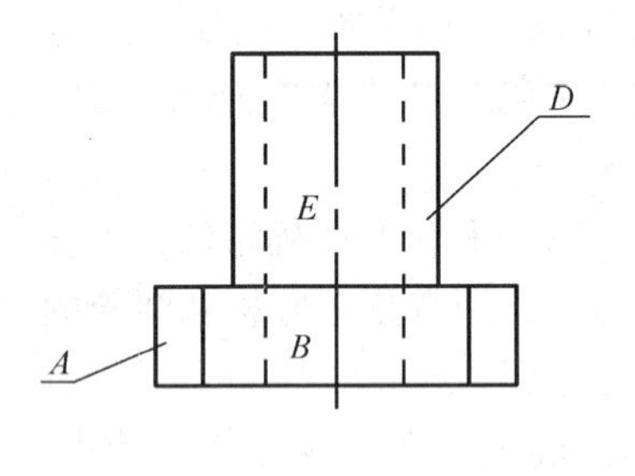

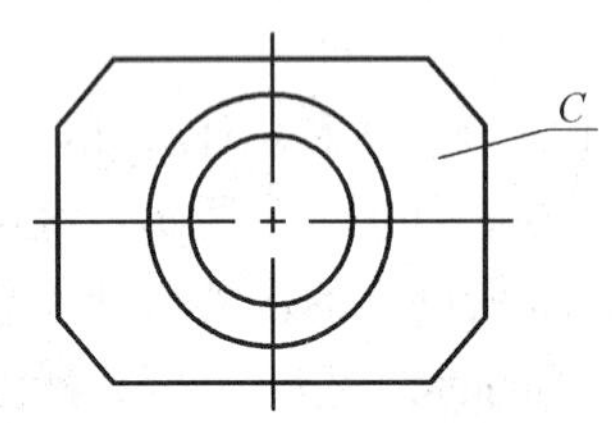

图 4-8 线框和图线的含义

2. 寻找特征视图

所谓特征视图，就是把形体的形状特征及相对位置反映得最充分的视图。如图 4-7 中的左视图。找到这个视图，再配合其他视图，就能较快地认清形体了。

3. 明确视图中的线框和图线的含义

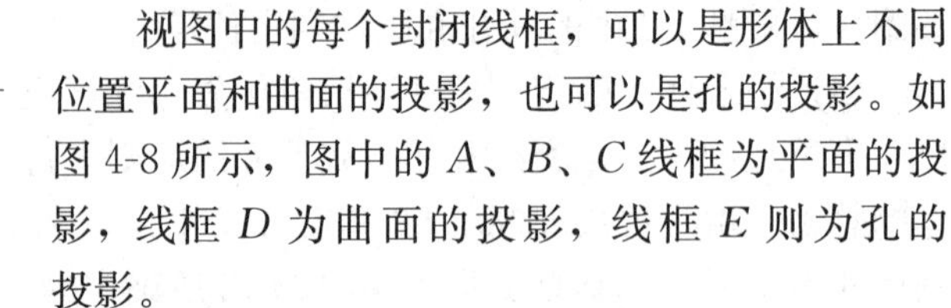

视图中的每个封闭线框，可以是形体上不同位置平面和曲面的投影，也可以是孔的投影。如图 4-8 所示，图中的 A、B、C 线框为平面的投影，线框 D 为曲面的投影，线框 E 则为孔的投影。

视图中的每一条图线，都有三种可能表示方法：垂直于投影面的平面或曲面的投影；两个面交线的投影；曲面投影的转向轮廓线。如图 4-8 所示。

4.3.2 看图的基本方法

1. 形体分析法

形体分析法是看图的基本方法。一般是从反映物体形体特征的主视图着手，对照其他视图，初步分析该物体由哪些基本体和通过什么形式所形成的。然后按投影特性逐个找出各基本体在其他视图中的投影，并确定各基本体之间的相对位置，最后综合想像物体的整体形状。现以图 4-9 所示的组合体为例，讨论看图的方法。

(1) 划分线框 将较能明显地反映组合体形状特征的视图（一般是主视图）划分为若干个线框。如图 4-9 所示，将主视图划分为四个封闭线框。

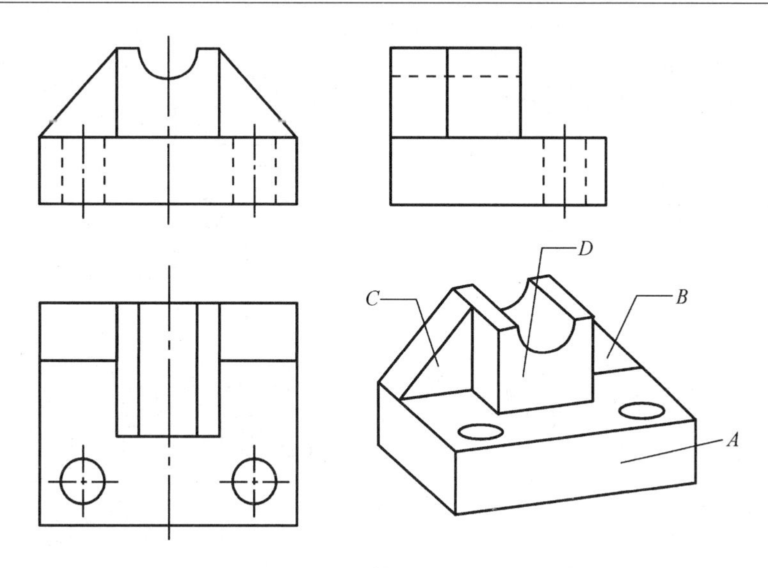

图 4-9 形体分析法读图

(2) 判别各基本体的形状　根据主视图划分的线框，对应俯、左视图的线框，想像出每个基本体的形状。如图 4-9 所示。A 是长方体的底板，B、C 是两个相同的三角形板，D 是开了一个半圆槽的长方形块。

(3) 判别各基本体之间的相对位置　根据方位对应关系，可从主视图中判别出上、下和左、右的相对位置。从俯视图或左视图中可以判别出前、后的相对位置。

(4) 判别表面连接关系　根据相邻两基本体的形状和相对位置来判别其相邻两表面的连接关系。如图 4-9 所示，四个基本体都是平面体，且所有的表面都是特殊位置平面，因此，全部相邻两表面交线的投影，都与基本体表面的积聚投影重合。

2. 线面分析法

运用线、面投影理论来分析物体的表面形状、面与面的相对位置以及面与面之间的表面交线，并借助立体的概念来想像物体的形状。这种方法称为线面分析法。现以图 4-10 所示的压板为例，说明线面分析法在看图中的应用。

(1) 确定物体的整体形状　根据图 4-10 (a) 所示，压板三视图的外形均是有缺角的矩形，可初步认定该压板是由长方体切割而成。

(2) 确定切割面的位置和形状　由图 4-10 (b) 可知，在俯视图中有梯形线框 a，而在主视图中可找出与它对应的斜线 a'，由此可见 A 面是垂直于 V 面的梯形平面。长方体的左上角是由 A 面切割而成，平面 A 对 W 面和 H 面都处于倾斜位置，所以它们的侧面投影 a''和水平投影 a 是类似图形，不反映 A 面的真实形状。

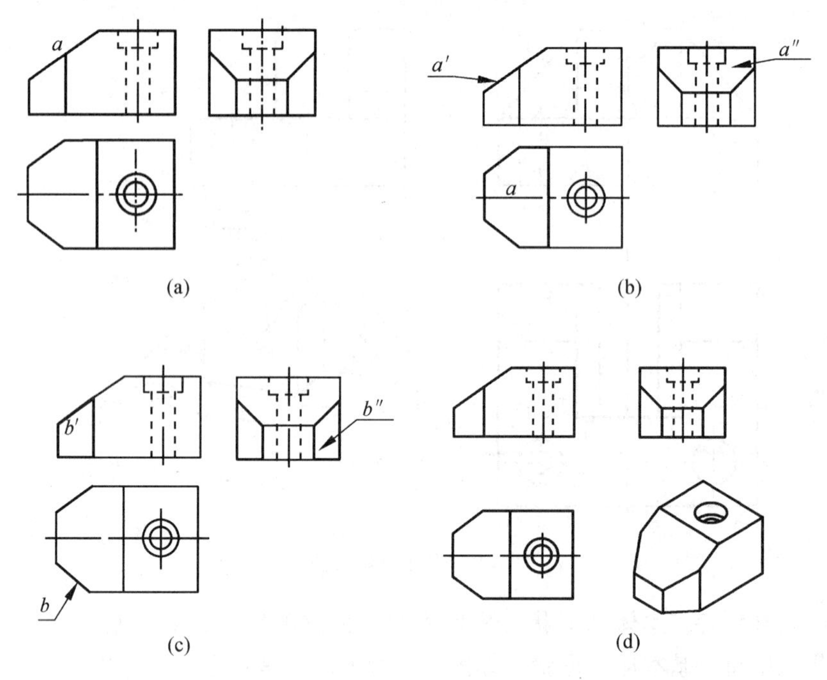

图 4-10 线面分析法读图

由图 4-10（c）可知，在主视图中有四边形线框 b'，而在俯视图中可找出与它对应的斜线 b，由此可见 B 面是铅垂面。长方体的左端就是由这样的两个平面切割而成的。平面 B 对 V 面和 W 面都处于倾斜位置，因而侧面投影 b''也是类似的四边形。

由图 4-10（d）可知，在主视图和左视图分别有两个虚线线框，在俯视图可找出与它们对应的圆，由此可见为两个同轴的孔。

（3）综合想像其整体形状 弄清各切割面的位置和形状后，根据基本体形状及各切割面与基本体的相对位置，进一步分析视图中的线、线框的含义，可以综合想像出整体形状，如图 4-10（d）所示。

看组合体的视图常常是两种方法并用，以形体分析法为主，线面分析法为辅。

第5章　轴　测　图

5.1　轴测图基本知识

5.1.1　轴测图的形成

将物体连同其直角坐标系，沿不平行于任一坐标面的方向，用平行投影法将其投射在单一投影面上所得到的图形称为轴测投影，简称轴测图。如图 5-1 所示，其中 P 面称为轴测投影面。轴测图能反映出物体的长、宽、高三个方向的尺寸，具有较强的立体感，通常用作工程上的辅助图样。

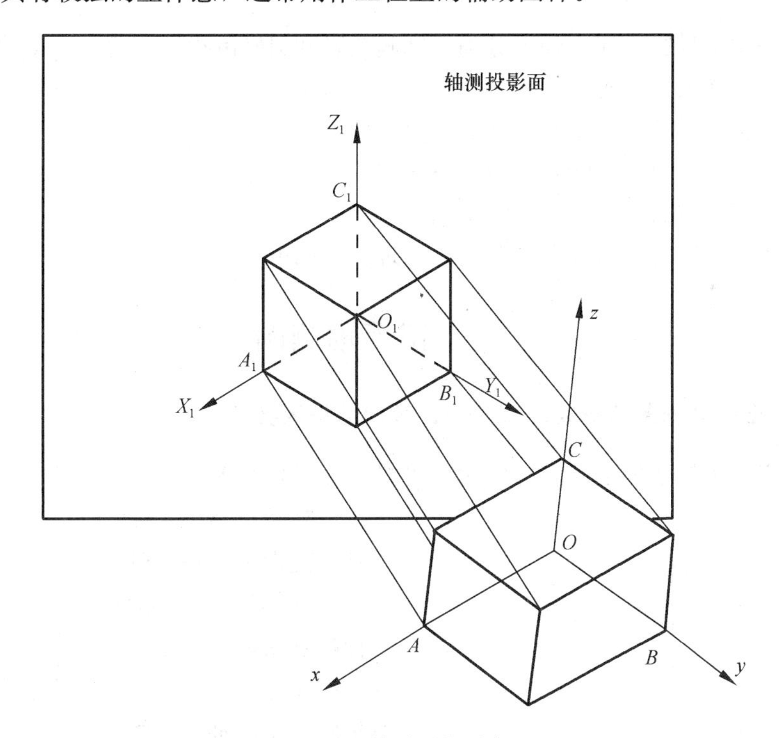

图 5-1　轴测图的形成

5.1.2　轴间角和轴向伸缩系数

空间直角坐标系中 OX、OY 和 OZ 坐标轴在轴测投影面 P 上的投影 O_1X_1、O_1Y_1、O_1Z_1 为轴测轴，两根轴测轴之间的夹角称为轴间角，即 $\angle X_1O_1Y_1$、

$\angle X_1O_1Z_1$、$\angle Z_1O_1Y_1$。

轴测轴上的线段与直角坐标轴上对应线段之比称为轴向伸缩系数。OX、OY、OZ 轴上的伸缩系数分别用 p、q、r 表示。即

$$p = O_1A_1/OA,\quad q = O_1B_1/OB,\quad r = O_1C_1/OC$$

轴间角、轴向伸缩系数是绘制轴测图的两个重要参数。

5.1.3 轴测投影的性质

轴测投影图是运用平行投影法画出的，所以它仍具有平行投影的投影特性。

(1) 物体上平行于坐标轴的线段，在轴测图中仍然与相应的轴测轴平行。

(2) 物体上相互平行的线段，在轴测图中仍然互相平行。

(3) 凡平行于轴测投影面的直线和平面，其轴测投影仍反映原长和原形。

5.1.4 轴测图的种类

轴测图按投影方向不同可分为正轴测投影和斜轴测投影，每一类中按轴向伸缩系数的不同又可分为三种：

(1) 正（或斜）等轴测，即 $p=q=r$；

(2) 正（或斜）二测，$p=q\neq r$；

(3) 正（或斜）三测，$p\neq q\neq r$。

常用的是正等轴测和斜二测两种，现介绍如下。

5.2 正等轴测图

5.2.1 正等轴测图的形成、轴间角、轴向伸缩系数

使直角坐标系的三条坐标轴对轴测投影面的倾角都相等（35°16′43″），并用正投影法将物体向轴测投影面投影，所得到的图形就是正等轴测图。

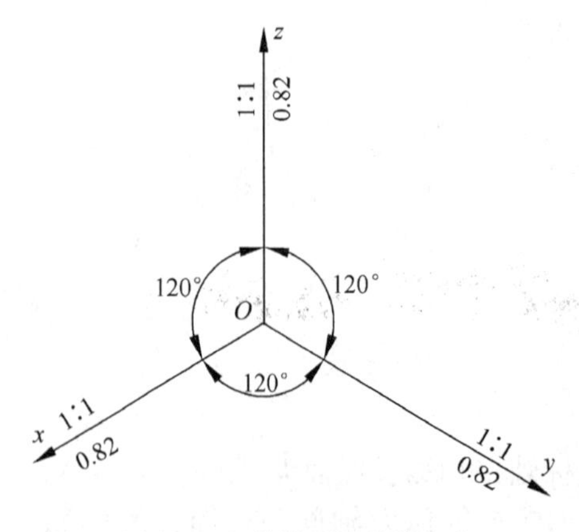

图 5-2 正等轴测图的轴间角

正等轴测图中的轴间角为 120°，轴测轴的画法如图 5-2 所示。

由于空间坐标轴与轴测投影面的倾角相同，所以轴向伸缩系数相同，即 $p=q=r=0.82$。为作图方便，常采用各轴向的简化伸缩系数，即 $p=q=r=1$。采用简化伸缩系数作图时沿各轴向的所有尺寸均按实长绘制，比较方便。此时其轴向尺寸为原来的 1.22 倍，这个图形与

用各轴向伸缩系数为 0.82 画出的轴测图是相似的图形。

5.2.2　平面立体正等轴测图的画法

根据形体结构特点，选定坐标原点位置，一般定在物体的对称轴线上，且放在顶面或底面处，这样对作图较为有利，如图 5-3 所示。

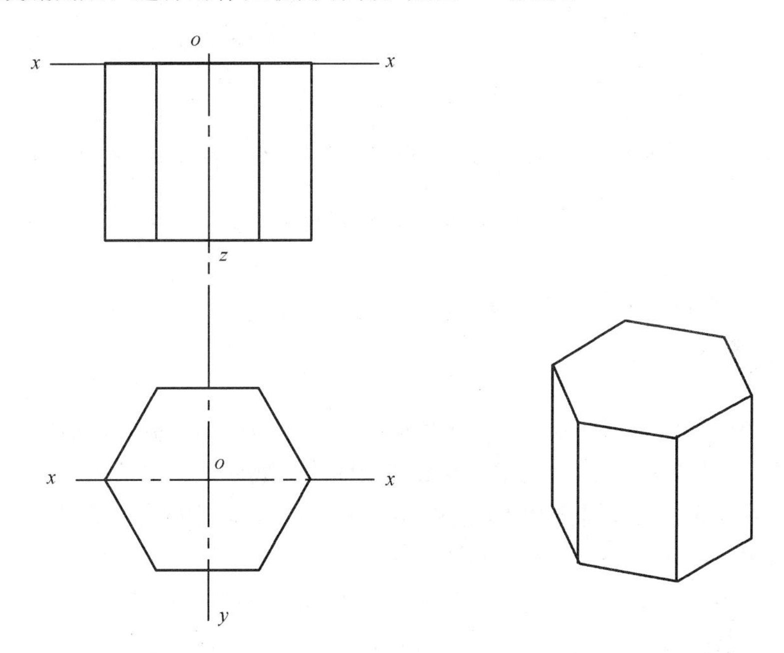

图 5-3　在六棱柱上建立坐标轴

（1）画出轴测轴。

（2）根据点的坐标在轴测投影体系中作出点、直线的轴测图，根据轴测投影的基本性质，逐步作图。

（3）消除隐藏线、描深。

如图 5-4 所示，为正六棱柱的正等轴测图的作图步骤。

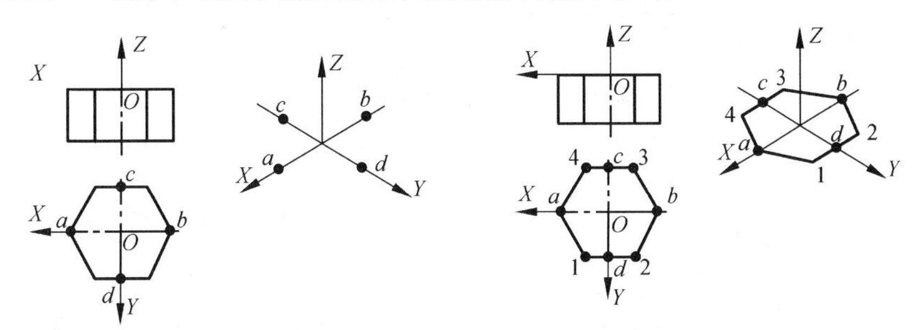

(a) 作轴测轴，并在上面量取 a、b、c、d 四点　　(b) 过 a、b 分别作 X 轴的平行线，量取 1、2、3、4 四点，连成顶面

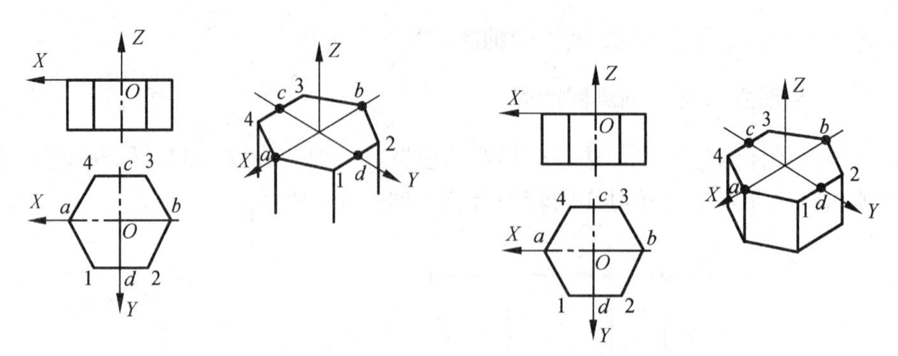

(c) 过 1、2、3、4 四点沿 Z 轴量取高度，得底面四点　　(d) 依次连接底面四点，作图结果如图

图 5-4　六棱柱的正等轴测图

5.2.3　平面组合体的正等轴测图的画法

1. 切割法

（1）根据形体结构特点，选定坐标原点位置，对称体一般定在形体的对称轴线上，非对称体定在形体的角点，放置在顶面或者底面。画出轴测轴。

（2）根据正投影图求出角点的坐标，在轴测投影体系中作出基本体的角点，再由长、宽、高作出基本体的轴测图。

（3）根据点的坐标或者利用切割体与基本体的相对位置关系，作出切割面与基本体的所有交线。

（4）擦除被切掉的棱线，消除隐藏线，描深图形。

图 5-5 所示为长方体被切除一个角后的正等轴测图的作图步骤。

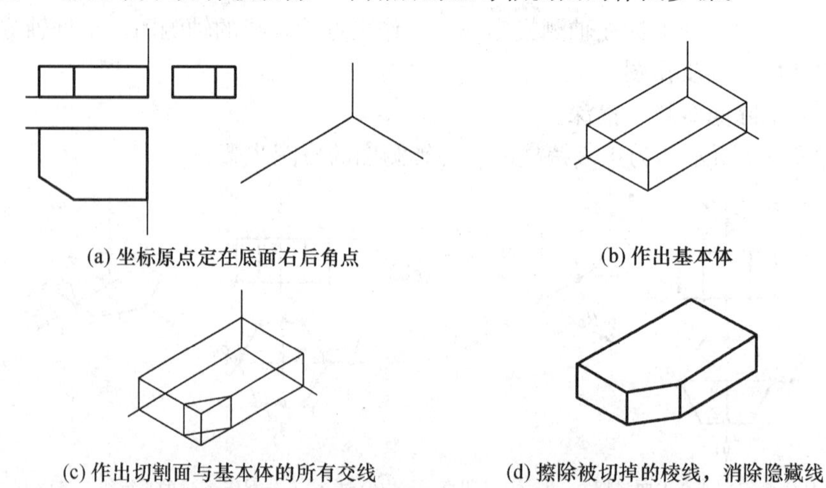

(a) 坐标原点定在底面右后角点　　(b) 作出基本体

(c) 作出切割面与基本体的所有交线　　(d) 擦除被切掉的棱线，消除隐藏线

图 5-5　切割法作组合体的正等轴测图

2. 叠加法

(1) 根据形体结构特点，选定坐标原点位置，对称体一般定在形体的对称轴线上，非对称体定在形体的角点，放置在顶面或者底面。画出轴测轴。

(2) 根据正投影图求出角点的坐标，在轴测投影体系中作出基本体的角点，再由长、宽、高作出基本体的轴测图。

(3) 根据点的坐标或者利用叠加体与基本体的相对位置关系，作出叠加体的轴测图。

(4) 擦除被切掉的棱线和面平齐减少的棱线，消除隐藏线，描深图形。

如图 5-6 所示，为图 5-5 中的切割体再叠加一个切槽的方体的正等轴测图的作图步骤。

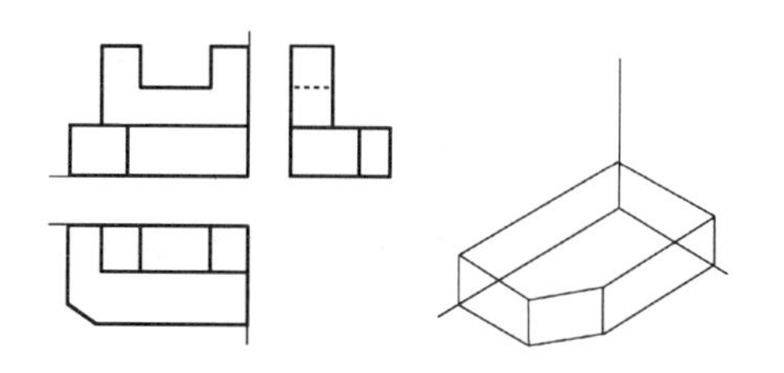

(a) 坐标原点定在底面右后角点，作出基本体

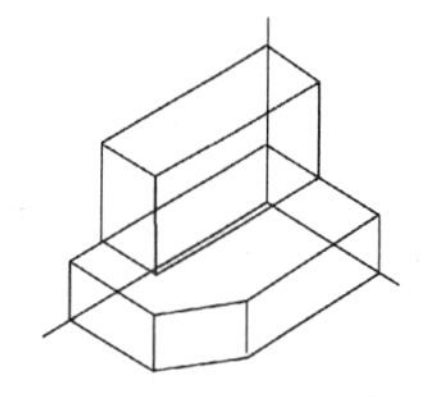

(b) 在基本体上作出叠加体

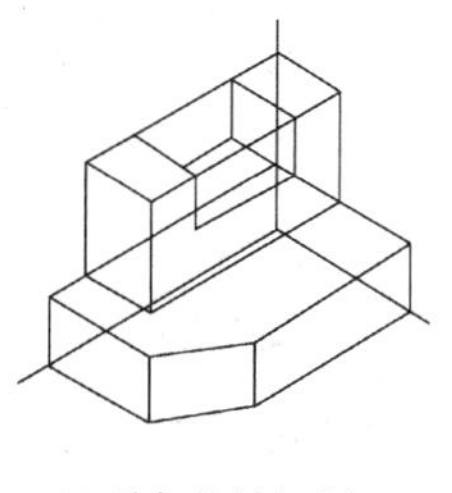

(c) 叠加体被切割

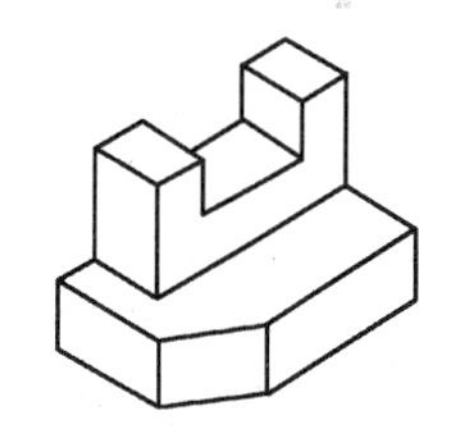

(d) 擦除多余的棱线，消除隐藏线

图 5-6 叠加法作组合体的正等轴测图

5.2.4 回转体正等轴测图的画法

1. 圆的正等轴测图

平行于坐标面的圆，正等轴测图都是椭圆。这三个方向的椭圆、长短轴均分别相等，但方向不同，如图 5-7 所示。

图 5-8 所示为水平面上圆的正等轴测图的作图方法。

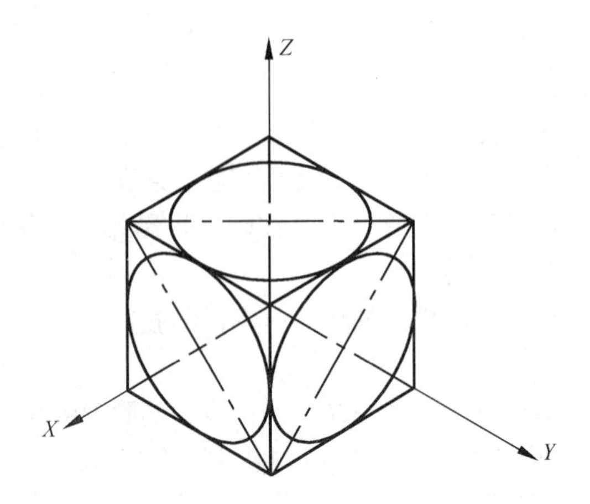

图 5-7　平行于各坐标面的圆的正等轴测图

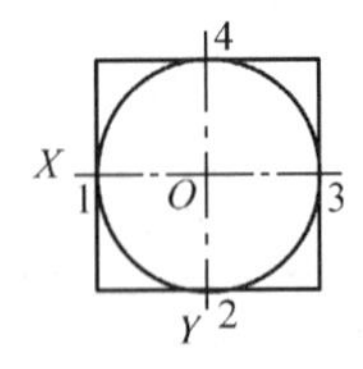

(a) 过圆心 O 作坐标 OX、OY，再作四边平行于坐标轴的圆的外切正方形，切点为 1、2、3、4

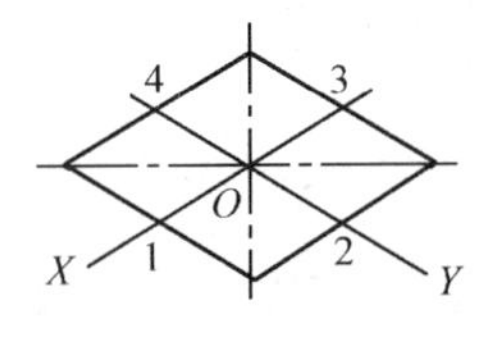

(b) 作轴测轴 OX、OY，从点 O 按圆半径量得切点 1、2、3、4，过四点作轴测轴的平行线，得菱形，并作菱形的对角线

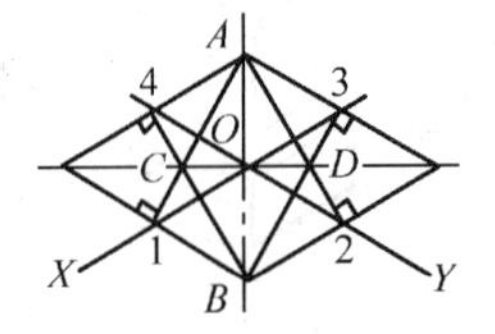

(c) 连 $A1$、$A2$、$B3$、$B4$ 分别与长轴交于 C、D

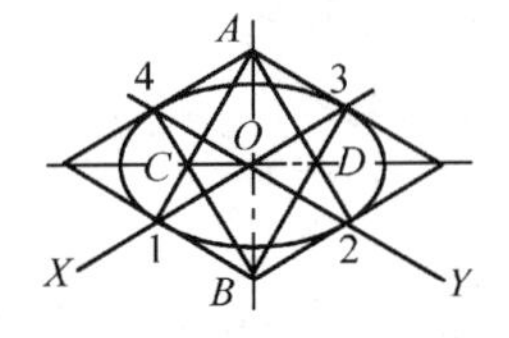

(d) 分别画出四段圆弧，连成近似椭圆

图 5-8　水平面上圆的正等轴测图

2. 回转体的正等轴测图

(1) 首先选上顶面的圆心为坐标原点，如图 5-9 (a) 所示，画出坐标轴。
(2) 然后画出轴测投影轴及上、下面的菱形，如图 5-9 (b) 所示。
(3) 再用“四心法”作出上、下面的椭圆，如图 5-9 (c) 所示。
(4) 最后作两椭圆的公切线，并擦掉多余的图线，如图 5-9 (d) 所示。

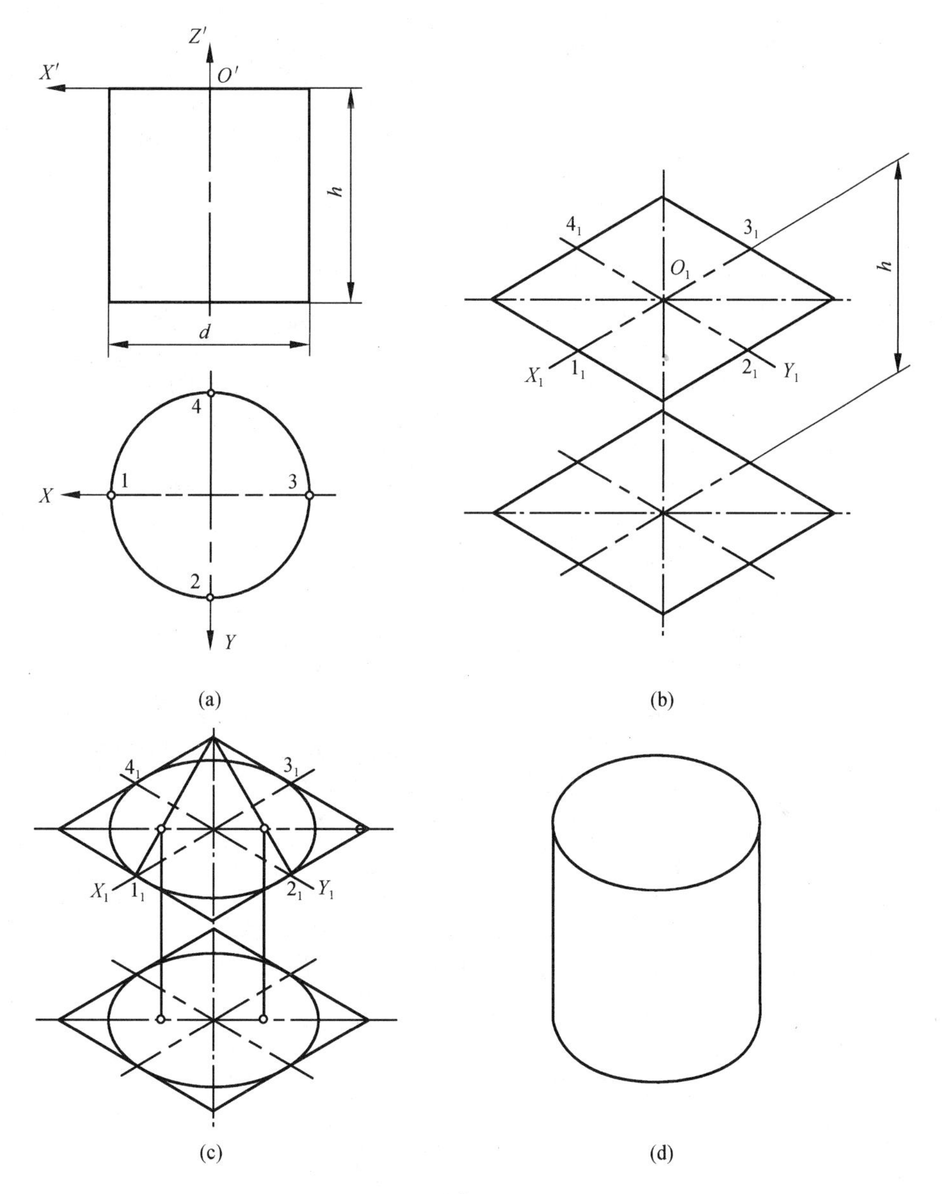

图 5-9 回转体的正等轴测图

3. 回转体被切割后的正等轴测图

回转体被切割后的正等轴测图的画法与平面体被切割后的正等轴测图的画法类似。先画出基本回转体的轴测图，再画出切割面与回转体的交线，最后擦去多余的线条，并消除隐藏线。

如图 5-10 所示是圆柱被切割后的正等轴测图的作图步骤。

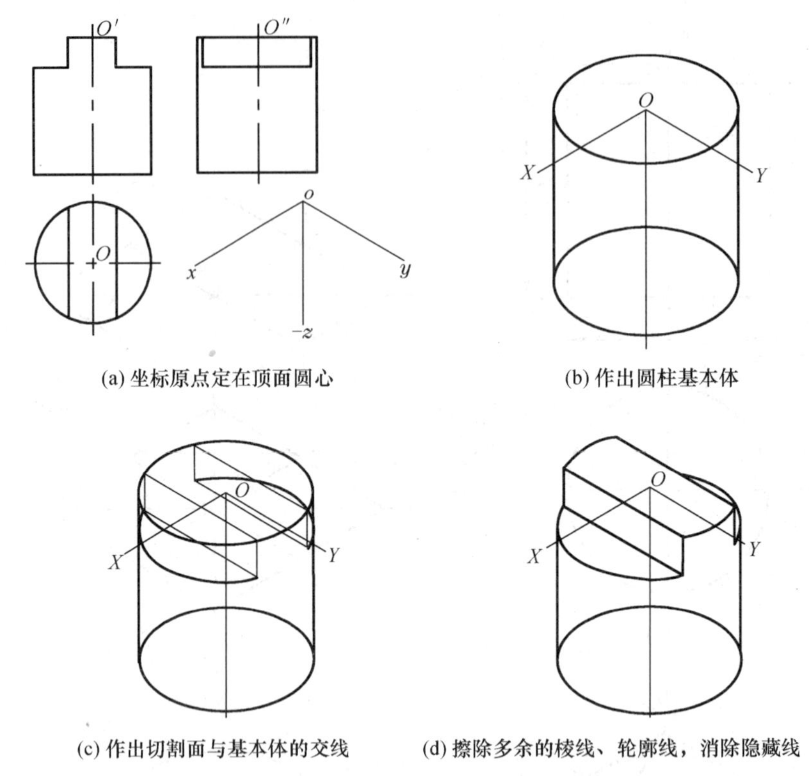

图 5-10　圆柱被切割后的正等轴测图

4. 圆角的正等轴测图

圆角是圆的 1/4，其正等轴测图与圆的正等轴测图画法相同，即作出对应的 1/4 菱形，画出近似圆弧。图 5-11 所示为圆角正等轴测图的画法。

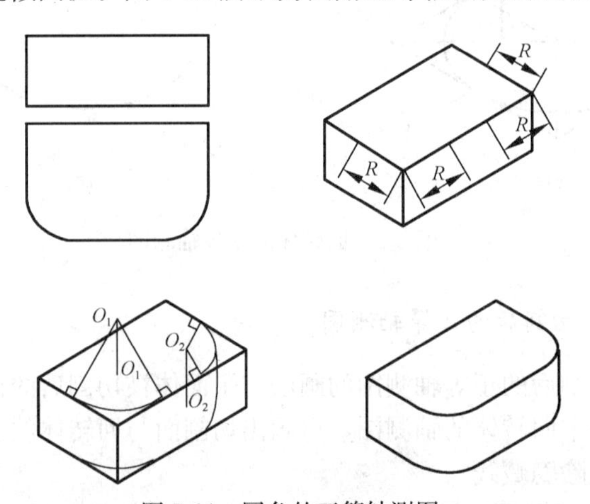

图 5-11　圆角的正等轴测图

5.3 斜 二 测 图

当物体上的两个坐标轴 OX 和 OZ 与轴测投影面平行，而投影方向与轴测投影面倾斜时，所得到的轴测图称为斜二测图，简称斜二测。

5.3.1 斜二测的轴间角和轴向伸缩系数

斜二测的轴间角是：$\angle X_1O_1Z_1=90°$，$\angle X_1O_1Y_1=\angle Y_1O_1Z_1=135°$，如图5-12所示。

轴向伸缩系数为：$p=r=1$，$q=0.5$。

由于斜二测图的正面形状能反映实形，因此，斜二测图适用于在某一方向上有较多圆和曲线的物体。

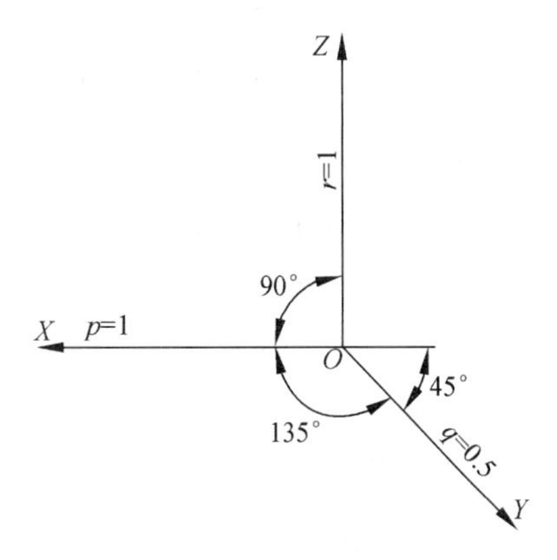

图 5-12 斜二测图的轴间角

5.3.2 斜二测图的画法

斜二测图的画法与正等轴测图相同，但斜二测图又有自己的特点，作图时根据形体的结构特点，应将有复杂图形或过多圆的平面放于平行于坐标面 XOZ 的位置，然后由前到后依次画出。

图 5-13 所示为斜二测图的画法。

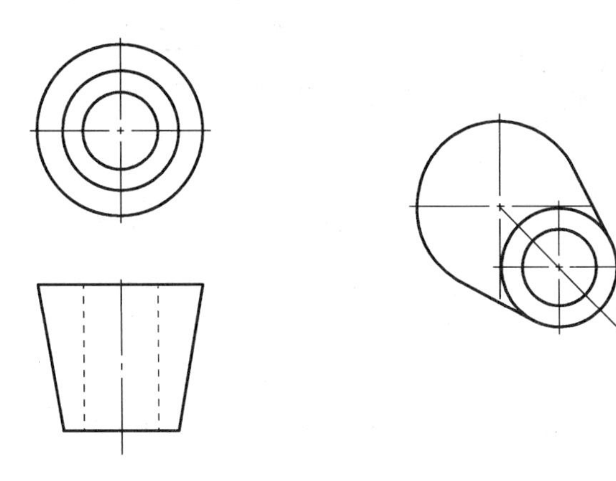

图 5-13 斜二测图的画法

第 6 章　机件常用的表达方法

6.1　视　　图

机件向投影面投影所得的图形，称为视图。国家标准规定，用正投影法获得机件的视图，并采用第一角投影。视图一般只画机件的可见部分，必要时才画出不可见部分。视图可分为基本视图、斜视图、局部视图三种。

6.1.1　基本视图

将机件向基本投影面投影所得的图形，称为基本视图。基本投影面是在原来三个投影面的基础上，再增加三个投影面所组成。将因此而形成的六面体进行展开，首先使正面固定不动，然后其余五个面按图 6-1（a）中箭头所示的方向旋转到与正面同处于一个平面上，见图 6-1（b）。六个基本视图的名称及关系如图 6-1（b）所示。

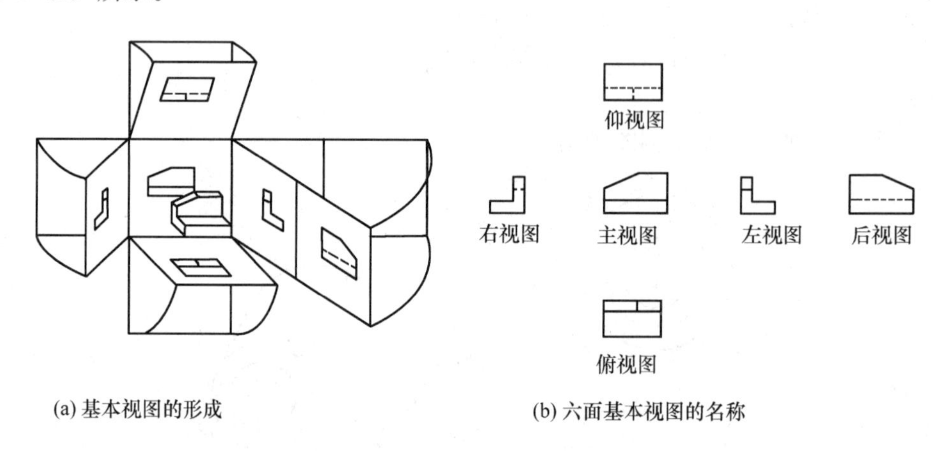

(a) 基本视图的形成　　(b) 六面基本视图的名称

图 6-1　基本视图

六个基本视图之间仍然符合长对正、高平齐、宽相等的投影规律。如图 6-1（b）所示。

各视图若按图 6-1（b）配置时，一律不标注视图的名称。如不能按图 6-1（b）位置配置，各视图应在视图上方标出视图的名称“*X*”（*X* 用大写拉丁字母表示），并在相应的视图附近用箭头指明投影方向，且注上同样的字母，如

图 6-2所示。

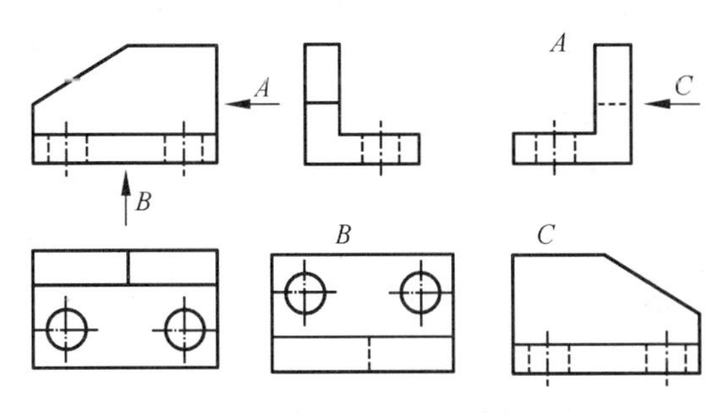

图 6-2 自由配置的基本视图

6.1.2 斜视图

将机件向不平行于任何基本投影面的平面投影所得的视图，称为斜视图。图 6-3（a）所示的机件是压紧杆的三视图。由于压紧杆倾斜耳板的俯视图和左视图都不反映实形，可按如图 6-3（b）所示，新设立一个平行于倾斜结构的正垂面作为新的投影面。沿垂直于新投影面的箭头 A 方向投射，就可以得到反映倾斜结构实形的投影。如图 6-4 所示。

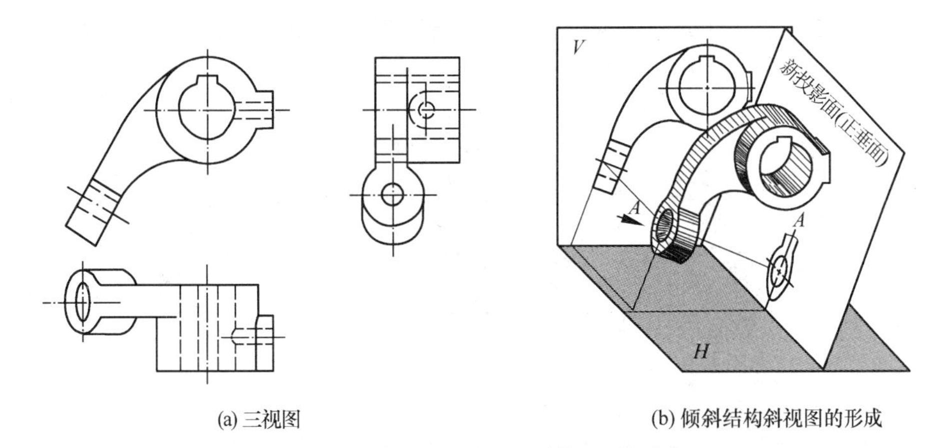

图 6-3 压紧杆的三视图及斜视图的形成

斜视图应在该视图上方标出视图名称“X”，在相应的视图附近用箭头指明投影方向，并在箭头旁水平标注同样的大写拉丁字母“*X*”，如图 6-4 中的“*A*”所示。

斜视图一般按投影关系配置，如图 6-4（a），必要时也可配置在其他适当的位置。在不致引起误解时，允许将图形旋转，标注形式为“X↷”，表示该斜视图名称的大写拉丁字母应靠近旋转符号的箭头端，箭头端随斜视图旋转方向确定，如图 6-4（b）所示。

斜视图通常只画表达倾斜部分的实形投影，其余部分不必全部画出，而用波

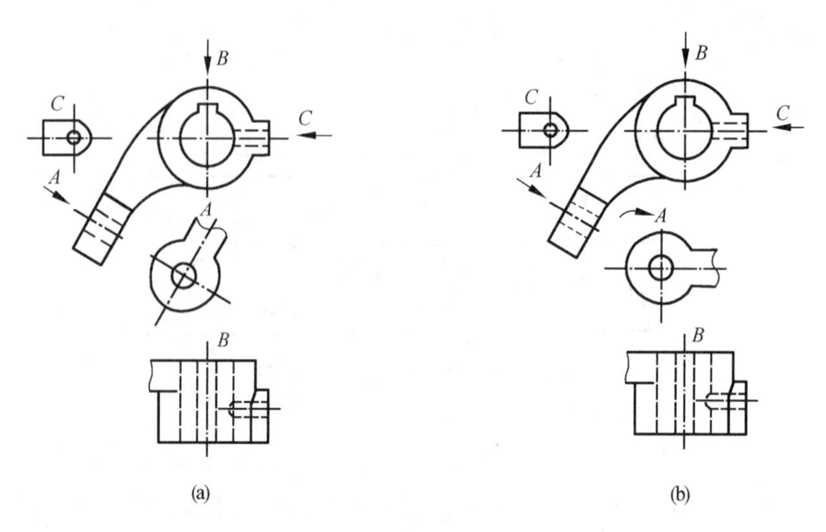

图 6-4　斜视图的配置与标注

浪线断开，如图 6-4 所示。

6.1.3　局部视图

将机件的某一部分向基本投影面投影所得到的视图称为局部视图。如图 6-5 所示。

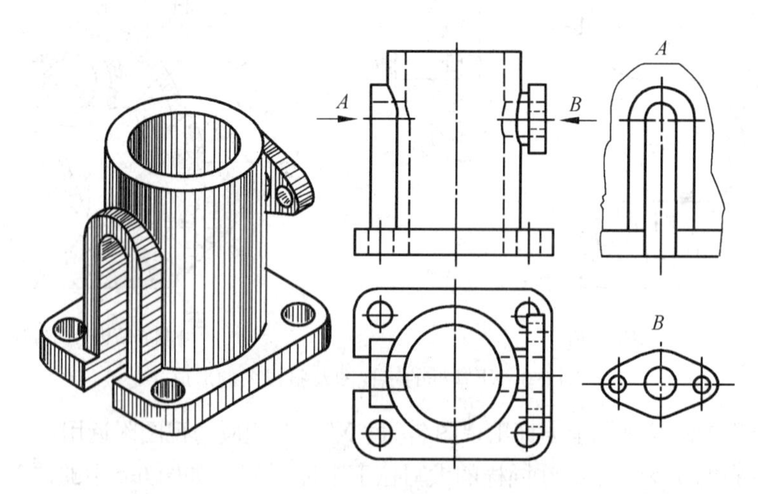

图 6-5　局部视图

局部视图是一个不完整的基本视图。如图 6-5 所示的机件，当画出其主、俯两个基本视图后，仍有两侧的凸台和其中一侧的肋厚度没有表达清楚。因此，需要画出表达该部分的局部左视图和局部右视图。局部视图的断裂边界用波浪线画出。当所表达的局部结构是完整的，且外轮廓线又是封闭的，则波浪线可省略不画，如图 6-5 中的“*B*”所示。

局部视图应尽量配置在箭头所指的方向，并与原有视图保持投影关系。有时为了合理布局，也可把局部视图放在其他适当位置。画局部视图时，一般在局部视图的上方标出视图的名称“X”，在相应的视图附近用箭头指明投影方向，并注上同样的字母。当局部视图按图样投影关系配置，中间又没有其他图形隔开时，可省略标注。在实际画图时，用局部视图表达机件可使图形重点突出，清晰明确。

6.2 剖　视　图

在视图中，机件的内部结构或被遮盖部分是用虚线来表示的，图中的虚线往往会给画图、看图或标注尺寸带来一定困难。为了清晰地表示机件的内部结构，常采用剖视图。

6.2.1 剖视的概念

1. 基本概念

用假想的剖切面将机件剖开，移去处在观察者和剖切面之间的部分，将其余部分向投影面投影所得的视图，称为剖视图，如图 6-6 所示。

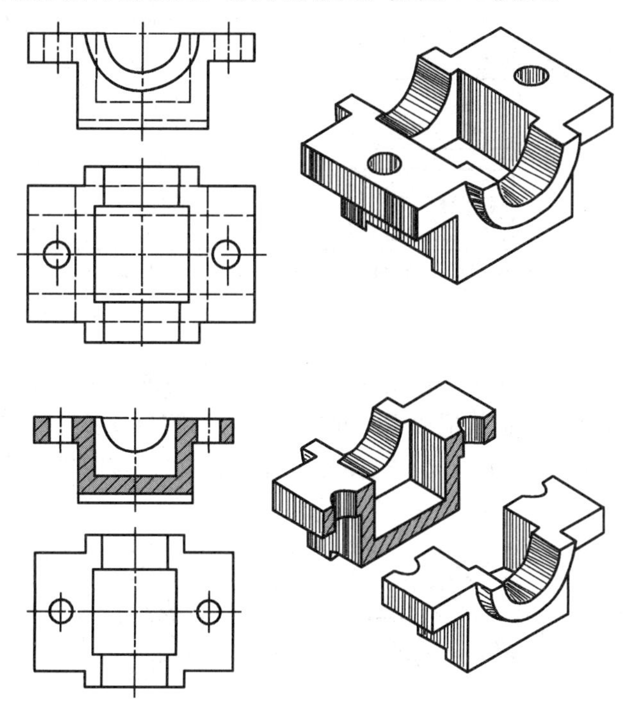

图 6-6　剖视图的概念

2. 剖面符号

剖视图中，剖切面与机件接触的实体区域应画出剖面符号。各种材料的剖面符号见表 6-1。

表 6-1　剖面符号

材料		剖面符号	材料	剖面符号
金属材料（已有规定剖面符号者除外）			胶合板（不分层数）	
线圈绕组元件			基础周围的混土	
转子、电枢、变压器和电抗器等的叠钢片			混凝土	
非金属材料（已有规定剖面符号者除外）			钢筋混凝土	
型砂、填砂、粉末冶金、砂轮、陶瓷刀片、硬质合金刀片等			砖	
玻璃及供观察用的其他透明材料			格网（筛网、过滤网等）	
木　材	纵剖面		液　体	
	横剖面			

注：1. 剖面符号仅表示材料的类别，材料的名称和代号必须另行注明。
　　2. 叠钢片的剖面线方向，应与束装中叠钢片的方向一致。
　　3. 液面用细实线绘制。

在机械图样中，使用最多的金属材料用互相平行的细实线表示，这种剖面符号通常称为剖面线。剖面线应以适当角度绘制，一般与主要轮廓或剖面区域的对称线成 45°，如图 6-7 所示。同一机件的所有剖面线的倾斜方向和间隔必须一致。

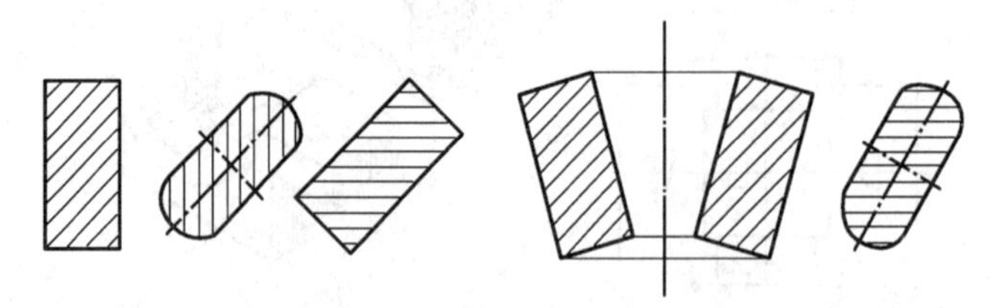

图 6-7　剖面线的画法

3. 画法

以图 6-8 所示机件画出剖视图。

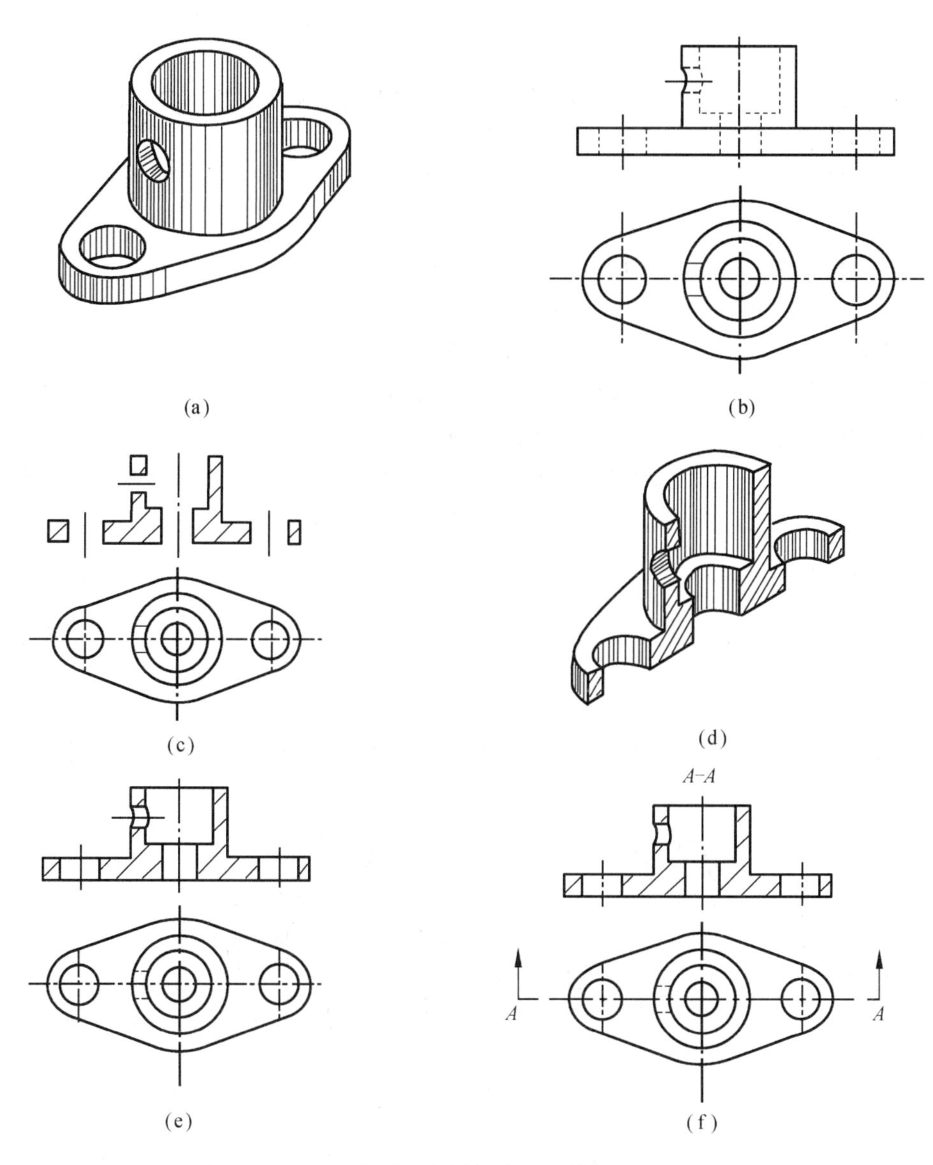

图 6-8　剖视图的画图步骤

（1）分析机件，画出必要的视图，如图 6-8（b）所示。

（2）确定剖切平面的位置，画出断面图形，即取通过两孔轴线的剖切平面，画出剖切平面与机件接触部分的断面图形，并画上剖面符号，如图 6-8（c）所示。

（3）对剖切平面之后所有剩余机件的轮廓进行绘制，如图 6-8（e）所示。

（4）按照规定方法进行标注，如图 6-8（f）所示。

4. 剖视图的标注

剖视图一般应进行标注。标注包括以下各项内容，如图 6-8（f）所示。

（1）剖切符号　指示剖切平面的起、讫和转折位置，用粗短画线表示，但不要与图形轮廓线相交。

（2）投射方向　在剖切位置线的起、讫点外侧画出与其相垂直的箭头，表示剖切后的投射方向。

（3）剖视图名称　在剖切位置线的起、讫及转折处写上同一字母，并在所画剖视图上方用相同字母标注出剖视图的名称“*X-X*”。

但在下列情况下，剖视图可以简化或省略标注。

（1）当剖切后的图形按投影关系配置，中间没有其他图形隔开时，允许省略箭头，如图 6-8（f）中所标注的箭头即可省略。

（2）剖切平面与机件的对称面重合，且剖切后的图形按投影关系配置，中间没有其他图形隔开时，可以不必标注，如图 6-8（e）所示。

6.2.2 剖视图的种类

剖视图可分为全剖视图、半剖视图和局部剖视图三种。

1. 全剖视图

用剖切面将机件完全剖开所得到的剖视图，称为全剖视图，如图 6-9 所示。

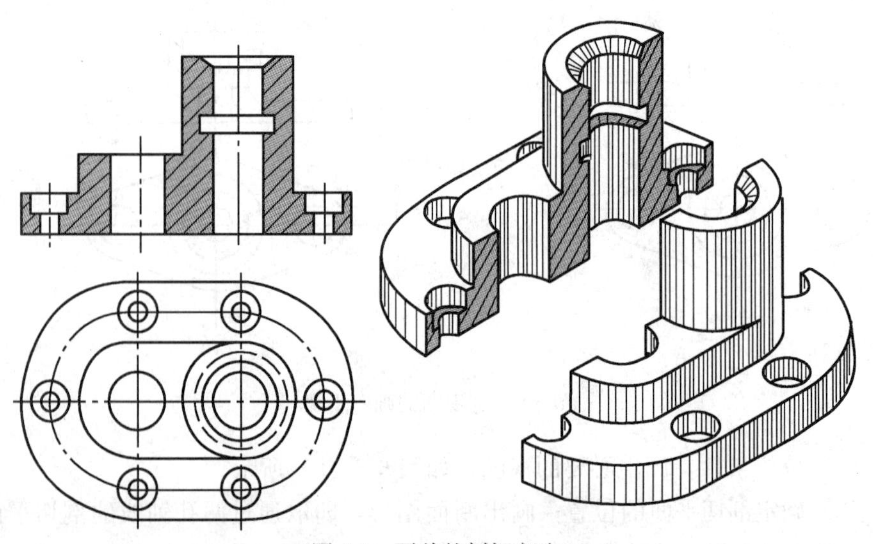

图 6-9　泵盖的剖切方法

全剖视图可以由单一剖切面和其他几种剖切面剖切获得，前面图例出现的剖视图都属于全剖视图。

由于画全剖视图时将机件完全剖开，机件的外形结构在全剖视图中不能充分表达，因此全剖视图通常用于外形较简单而需要表达内部结构的机件。图 6-9 所示的主视图，采用全剖视图后，既清晰地表达了内部结构，又不影响该机件的外形表达。对于外形机构较复杂的机件若采用全剖时，其尚未表达清楚的外形结构可以采用其他视图表示。

2. 半剖视图

当机件具有对称平面，向垂直于对称平面的投影面投射时，以对称中心线为界，一半画成剖视图（习惯上剖视部分画在右边），另一半画成视图，这种图形叫半剖视图。如图 6-10 所示的机件，具有垂直于正投影面和水平投影面的对称面，因而可以在主视图和俯视图上采用半剖视图画法。

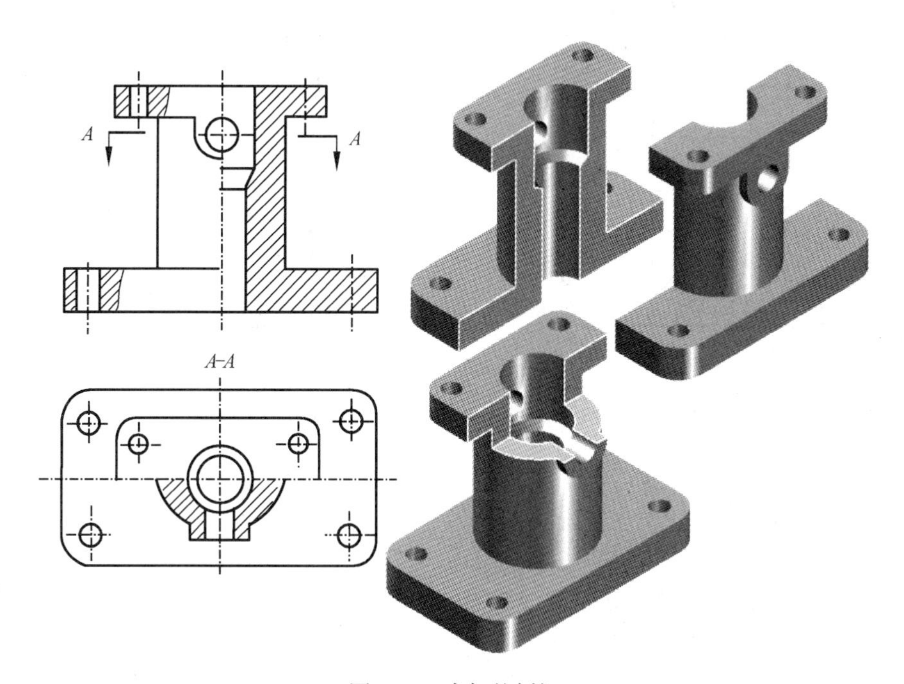

图 6-10　支架的剖切

半剖视图通常用于机件在某一投影方向的投影既需要表达外部结构又需要表达内部结构，而该机件又具有画半剖视图的条件。如图 6-10 所示的机件，在正投影面上的投影，需要表达机件外部凸台的形状和位置，同时也需要清晰地表达内部台阶孔，而它又具有画半剖视图的条件。该机件的俯视图也是如此。

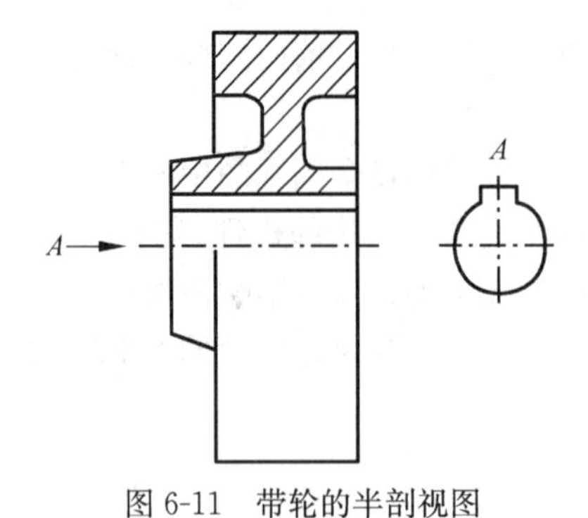

图 6-11　带轮的半剖视图

当机件的结构接近于对称，而且不对称的部分另有图形表达清楚时，可画成半剖视图。如图 6-11 所示（在左视图的位置所画出的是轴孔与键槽的局部视图）。

画半剖视图时必须注意：半剖视图和半个外形视图必须以细点画线分界，不能画成粗实线。如果机件的轮廓线恰好与细点画线重合，则不能采用半剖视图。此时应采用局部剖视图，如图6-12所示。

半剖视图的标注仍符合剖视图的标注规则。

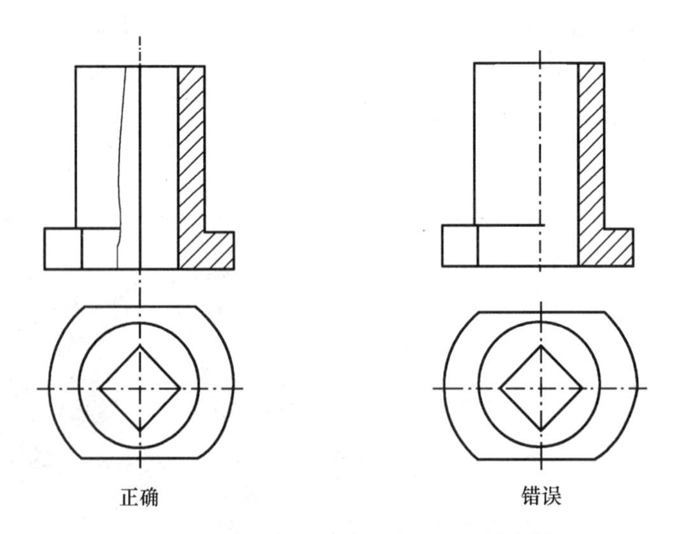

图 6-12　内轮廓线与中心线重合，不宜做半剖视图

3. 局部剖视图

用剖切平面局部地剖开机件所得的剖视图，称为局部剖视图。在局部剖视图中，视图部分和剖视部分是以波浪线为分界线的。如图 6-13 所示。

在画局部剖视图（或局部视图）的波浪线时，波浪线不应和图样上的其他图线重合，也不应使波浪线通过孔、槽等。波浪线的错误画法示例如图 6-14、图 6-15 所示。

当被剖切的结构为回转体时，允许将该结构的中心线作为局部视图与视图的分界线，如图 6-16 所示。

局部视图是一种比较灵活的表达方法，但在一个视图中，局部视图的数量不宜过多，以免使图形过于破碎。

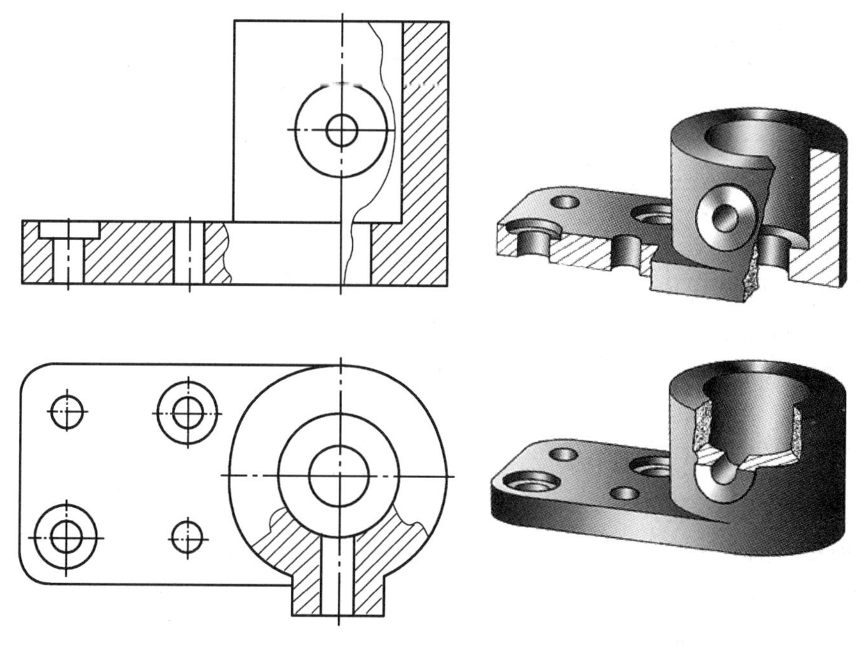

图 6-13　局部剖视图

图 6-14　波浪线的错误画法举例（一）

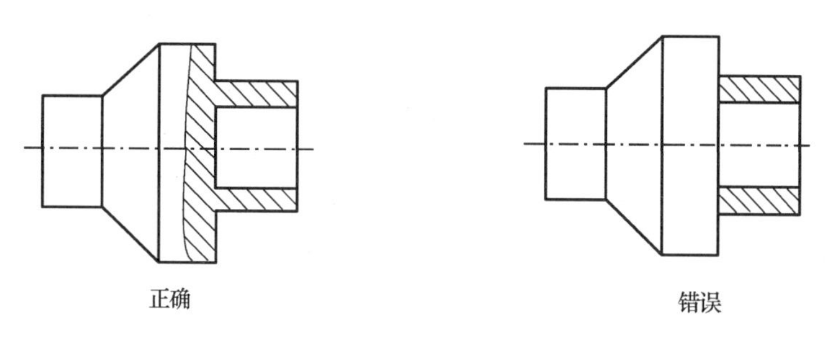

图 6-15　波浪线的错误画法举例（二）

局部视图的标注也符合剖视图的标注规则，在不致引起看图误解时，也可省略标注。

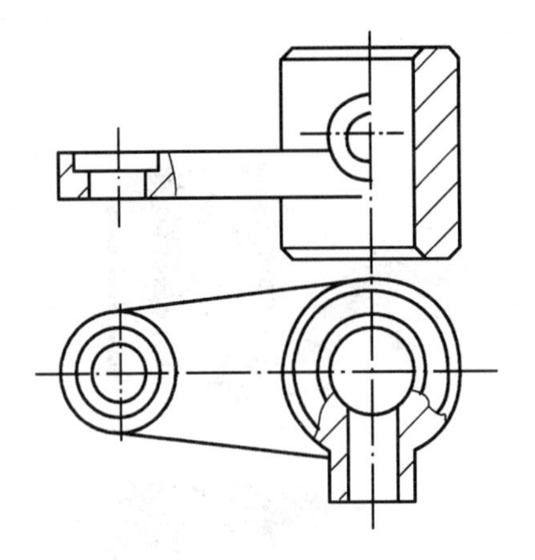

图 6-16 回转结构的局部剖视图画法

6.2.3 剖切面的种类

为了能准确方便地表达机件内部结构，除应根据具体情况采用不同的剖视图外，还需要恰当地选用不同的剖切面。常用的剖切面有单一剖切面、几个相交的剖切面、几个平行的剖切面和复合的剖切面等。

1. 单一剖切面

仅用一个剖切面剖开机件，这种剖切方式应用较多。前面所讲述的全剖视图、半剖视图和局部剖视图，都是采用单一剖切平面剖开机件后所得出的。

而单一的剖切平面中还可以采用不平行于某一基本投影面的平面剖开机件，这种方法称为斜剖。如图6-17中的“A-A”全剖视图就是用斜剖画出的，它表

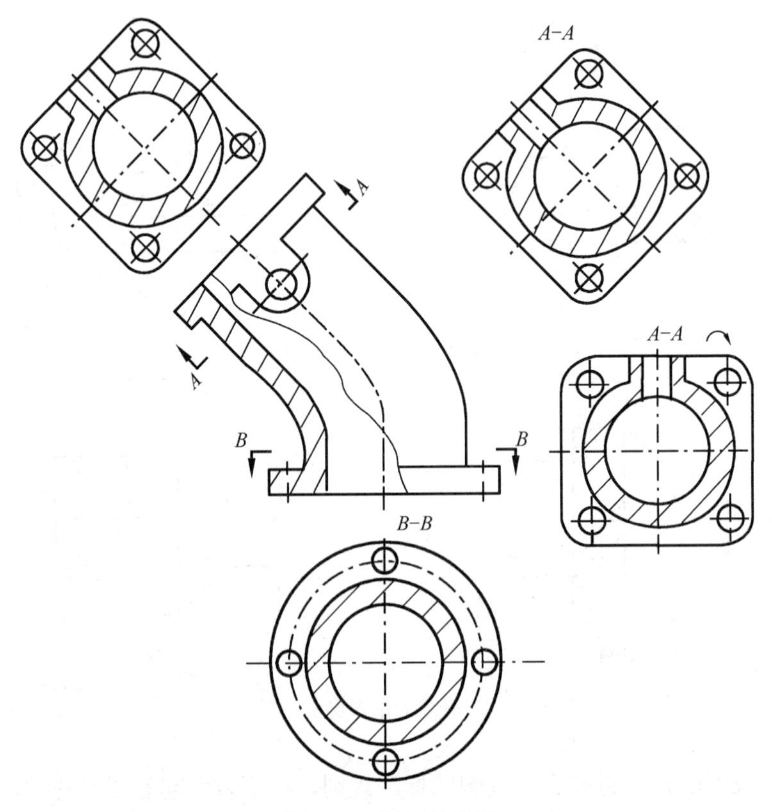

图 6-17 斜剖的举例

达了弯管、凸台及通孔、顶部凸缘。剖视图可按投影关系配置在与剖切符号相对应的位置。也可将剖视图平移至图纸的适当位置，在不致引起误解时，还允许将图形旋转，但旋转后的标注形式应为“*X*-*X*↷”，如图 6-17 中的“*A*-*A*↷”剖视图。

2. 几个相交的剖切面

用交线垂直于某一基本投影面的几个相交的剖切面剖开机件的方法称为旋转剖，如图 6-18 所示。

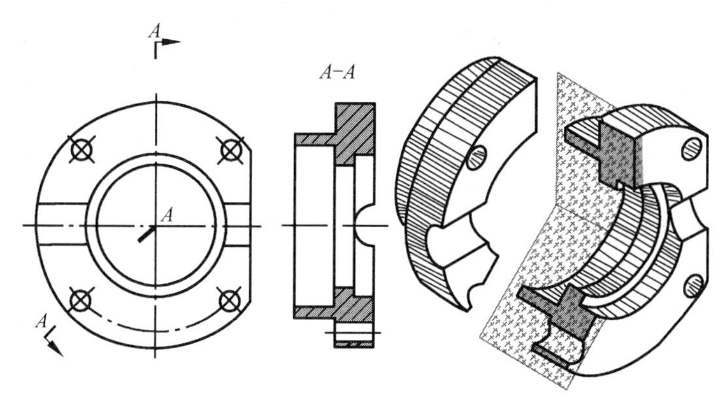

图 6-18　旋转剖举例

画此类剖视图时，应将被剖切平面剖开的结构及有关部分旋转到与选定的投影面平行，再进行投影。图 6-18 所示的机件就是将下方倾斜截断面及被剖开的小圆孔都旋转到与侧平面平行，然后再投影。显然，由于被剖开的小圆孔是经过旋转后再投射的，因此，主、左视图中，小圆孔的投影不再保持原位置“高平齐”的关系。

应注意的是，凡是没有被剖切平面剖到的结构，应按原来位置画出它们的投影。

3. 几个平行的剖切面

用几个平行的剖切平面剖开机件的方法称为阶梯剖。图 6-19 表示用阶梯剖的方法剖开支架，假想用两个平行的剖切平面剖开支架，将处在观察者和剖切面之间的部分移去，再向正面投影，就能清楚地表达出底板底部的凹槽、四角的沉孔和中间的一些孔等结构。在俯视图中，对两个小孔安排了局部剖。由于剖视图是按投影关系配置，中间又没有其他图形隔开，所以在图中省略了剖切符号中的箭头。

当机件上具有几种不同的结构要素（如孔、槽等），而且它们的中心线排列在相互平行的平面上，这时适宜采用几个平行的剖切平面剖切。

用阶梯剖画图时，剖视图上不允许画出剖切平面转折处的分界线，如图 6-20 所示。

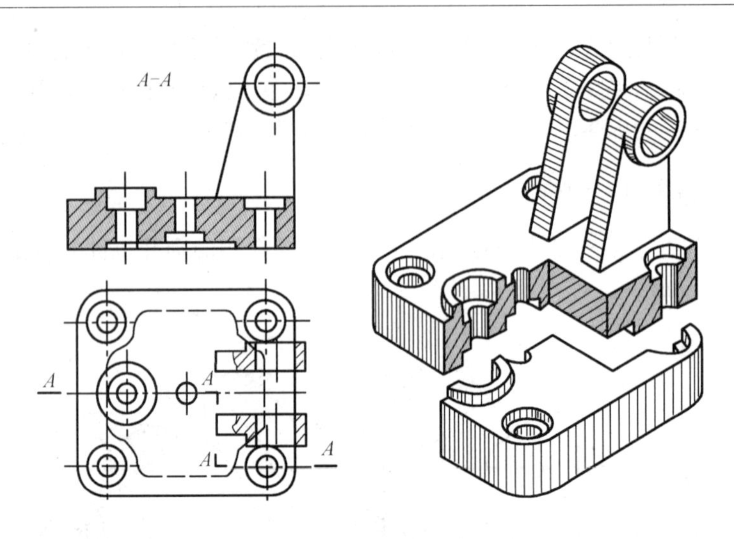

图 6-19　阶梯剖举例

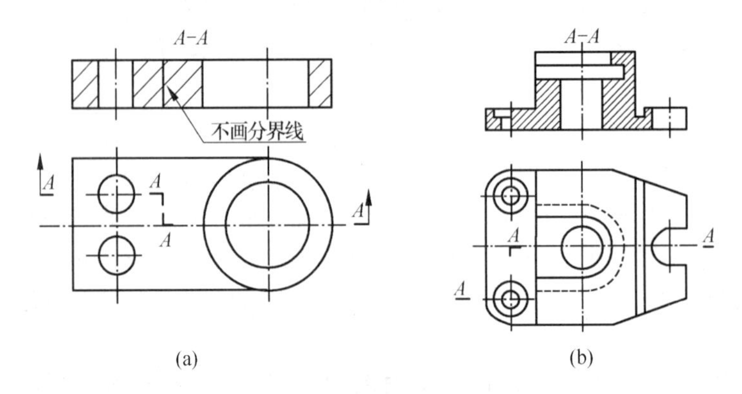

图 6-20　几个平行的剖切平面剖切时的常见错误

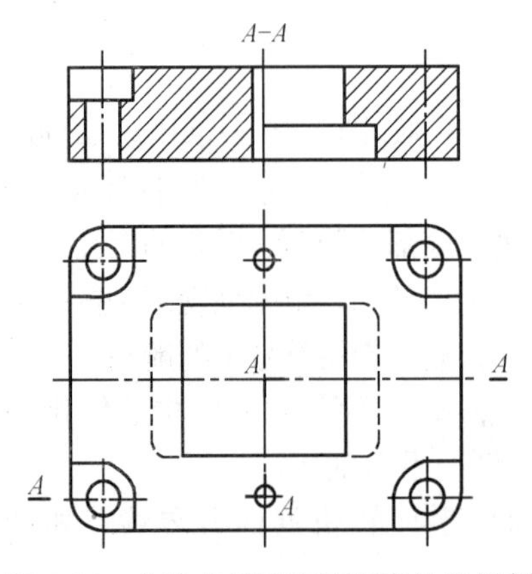

图 6-21　允许出现不完整要素的阶梯剖

剖视图中不应出现不完整的结构要素，只有当不同的孔、槽在剖视图中具有共同的对称中心线时，才允许剖切平面在孔、槽中心线或轴线处转折。不同的孔、槽各画一半，二者以共同的中心线分界，如图 6-21 所示。

标注方法如图 6-17、图 6-18 所示。但要注意：剖切符号的转折处不允许与图上的轮廓线重合；在转折处如因位置有限，且不至于引起误解时，可以不注写字母。

4. 复合的剖切平面

除旋转剖、阶梯剖以外，用组合的剖切面剖开机件的方法，称为复合剖。如图 6-22 所示。

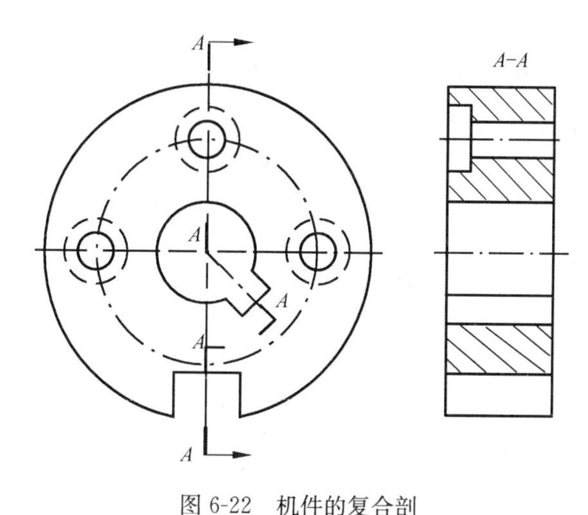

图 6-22　机件的复合剖

组合的剖切面的标注与相交、平行剖切面的标注相同。图 6-22 中，用复合剖面画出了一个机件的“A-A”主视图。又如图6-23中按主视图中剖切符号画

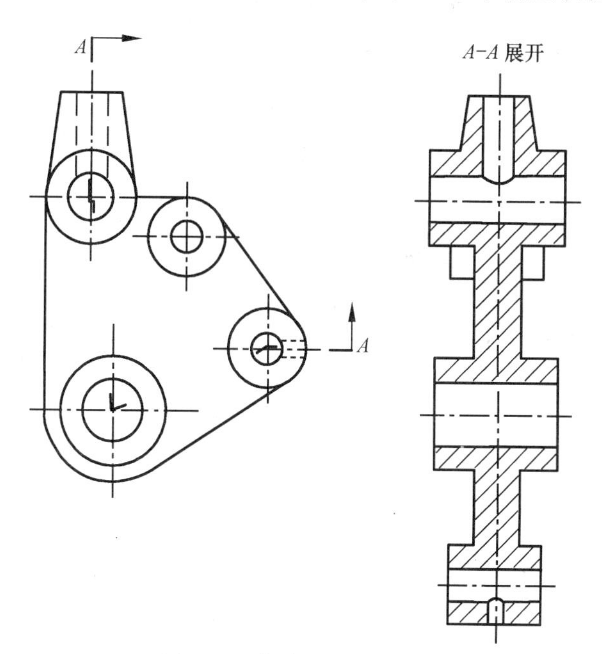

图 6-23　复合剖的展开画法

出了“A-A”全剖视图。采用复合剖切面作图时通常用展开画法，图名应标注“X-X 展开”，如图 6-23 中标注的“A-A 展开”。

6.3 断 面 图

假想用剖切面将机件某处切断，仅画出该剖切面与物体接触部分的图形，称为断面图，简称断面，分移出断面和重合断面两种。

画断面图时，应特别注意断面图与剖视图之间的区别。断面图仅画出机件被切处的断面形状；而剖视图除了画出其断面形状之外，还必须画出断面之后所有部分的投影，如图 6-24 所示。

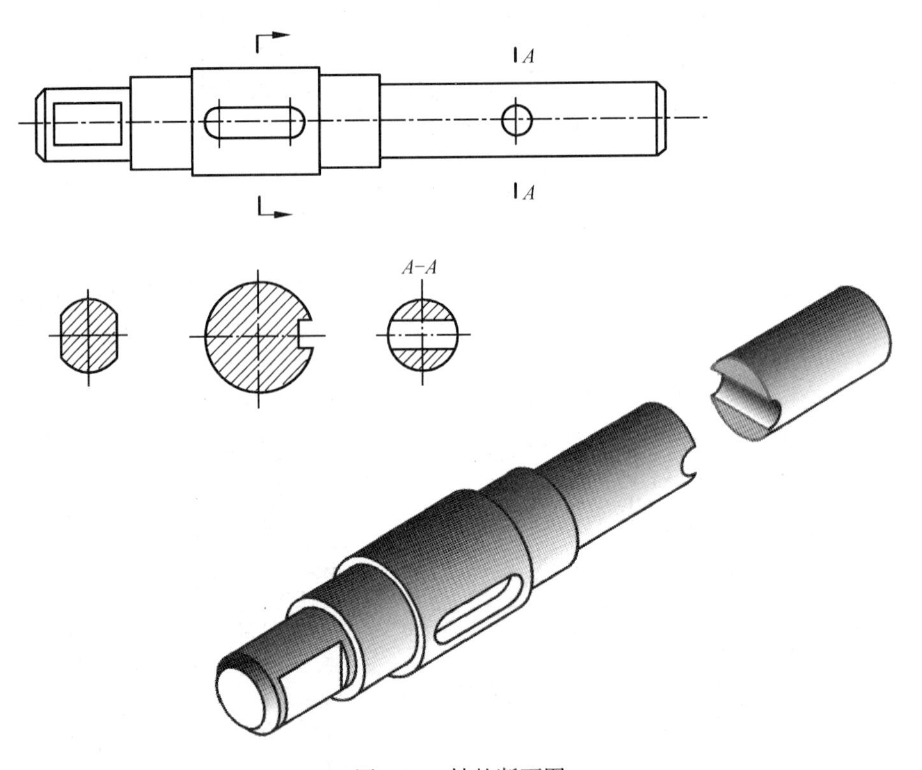

图 6-24　轴的断面图

6.3.1　移出断面图

画在视图轮廓线之外的断面图，称为移出断面图，如图 6-24 所示。移出断面图的轮廓线用粗实线绘制，尽量配置在剖切符号或剖切平面迹线的延长线上，如图6-25（c）所示。必要时可将移出断面图配置在其他适当的位置，如图 6-25

(a)、(d) 所示。

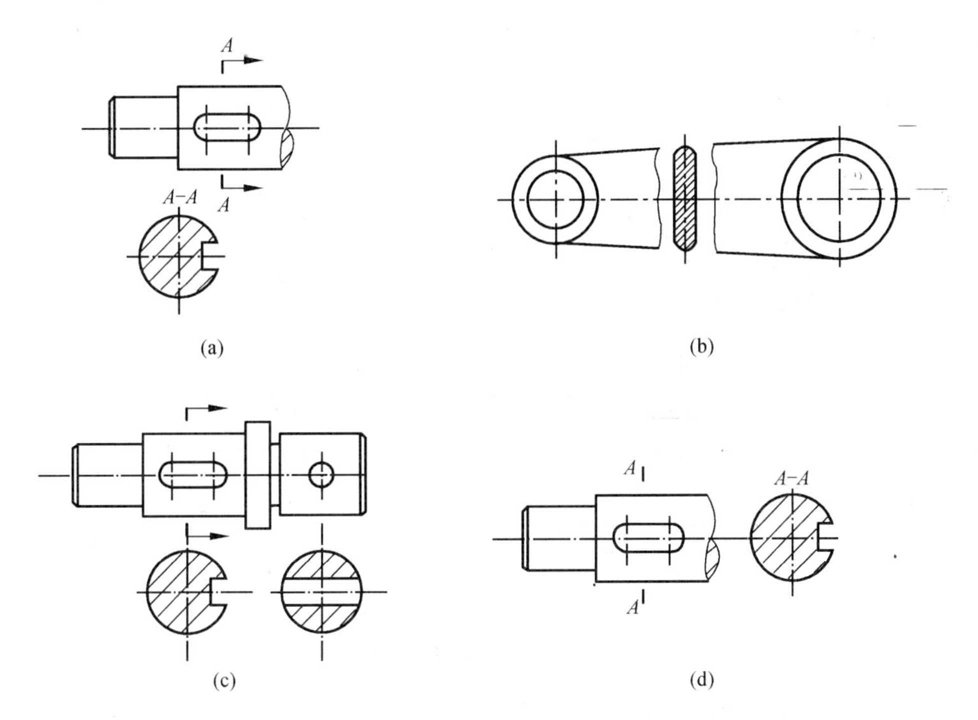

图 6-25　移出断面图

断面图形对称时，也可画在视图的中断处，如图 6-25（b）所示。

当剖切平面通过回转曲面形成的孔或凹槽的轴线时，此孔或凹槽按剖视绘制，如图 6-25（a）所示。

当剖切平面通过非回转面，会导致出现完全分离的两部分断面时，则这些结构应按剖视绘制，如图 6-25（c）。

移出断面图一般应用剖切符号表示剖切位置，用箭头表示投影方向，并注上字母，在断面图的上方应用同样的字母标出相应的名称“*X-X*”，如图 6-25（a）所示。当断面图配置在剖切符号的延长线上时，可省略字母；当图形对称（向左或向右投影得到的图形完全相同）时，可省略箭头。如图 6-25（c）所示。按投影关系配置的不对称移出断面，可省略箭头，如图 6-25（d）所示。配置在视图中断处的移出断面如图 6-25（b）所示，不必标注剖切位置和名称。

6.3.2　重合断面图

画在视图轮廓线之内的断面图，称为重合断面图。重合断面图的轮廓线要用细实线绘制，而且当断面图的轮廓线和视图的轮廓线重合时，视图的轮廓线应连续画出，不应间断。当重合断面图形不对称时，要标注投影方向和断面位置标记，如图 6-26 所示。

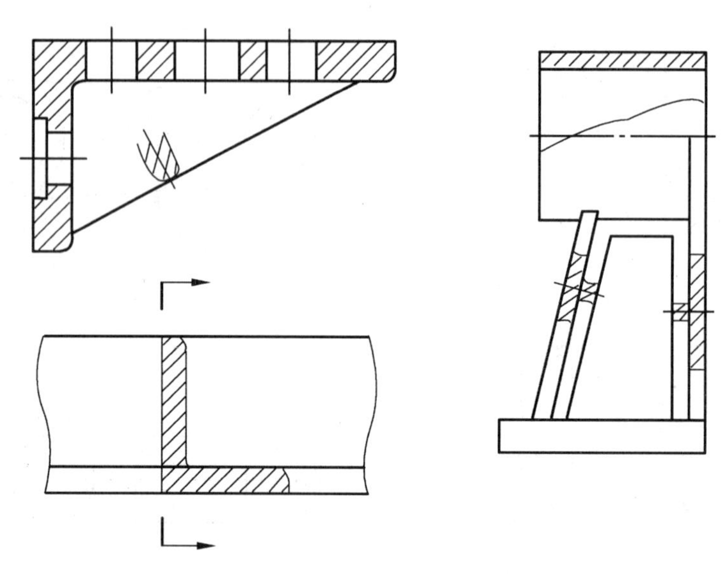

图 6-26　重合断面图

重合断面图是重叠画在视图上，为了重叠后不至影响图形的清晰程度，一般多用于断面图形状较简单的情况。

6.4　其他表达方法

6.4.1　局部放大图

当机件上某些细小结构在原图上表达不够清楚或不便标注尺寸时，可将这些细小结构用大于原图所采用的比例单独画出，这种图形称为局部放大图。局部放大图可画成视图、剖视、断面图，与被放大部分的原表达方式无关。

局部放大图应尽量配置在被放大部位的附近。

当同一机件上有几个被放大的部分时，必须用罗马数字依次标明被放大的部位，并在局部放大图的上方标注出相应的罗马数字和所采用的比例，如图 6-27 所示。

当机件上被放大的部分仅有一个时，在局部放大图的上方只需注明所采用的比例。同一机件上不同部位的局部放大图，当图形相同或对称时，只需画出一个。

必要时可用几个图形表达同一被放大部分的结构，如图 6-28 所示。

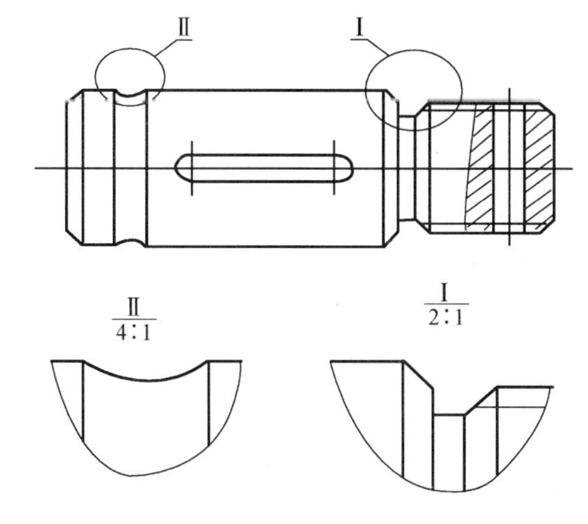

图 6-27　局部放大图

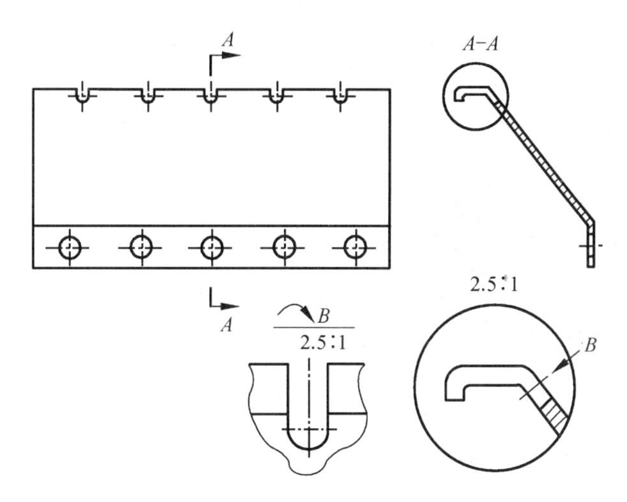

图 6-28　用几个图形表达一个放大结构

6.4.2　简化画法与规定画法

1. 对相同结构的简化

（1）当机件上具有多个相同结构要素（如孔、槽、齿等）并且按一定规律分布时，只需画几个完整的结构，其余用细实线连接，或画出它们的中心线，但在图中必须注明该结构的总数，如图 6-29 所示。

（2）当机件具有若干直径相同且成规律分布的孔（如圆孔、螺孔、沉孔等），可以只画出一个或几个，其余只需表示其中心位置，但在图中应注明孔的总数，

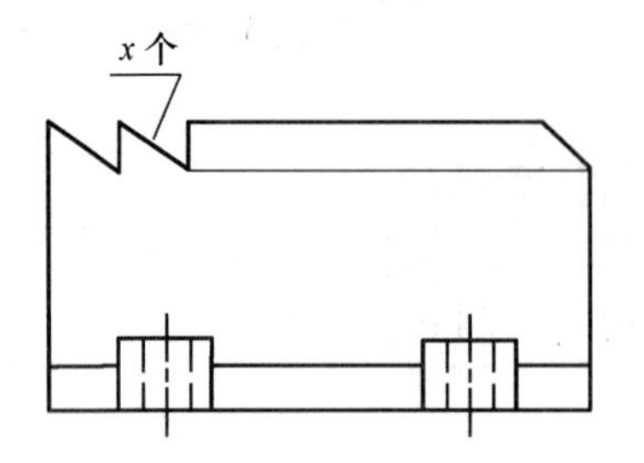

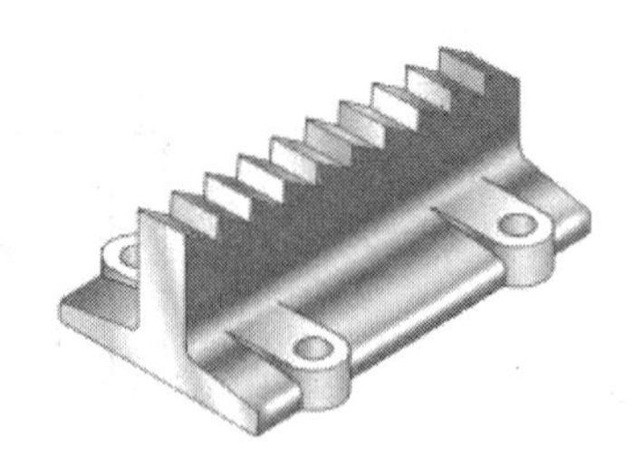

图 6-29　相同结构的简化画法

如图 6-30 所示。

(3) 当某一图形对称时，可画略大于一半，如图 6-31 所示的俯视图，也可只画出一半或 1/4，此时必须在对称中心线的端部画出与其垂直的二平行细实线，以示对称。

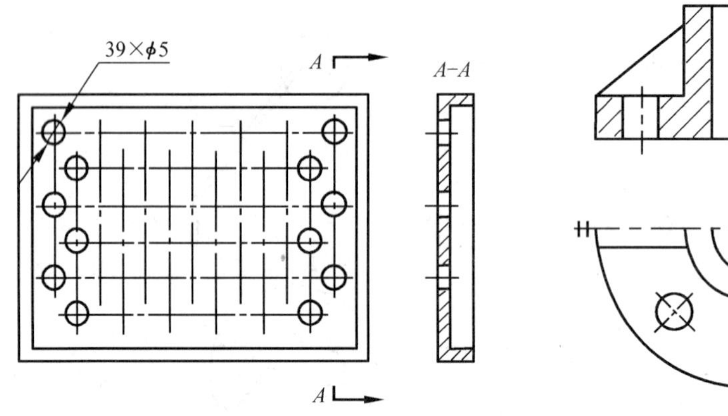

图 6-30　直径相同的孔的简化画法　　图 6-31　对称结构的简化画法

(4) 对于网状物、编织物或机件上的滚花部分，可以在轮廓线附近用细实线示意画出，并在图上或技术要求中注明这些结构的具体要求，如图 6-32 所示。

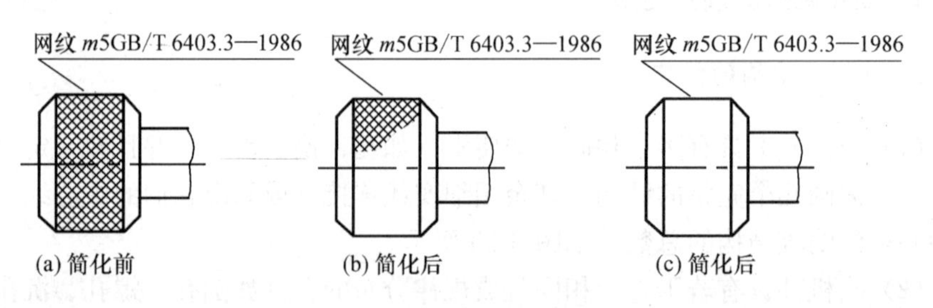

图 6-32　网纹的简化画法

(5) 对于机件的肋、轮辐及薄壁等，如按纵向（平行于薄壁面）剖切，这些结构都不画剖面符号，而用粗实线将它与邻接部分分开。但剖切平面横向（垂直于薄壁面）剖切这些结构时，则应画出剖切面符号，如图 6-33 所示的支架，其左视图采用侧平面剖切而得，其剖切面是纵向剖切支架的前、后肋板，横向剖切壁板，因而前、后肋板在左视图中不画剖面符号，壁板的左视图中就必须画剖面符号。其 *A-A* 剖视图，因剖切平面 *A* 是横向剖切肋板和壁板，所以都需画出剖面符号。如图 6-34 所示的手轮，主视图中轮辐的剖视图画法也是如此。

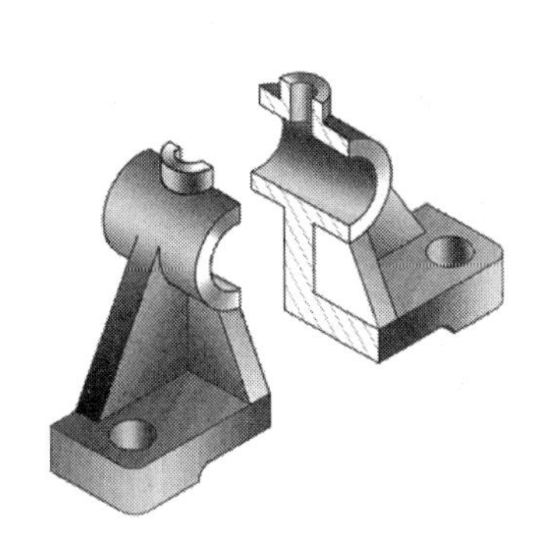

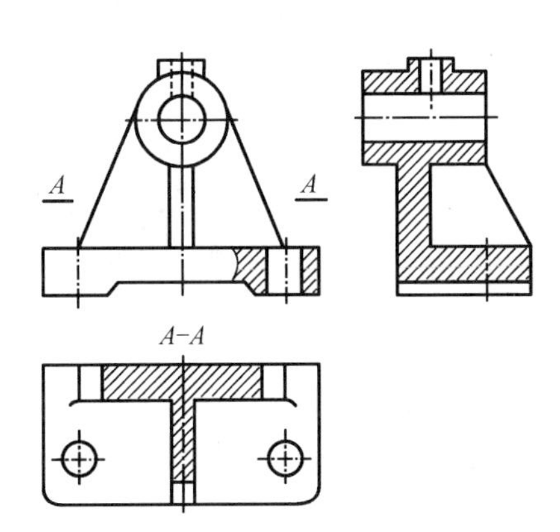

图 6-33　肋的规定画法

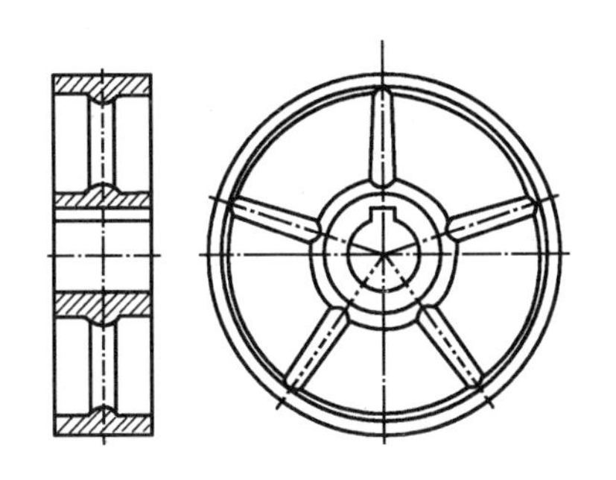

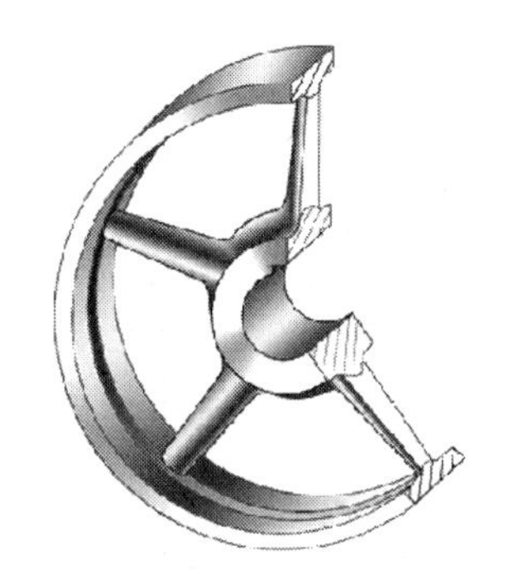

图 6-34　轮辐的剖视图画法

(6) 当回转体上均匀分布的肋、轮辐、孔等结构不处于剖切平面时，可将这些结构回转到剖切平面上画出，不需加任何标注，如图 6-35 所示。

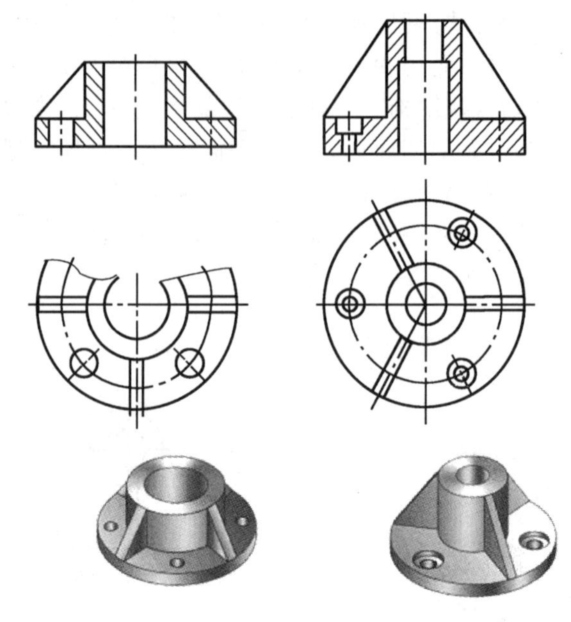

图 6-35 均布孔、肋的简化画法

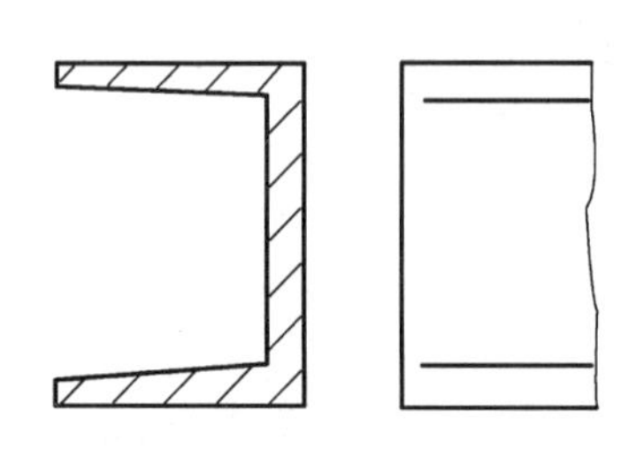

图 6-36 小斜度的简化画法

2. 较小结构的简化画法

(1) 对机件上斜度不大的结构，如在一个图形中已表示清楚，其他图形可以只按小端画出，如图 6-36 所示。

(2) 在不致引起误解时，机件上的小圆角，锐边的小倒圆或 45°小倒角允许省略不画，但必须注明尺寸或在技术要求中加以说明，如图 6-37 所示。

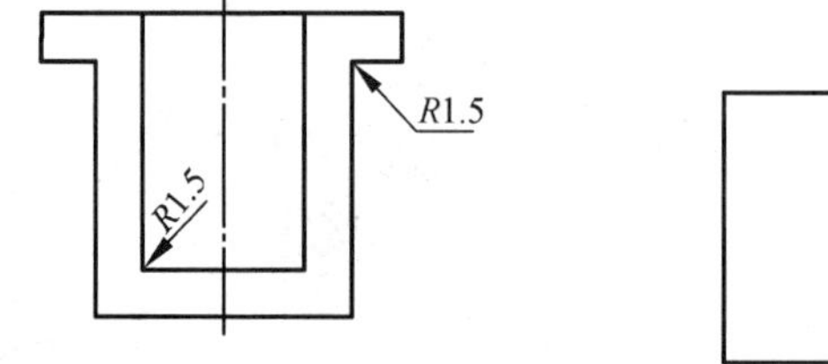

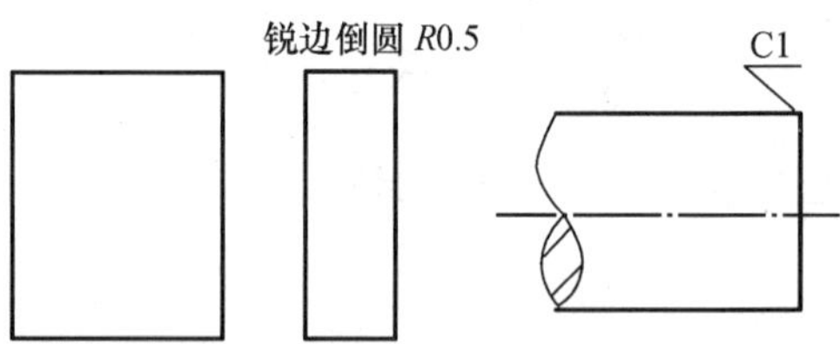

图 6-37 圆角、倒角的简化画法

3. 机件上某些交线和投影的简化

(1) 相贯线或截交线在不会引起误解时，允许用圆弧或直线来代替非圆曲线，如图 6-38 所示。

（2）与投影面倾斜角度不大于 30°的圆或圆弧，其投影可以用圆或圆弧来代替真实投影的椭圆，如图 6-39 所示。

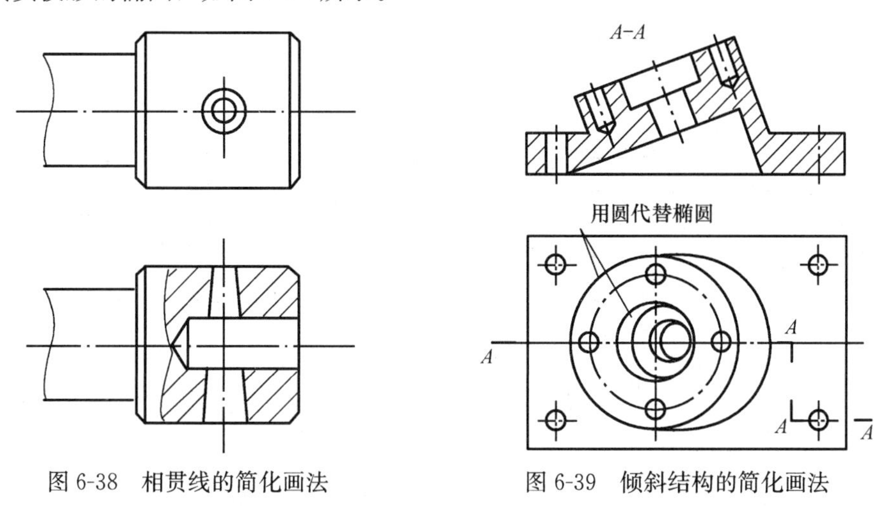

图 6-38　相贯线的简化画法　　图 6-39　倾斜结构的简化画法

（3）当平面在图形中不能充分表达时，可用平面符号（相交的两条细实线）表示，如图 6-40 所示。

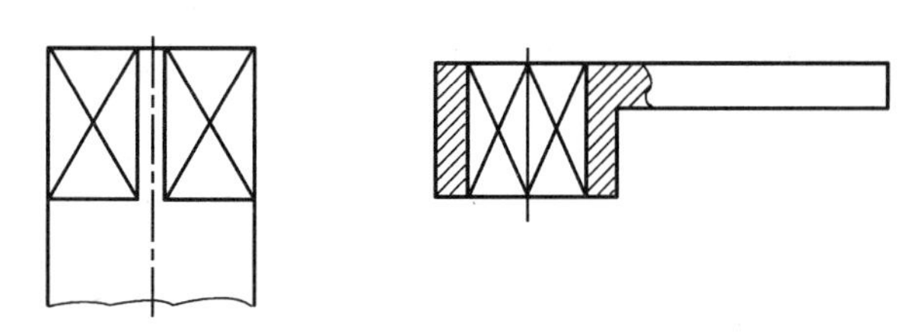

图 6-40　用符号表示平面

（4）当采用移出断面图表达机件时，在不会引起误解的情况下，允许省略剖面符号，但剖切位置和剖面图必须按规定进行标注，如图 6-41 所示。

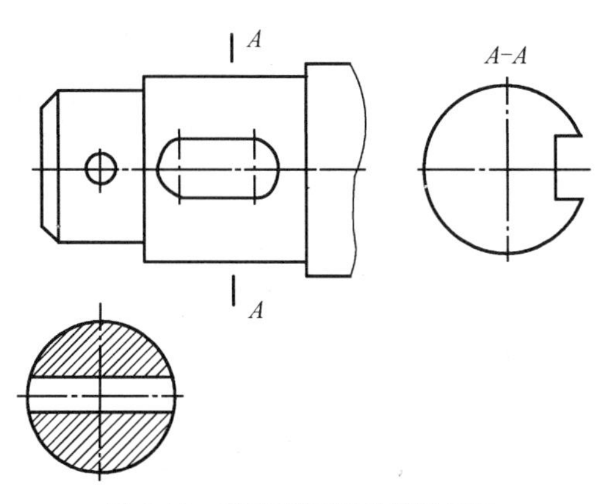

图 6-41　移出断面图的简化画法

4. 视图中的一些简化画法

（1）较长的机件沿长度方向的形状一致或按一定规律变化时，如轴、杆、型材、连杆等，可以断开后缩短表示，但要标注实际尺寸，如图 6-42 所示。

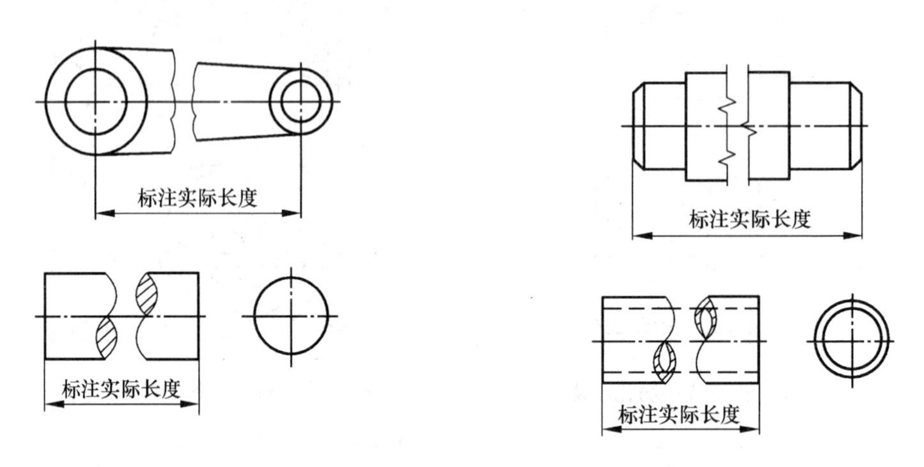

图 6-42　断开画法

（2）机件上对称结构的局部视图，可省略波浪线。若画在相应视图的附近又无其他图形隔开时，可省略标注，如图 6-43 所示。

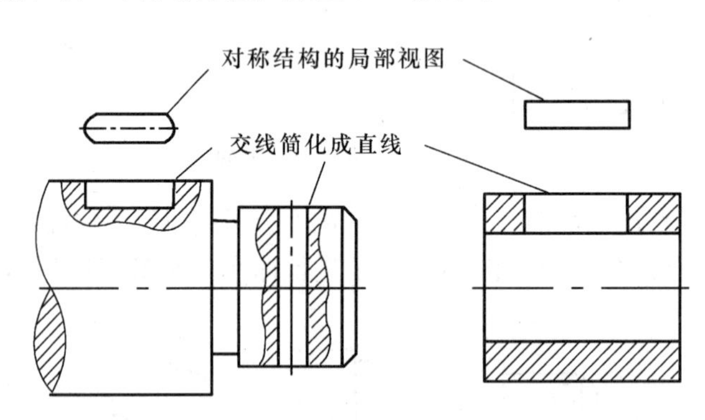

图 6-43　对称结构局部视图的简化画法

（3）圆柱形法兰和类似零件上均匀分布的孔，可按图 6-44 所示方法表示。

（4）在剖视图的剖面区域，可再作一次局部剖，采用这种表达方法时，两个剖面的剖面线应同方向、同间隔，但要互相错开，并用引出线标注其名称，如图 6-45 所示。当剖切位置明显时，也可省略标注。

（5）在需要表示位于剖切平面前的结构时，这些结构按假想投影的轮廓线及双点画线绘制，如图 6-46 所示。

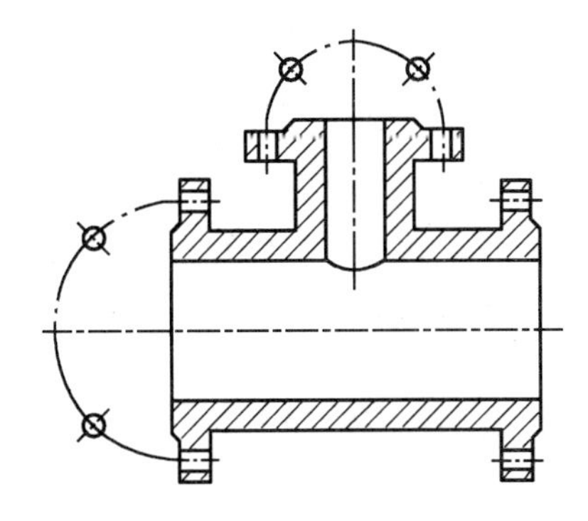

图 6-44　圆柱形零件均布孔的简化画法

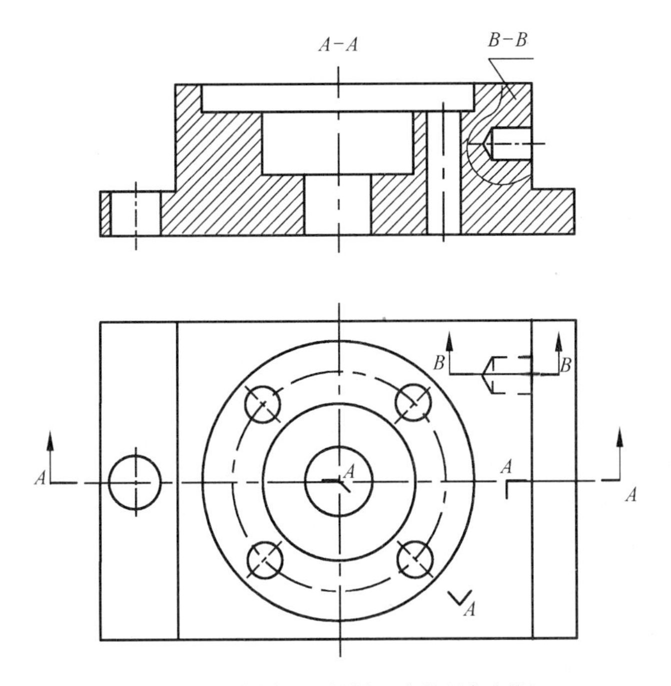

图 6-45　在剖视图的剖面中作局部剖视

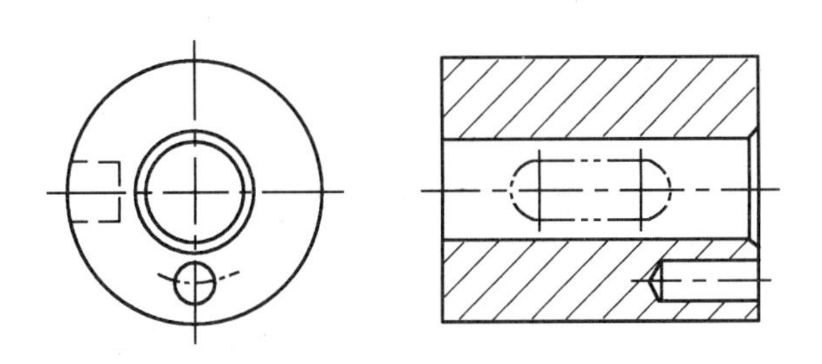

图 6-46　假想画法

6.5 机件表达方法的综合举例

机件的结构形状多种多样，表达方案也各不相同。在实际运用中，除应根据机件的不同结构特点来恰当地选用表达方法外，还应处理好以下几个具体问题。

当表达一个机件时，应根据机件的具体形状结构，适当地选用前面介绍的机件常用表达方式，画出一组视图，并恰当地标注尺寸，以便完整、清晰地将机件的内、外形状结构表达清楚。

例 6-1 图 6-47 所示的支架用四个视图进行表达。为了表达机件的外部结构形状、水平圆柱上的孔和斜板上的四个小孔，主视图采用了局部视图，它既表达了肋、圆柱和斜板的外部结构形状，又表达了孔的内部结构形状；为了表达水平圆柱与十字肋的连接关系，采用了一个局部视图；为了表达十字肋的形状，采用了一个移出断面图；为了表达斜板的实形，采用了一个斜视图“A 向旋转”。

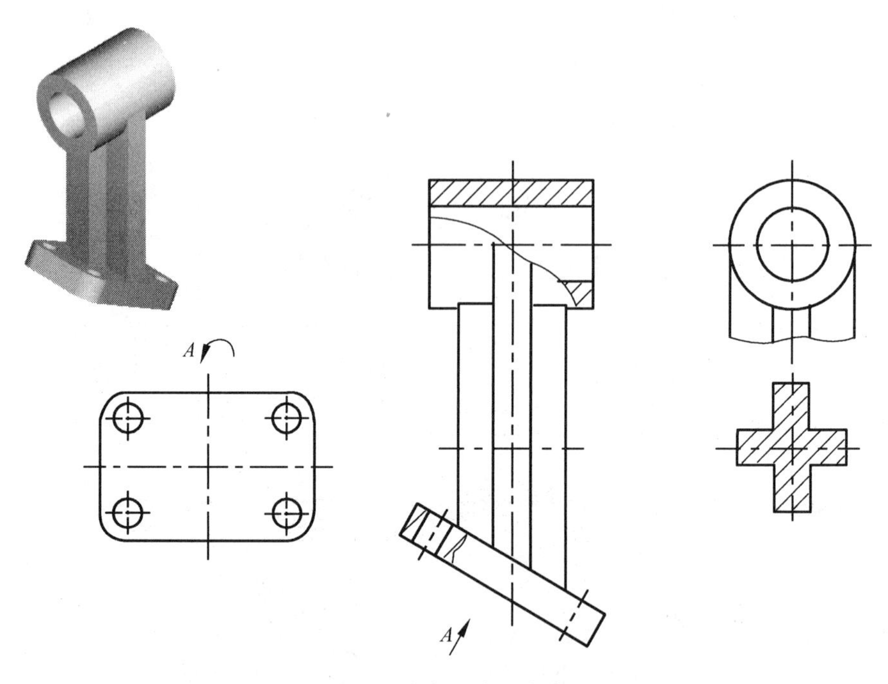

图 6-47 支架的表达方案

例 6-2 根据图 6-48 所示泵体的三视图，想像出它的形状，并按完整、清晰的要求，选用比较合适的表达方法重画泵体。

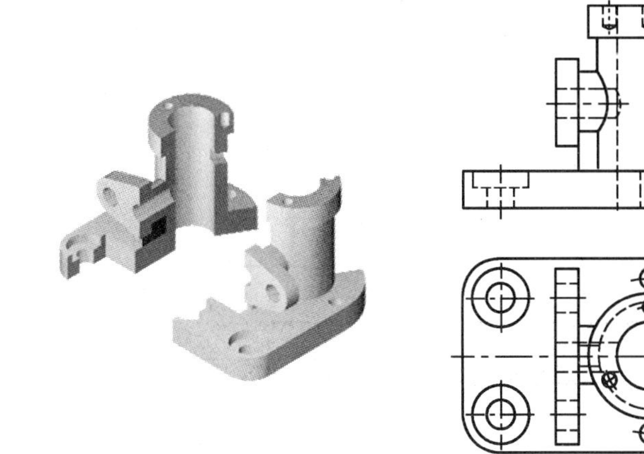
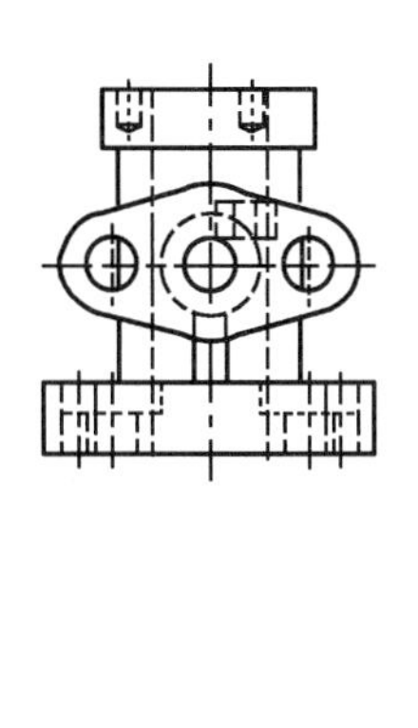

图6-48　泵体

1. 由三视图想像出泵体的形状

根据投影关系可以看出，泵体的主体是一个带空腔的圆柱体，下方是由长方体与半圆柱组成的底板，泵体的上方是圆柱形上盖，左端连接一个圆凸台，凸台的左方是一个菱形盖，泵体、底板、凸台及上盖等各部分都有内部结构。底板上除左边有两个沉孔外，右边还有三个小通孔；泵体的内孔从上表面贯穿到底面，右前方有一个方孔；其左边所连接的凸台有一个贯通到泵体内圆面的通孔，菱形盖上前后各有一个通孔，凸台与底板由肋板连接。经过这样的分析，不难想像出泵体的整体形状。

2. 选择适当的表达方案

因泵体有较多的孔，所以表达方案应该选择适当的剖视图表达内部结构。图6-49中的主视图能较好地反映泵体的形状特征，又考虑到泵体的各方位有孔，所以将泵体进行阶梯剖可以同时表达各个方位的内孔结构。俯视图采用阶梯剖可以表达凸台及凸台盖上的内孔，同时将泵体上的方孔表达清楚，另外还表达了底板的外形及其上孔的分布情况。为了将凸台盖的外形表达清楚，同时考虑到泵体属于前后局部对称结构，故而左视图采用 *C-C* 的半剖视图。另外，*D* 向的局部视图反映了泵体上方孔的形状。通过以上的分析，就能完整、清晰地表达泵体的形状了。大家还可以考虑其他的表达方案。

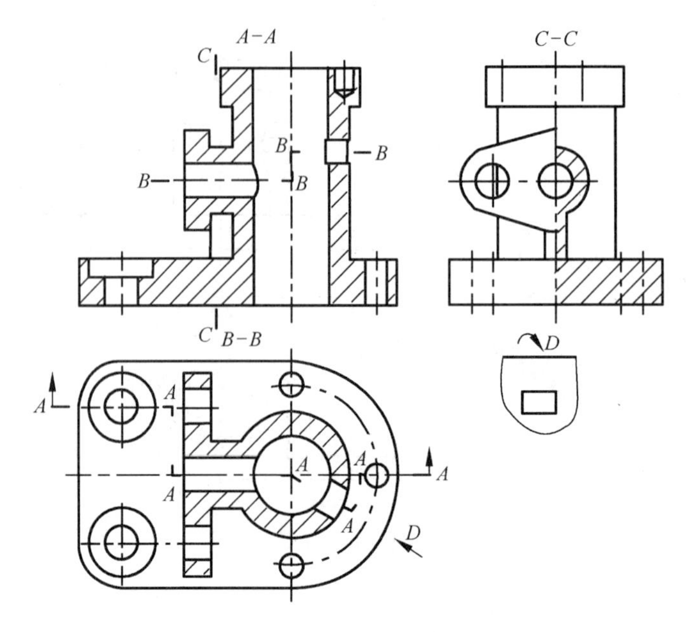

图 6-49　重画后的泵体图

6.6　第三角画法简介

将物体置于第一分角内，并使其处于观察者与投影面之间而得到的多面正投影称为第一角投影。将物体置于第三分角内，并使投影面处于观察者与物体之间而得到的多面正投影称为第三角投影。在 GB 4458.1—84 和 GB/T 17451—1998 中规定，我国优先采用第一角投影。但也有一些国家采用第三角画法，如美国、日本等。随着国际间技术交流和国际贸易日益增长，读者在今后的工作中很可能会遇到阅读和绘制第三角画法的图样，因而也应该了解第三角画法。

三个互相垂直的投影面 V、H 和 W 将空间分为八个区域，每一区域称为一个分角，若将物体放在 H 面之上，V 面之前，W 面之左进行投射，则称第一角投影；如将机件放置在 H 面之下，V 面之后，W 面之左进行投射，则称第三角投影。在第三角投影中，投影面位于观察者和物体之间，就如同隔着玻璃观察物体并在玻璃上绘图一样，即形成人-面-物的相互关系，习惯上物体在第三角投影中得到的三视图是前视图、顶视图和右视图，如图 6-50 所示。

第一角画法与第三角画法的投影面展开方式及视图配置如图 6-51 所示。

虽然两组基本视图配置位置有所不同，但各组视图都表达了机件各个方向的结构和形状，每组视图间都存在着长、宽、高三个方向尺寸的内在联系和机件上各结构的上下、左右、前后的方位关系。两种画法的投影规律如下：

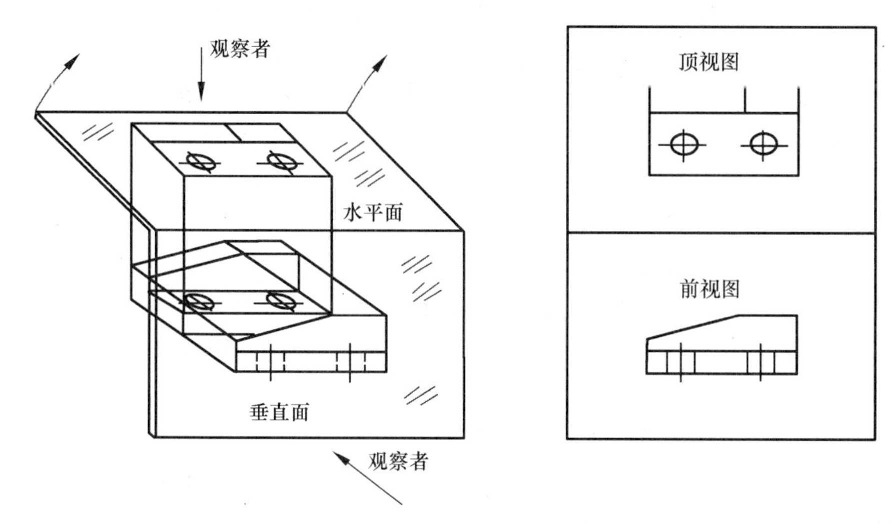

图6-50　第三角投影中得到的三视图

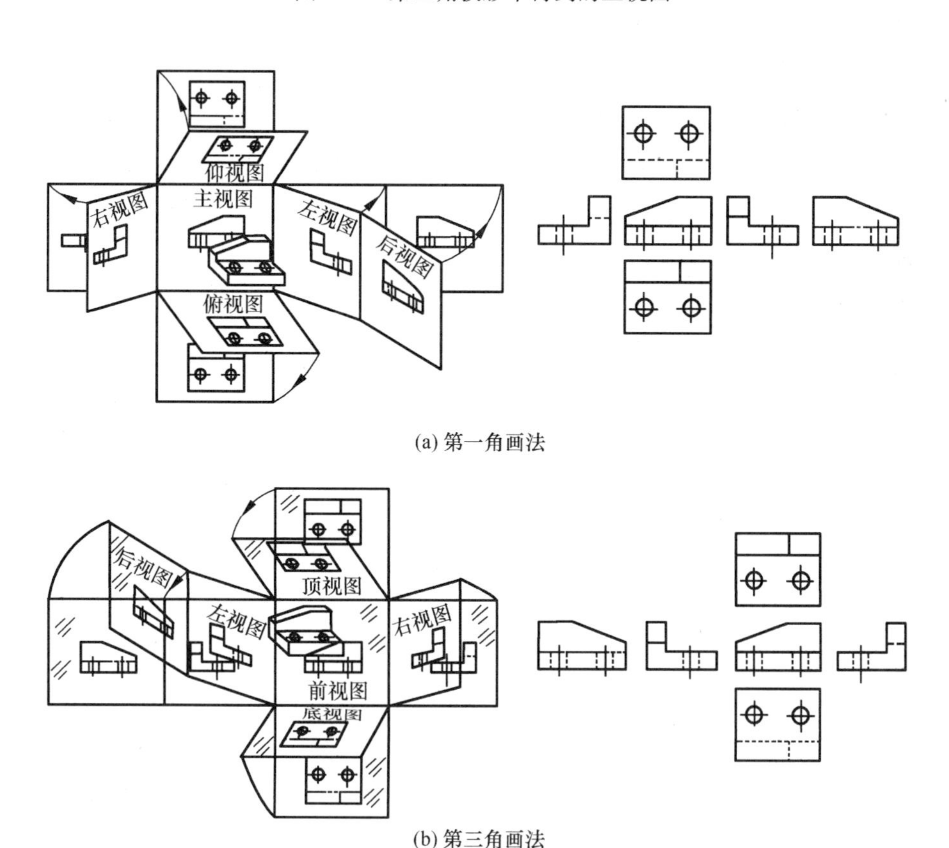

(a) 第一角画法

(b) 第三角画法

图6-51　两种投影体系画法区别

(1) 两种画法都保持“长对正，高平齐，宽相等”的投影规律。

(2) 两种画法的方位关系是：“上下、左右”的方位关系判断方法一样，比较简单，容易判断。不同的是“前后”的方位关系判断，第一角画法，以“主视图”为准，除后视图以外的其他基本视图，远离主视图的一方为机件的前方，反之为机件的后方，简称“远离主视是前方”；第三角画法，以“前视图”为准，除后视图以外的其他基本视图，远离前视图的一方为机件的后方，反之为机件的前方，简称“远离主视是后方”。可见，两种画法的前后方位关系刚好相反。

(3) 根据前面两条规律，可得出两种画法的相互转化规律：主视图（或前视图）不动，将主视图（或前视图）周围上和下、左和右的视图对调位置（包括后视图），即可将一种画法转化成（或称翻译成）另一种画法。

另外，ISO国际标准中规定，应在标题栏附近画出所采用画法的识别符号，如图6-52所示。当采用第三角画法时，必须在图样的标题栏附近画出第三角画法的识别符号。

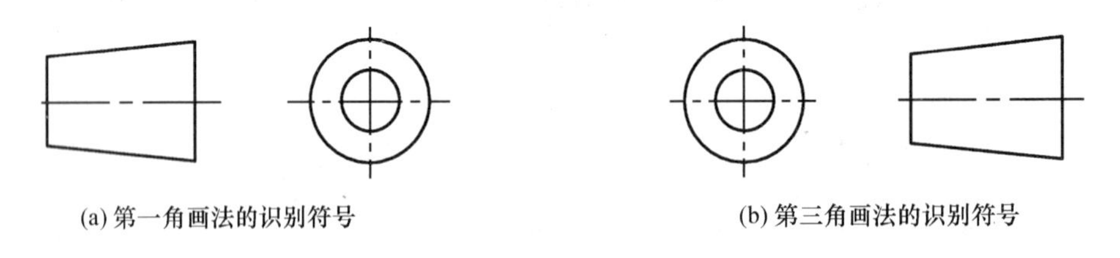

(a) 第一角画法的识别符号　　(b) 第三角画法的识别符号

图6-52　两种画法的标识符号

第 7 章　标准件和常用件

机器或部件都是由零件装配而成，在装配过程中经常大量使用一些通用的零件，如起连接作用的螺纹紧固件、用于定位的销、支承轴用的滚动轴承、起传递动力用的变速齿轮等。为了便于制造和使用，将它们的结构、尺寸画法等方面全部标准化或部分主要参数标准化、系列化，前者称为标准件，后者称为常用件。

标准件一般指螺纹紧固件、键、销、滚动轴承，它们的形状、尺寸系列和质量参数都经国家标准规定，由专门的工厂生产，设计时必须从有关标准中选用。

常用件一般指某些结构参数和尺寸系列已经标准化的常用零件，如齿轮、弹簧。

图 7-1 所示为齿轮泵的零件分解图。在组成该部件的零件中，圆柱销 1、螺栓 2、垫圈 3 等属于标准件，齿轮 12、弹簧 15 等属于常用件。绘图时，对这些零件的部分结构形状，如螺纹、齿轮齿廓等只需要根据国家标准规定的画法绘图，用代号或标记进行标注即可。

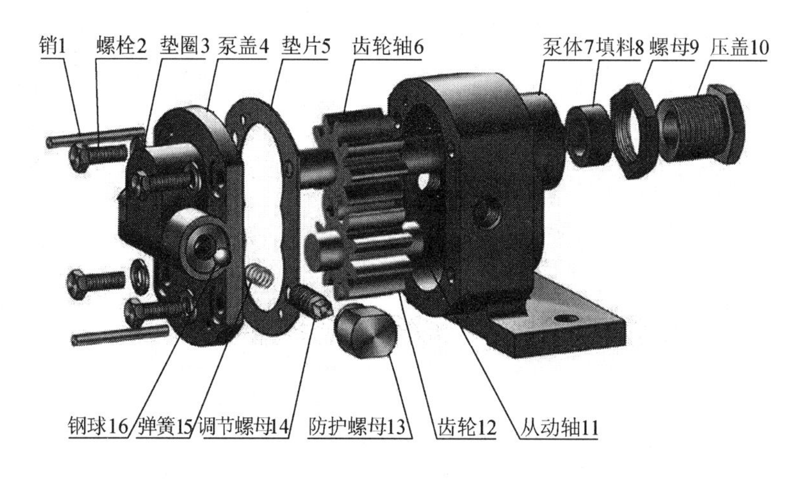

图 7-1　齿轮泵中的标准件和常用件

本章将分别介绍螺纹、螺纹紧固件、键、销、齿轮、滚动轴承和弹簧的规定画法、代号及标注方法。

7.1 螺纹及螺纹紧固件

7.1.1 螺纹

1. 螺纹的形成和加工方法

刀具在圆柱或圆锥工件表面上做螺旋运动时，所生成的螺旋体称为螺纹。它是零件上常用的一种连接结构。在外表面上形成的螺纹称为外螺纹，在内表面上形成的螺纹称为内螺纹。

形成螺纹的加工方法很多，图 7-2 表示在车床上车削外螺纹的情况。车削内螺纹也可以在机床上进行，如图 7-2 所示。对于加工直径较小的螺孔，可先用钻头钻出光孔，再用丝锥攻螺纹得到螺纹，如图 7-3 所示。

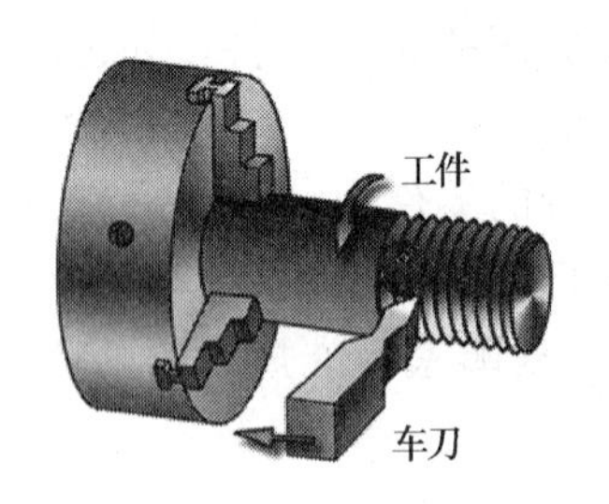

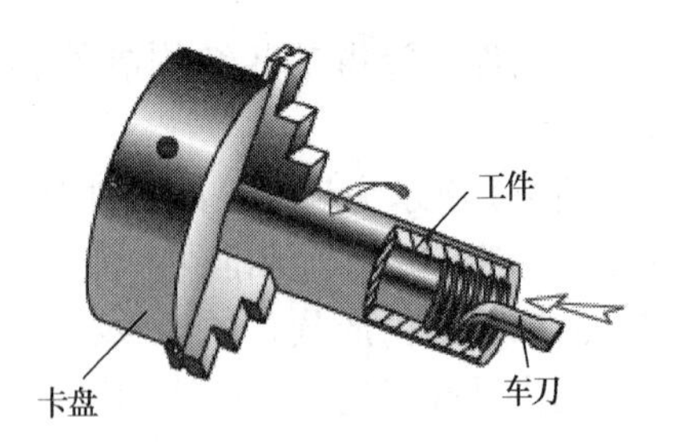

图 7-2 螺纹加工方法示例

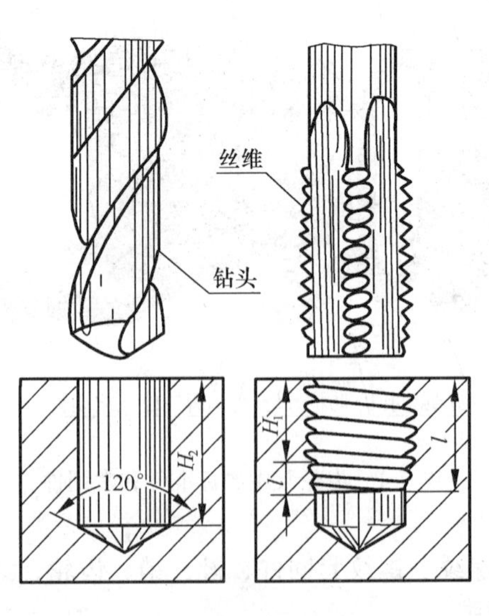

图 7-3 丝锥加工内螺纹

螺纹的表面可分为突起和沟槽两部分。突起部分的顶端称为牙顶，沟槽部分的底部称为牙底，如图 7-4 所示。

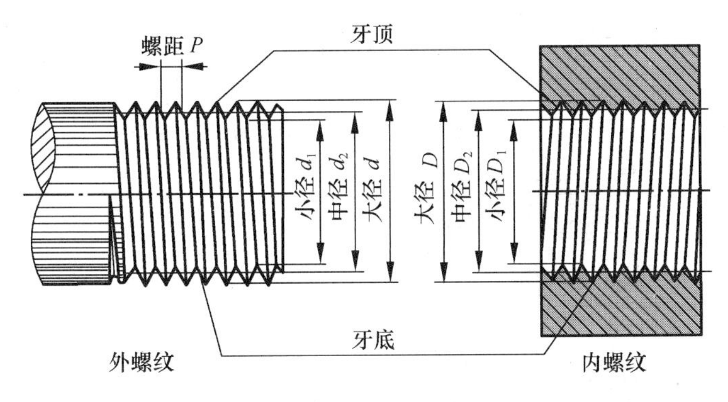

图 7-4　螺纹的各部分名称

2. 螺纹的基本要素

以最常用的圆柱螺纹为例，如图 7-4 所示，介绍螺纹的基本要素。

(1) 螺纹的牙型　在通过螺纹轴线的剖面上，螺纹的轮廓形状称为螺纹牙型。常用的牙型有三角形、梯形、锯齿形等。相邻两牙侧面间的夹角称为牙型角。常用普通螺纹的牙型为三角形，牙型角为 60°，用“M”代表。

牙型不同的螺纹，其用途也各不相同。常用螺纹的牙型如表 7-1 所示。

表 7-1　常用螺纹的牙型及用途

螺纹名称及特征代号	牙　　型	用　　途	说　　明
粗牙普通螺纹 细牙普通螺纹 M	60°	一般连接用粗牙普通螺纹，薄壁零件的连接用细牙普通螺纹	螺纹大径相同时，细牙螺纹的螺距和牙型高度都比粗牙螺纹的螺距和牙型高度要小
非螺纹密封的管螺纹 G	55°	常用于电线管等不需要密封的管路系统中的连接	该螺纹如另加密封结构后，密封性能好，可用于高压的管路系统

续表

螺纹名称及特征代号	牙　型	用　途	说　明
螺纹密封的管螺纹 Rc Rp R		常用于日常生活中的水管、煤气管、机器上润滑油管等系统中的连接	Rc——圆锥内螺纹，锥度1∶16 Rp——圆柱内螺纹 R——圆锥外螺纹，锥度1∶16
梯形螺纹 Tr		多用于各种机床上的传动丝杆	传递双向动力
锯齿形螺纹 B		用于螺旋压力机的传动丝杠	传递单向动力

(2) 直径　螺纹的直径有大径、小径和中径。

大径是指和外螺纹的牙顶、内螺纹的牙底相重合的假想柱面或锥面的直径。内、外螺纹的大径分别以 D 和 d 表示。

小径是指和外螺纹的牙底、内螺纹的牙顶相重合的假想柱面或锥面的直径。内、外螺纹的小径分别以 D1 和 d1 表示。

中径是一个假想圆柱的直径，该圆柱的母线（称为中径线）通过牙型上沟槽和突起宽度相等的地方，此圆柱称为中径圆柱。内、外螺纹的中径分别以 D2 和 d2 表示。

(3) 螺纹的线数　螺纹有单线和多线之分。当圆柱面上只有一条螺纹盘绕时叫做单线螺纹，如图 7-5 (a) 所示；如果同时有两条或三条螺纹盘绕时就叫双线或三线螺纹。螺纹的线数以 n 表示。图 7-5 (b) 所示就是双线螺纹。

(4) 螺距和导程　螺纹上相邻两牙在中径线上的对应点之间的轴向距离称为螺距，用符号 P 表示。同一条（线）螺纹上相邻两牙在中径线上的对应点之间的轴向距离 S 称为导程。线数n、螺距P、导程 S 之间的关系为：$S=n\times P$，单

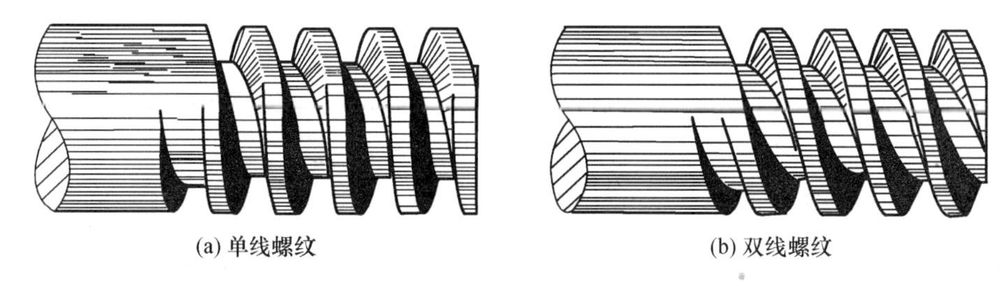

图 7-5　螺纹的线数

线螺纹的螺距 $P=S$。

（5）螺纹的旋向　螺纹有右旋和左旋之分，将外螺纹轴线铅垂放置，螺纹右上左下则为右旋，左上右下为左旋。右旋螺纹顺时针旋转时旋合，逆时针旋转时退出，左旋螺纹则反之。其中以右旋为最常用。以右、左手判断右旋螺纹和左旋螺纹的方法如图 7-6 所示。

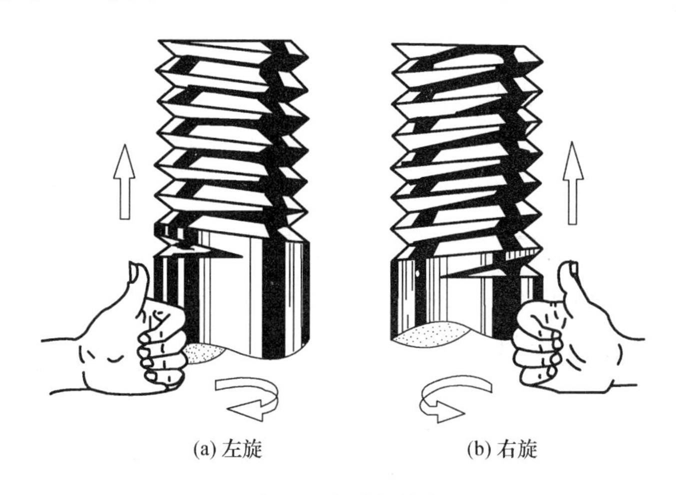

图 7-6　螺纹的旋向

在螺纹的五个要素中，螺纹牙型、公称直径和螺距是决定螺纹的最基本要素，称为螺纹三要素。凡这三个要素都符合标准的称为标准螺纹。螺纹牙型符合标准，而大径、螺距不符合标准的称为特殊螺纹。若螺纹牙型不符合标准，则称为非标准螺纹。

内、外螺纹总是成对使用，但只有当五个要素相同时，内、外螺纹才能旋合在一起。

3. 螺纹的结构

（1）螺纹起始端倒角或倒圆。

为了便于螺纹的加工和装配，常在螺纹的起始端加工成倒角或倒圆等结构，如图 7-7 所示。

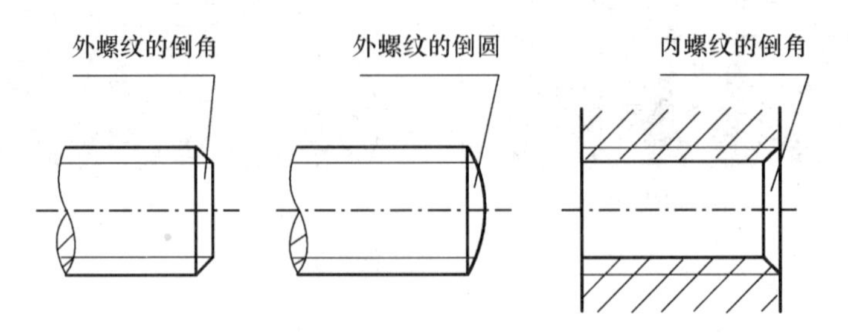

图 7-7　螺纹的起始端

（2）螺纹的收尾和退刀槽。

车削螺纹，刀具运动到螺纹末端时要逐渐离开工件，因此螺纹的末尾部分的牙型是不完整的，这一段牙型是不完整的部分称螺纹的收尾，如图 7-8 所示。

在允许的情况下，为了避免产生螺尾，可以预先在螺纹末尾处加工出退刀槽，然后再车削螺纹，如图 7-9 所示。

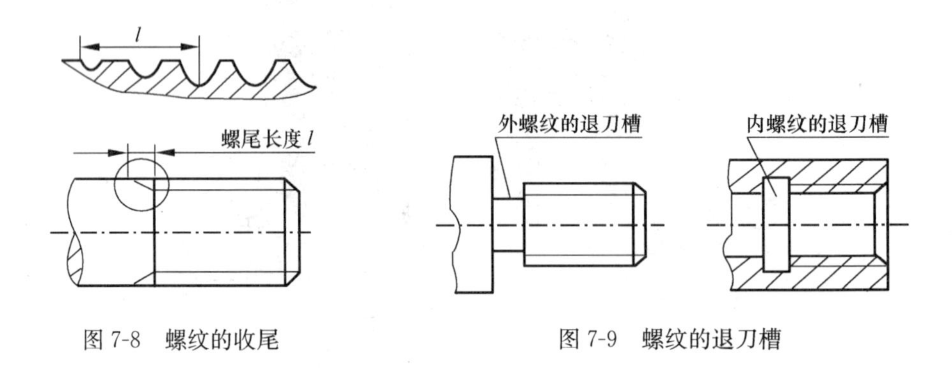

图 7-8　螺纹的收尾　　图 7-9　螺纹的退刀槽

4. 螺纹的规定画法（GB/T 4459.1—95）

绘制螺纹的真实投影是十分烦琐的事情，并且在实际生产中也没有必要这样做。为了便于绘图，国家标准（GB/T 4459.1—1995）对螺纹的画法作了规定，综述如下。

（1）外螺纹的规定画法。如图 7-10 所示，外螺纹的牙顶用粗实线表示，牙底用细实线表示。在不反映圆的视图上，倒角应画出，牙底的细实线应画入倒角，螺纹终止线用粗实线表示，螺尾部分不必画出，当需要表示时，该部分用与轴线成 15°的细实线画出，在比例画法中，螺纹的小径可按大径的 0.85 倍绘制。在反映圆的视图上，小径用 3/4 圆的细实线圆弧表示，倒角圆不画。

（2）内螺纹规定画法。在采用剖视图时，内螺纹的牙顶用粗实线表示，牙底

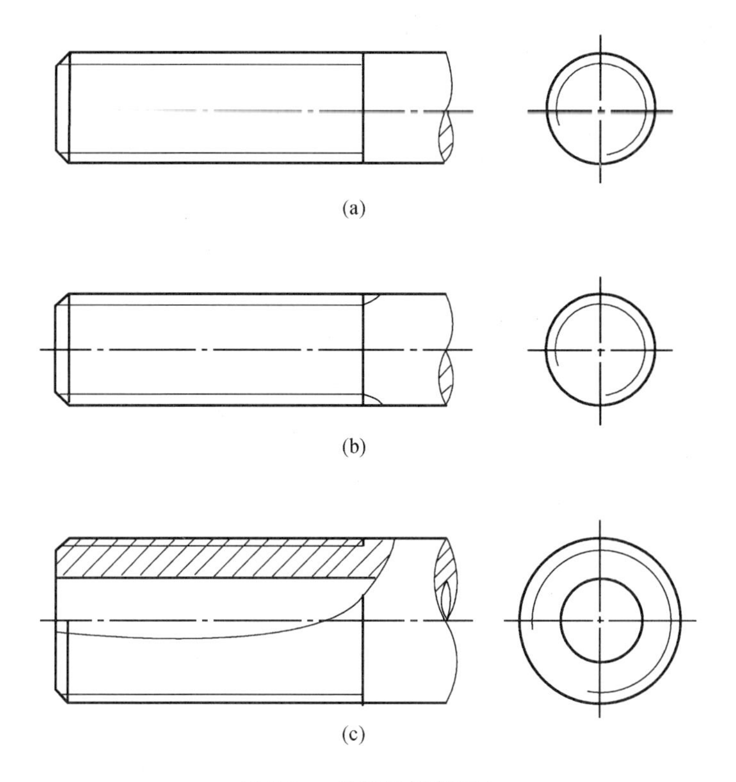

图 7-10　外螺纹规定画法

用细实线表示。在反映圆的视图上，大径用 3/4 圆的细实线圆弧表示，倒角圆不画。若为盲孔，采用比例画法时，终止线到孔的末端的距离可按 0.5 倍的大径绘制，钻孔时在末端形成的锥面的锥角按120°绘制，如图7-11所示。需要注意的

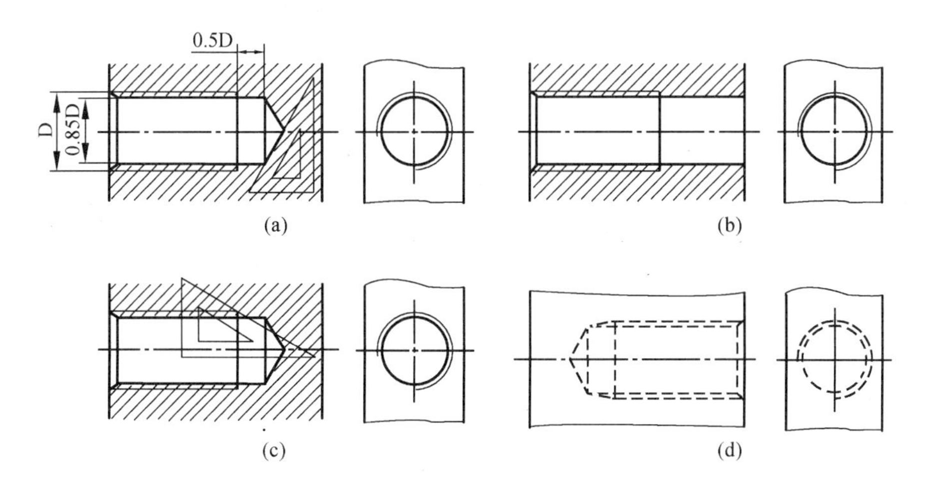

图 7-11　内螺纹规定画法

是，剖面线应画到粗实线。其余要求同外螺纹。

（3）内、外螺纹的旋合画法如图 7-12 所示，在剖视图中，内、外螺纹的旋合部分应按外螺纹的规定画法绘制，其余未旋合的部分按各自原有的规定画法绘制。

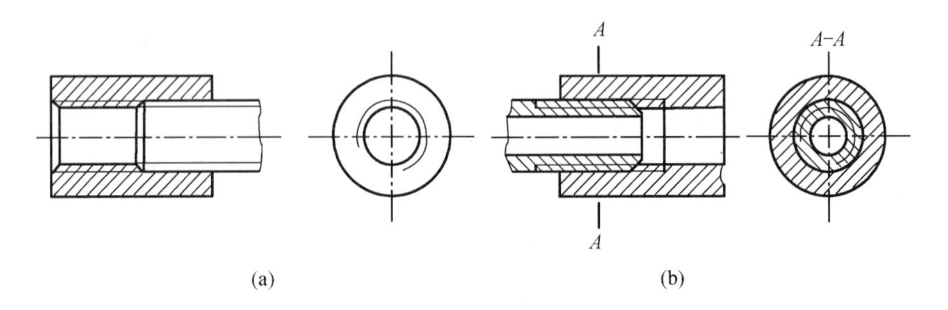

图 7-12　内、外螺纹旋合画法

（4）螺孔相贯线的画法。

螺孔与螺孔相贯或螺孔与光孔相贯时，其画法如图 7-13 所示。

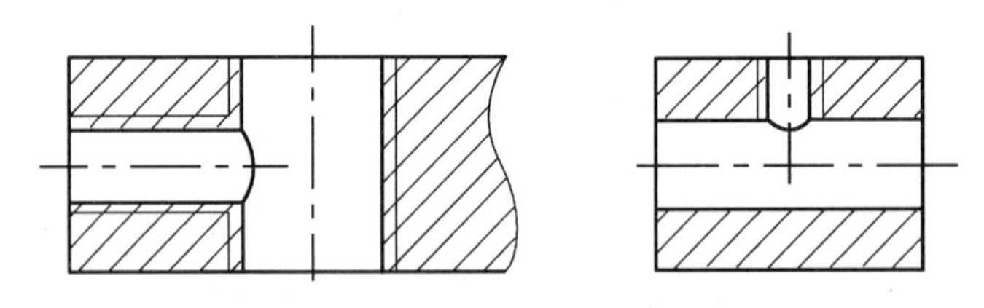

图 7-13　螺纹孔中相贯线的画法

（5）螺纹牙型的表示方法。

当需要表示螺纹的牙型时，可用局部剖视图和局部放大图表示，如图 7-14 所示。

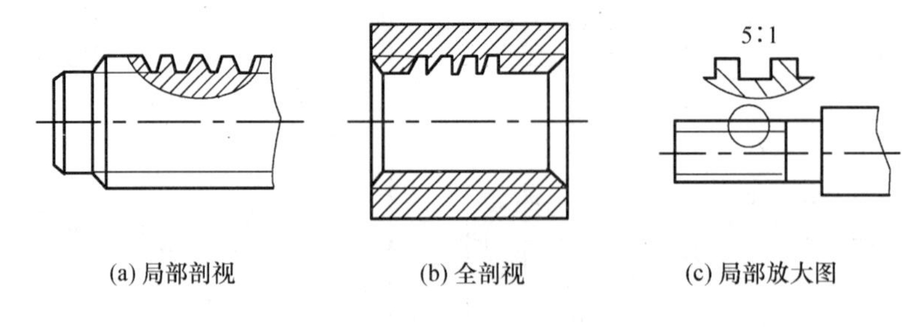

图 7-14　螺纹牙型的表示法

（6）绘制不穿通的螺孔。一般应将钻孔深度与螺纹深度分别画出，如图7-15

所示。钻孔深度 H 一般应比螺纹深度 b 大 $0.5D$，其中 D 为螺纹大径。

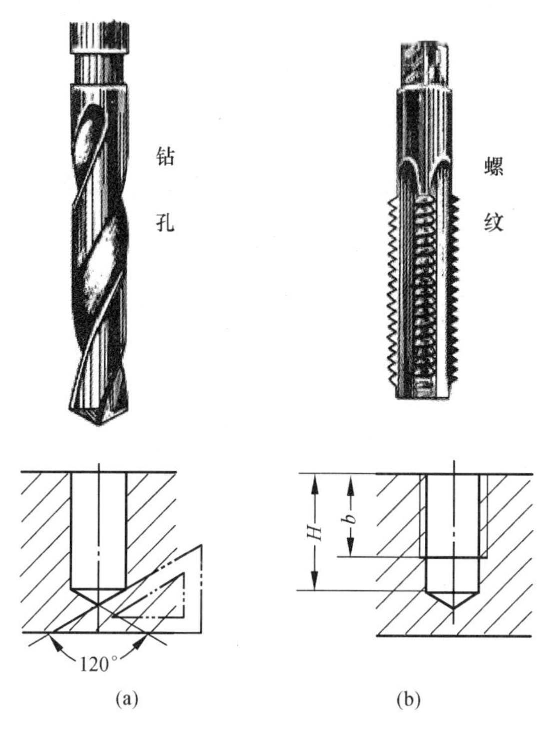

图 7-15　螺纹不通孔的画法

钻头端部有一圆锥，锥顶角为 118°，钻孔时，不穿通孔（称为盲孔）底部造成一圆锥面，在画图时钻孔底部锥面的顶角（钻尖角）可以简化为 120°，如图 7-15（a）所示。

5. 螺纹的标注

因为各种螺纹的画法相同，所以为了便于区分，必须在图上进行标注。

（1）普通螺纹的尺寸标注。普通螺纹的尺寸由螺纹长度、螺纹工艺结构尺寸和螺纹标记组成，其中螺纹标记一定要注在大径上。螺纹标记的标注形式一般为：

| 螺纹特征代号 | | 公称直径×螺距（或导程线数） | | 旋向 | — | 公差带代号 | — | 旋合长度代号 |

普通螺纹的牙型代号为 M，有粗牙和细牙之分，粗牙螺纹的螺距可省略不注；中径和顶径的公差带代号相同时，只标注一次；右旋螺纹可不注旋向代号，

左旋螺纹旋向代号为 LH；单线螺纹不标注导程与线数；旋合长度为中型（N）时不注，为长型用 L 表示，为短型用 S 表示。其标注示例见表 7-2。

表 7-2　普通螺纹的标注

螺纹种类	标注的内容和方式	图　　例	说　　明
粗牙普通螺纹	M10-5g6g-S 短旋合长度 顶径公差带 中径公差带 螺纹大径 M10LH-7H-L 长旋合长度 顶径和中径公差带(相同) 左旋	M10-5g6g-S 20 M10LH-7H-L 20	1. 不注螺距 2. 右旋省略不注，左旋要标注 3. 中径和顶径公差带相同时，只注一个代号，如 7H 4. 当旋合长度为中等长度时，不标注 5. 图中所注螺纹长度，均不包括螺尾在内
细牙普通螺纹	M10×1-6g 螺距	M10×1-6g 20	1. 要注螺距 2. 其他规定同上

以上是标准螺纹的注法。

对于特殊螺纹应在牙型符号前加注“特”字，如图 7-16（a）所示。

对于非标准螺纹，则应画出螺纹的牙型，并注出所需要的尺寸及有关要求，如图 7-16（b）所示。

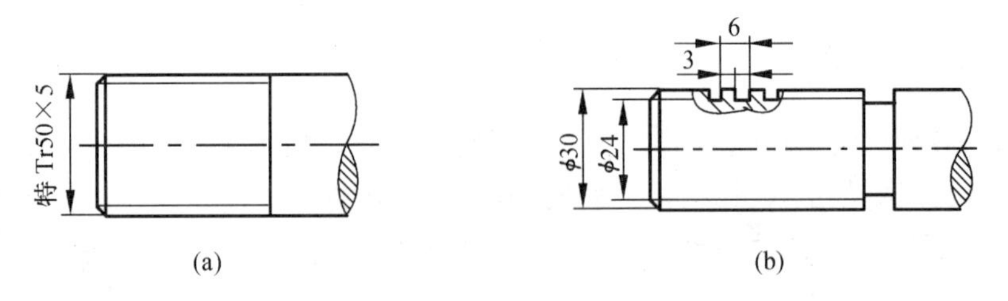

(a)　　(b)

图 7-16　特殊螺纹和非标准螺纹的标注

（2）管螺纹的尺寸标注。管螺纹分为用螺纹密封管螺纹和非螺纹密封管螺纹。管螺纹的尺寸引线必须指向大径，其标记组成如下。

密封管螺纹代号：特征代号　尺寸代号—旋向代号

非密封管螺纹代号：特征代号　尺寸代号　公差等级代号—旋向代号，如图

7-17 所示。

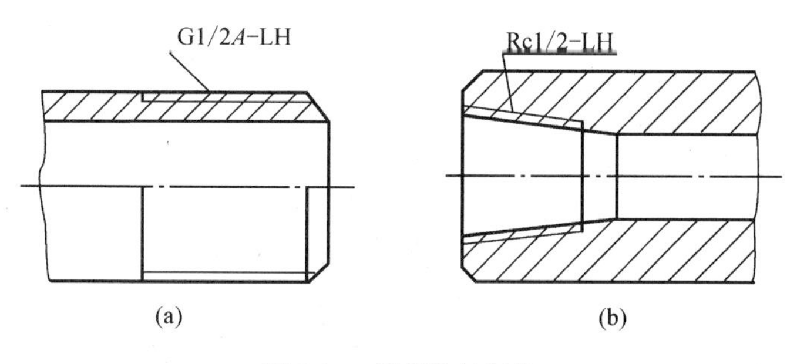

图 7-17　管螺纹的标注

需要注意的是，管螺纹的尺寸代号并不是指螺纹的大径，其参数可由相关手册中查出。

7.1.2　螺纹紧固件

常用螺纹紧固件有螺栓、双头螺柱、螺钉、螺母和垫圈等，如图 7-18 所示。螺纹的最常见用途是制成螺纹紧固件使用。螺纹紧固件是标准件，不画零件图，只画装配图。

图 7-18　常见的螺纹联接件

1. 螺栓联接装配图的画法

螺栓联接由螺栓、螺母、垫圈组成。螺栓联接用于当被联接的两零件厚度不大，容易钻出通孔的情况下，如图 7-19 所示。紧固件的画法一般采用比例画法绘制。所谓比例画法就是以螺栓上螺纹的公称直径（d、D）为基准，其余各部分结构尺寸均按与公称直径成一定比例关系绘制，螺栓、螺母和垫圈的比例画法如图7-20所示，螺栓联接的画图步骤如图7-21所示，其中螺栓长度 L 可按下式估算，即

$$L \geqslant \delta_1 + \delta_2 + 0.15d + 0.8d + (0.2 \sim 0.3)d$$

根据上式的估算值，查表选取与估算值相近的标准长度值作为 L 值。

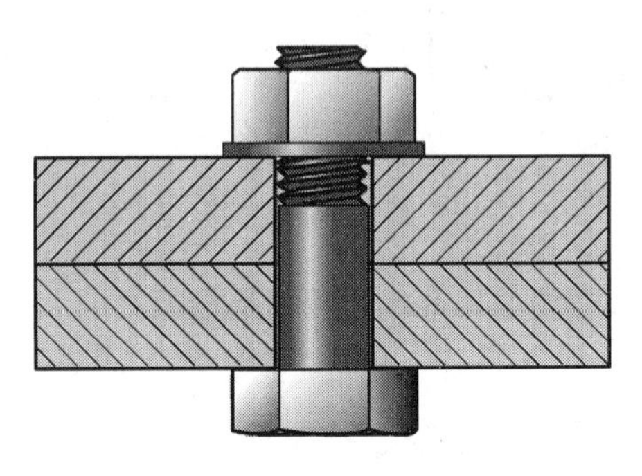

图7-19　螺栓联接

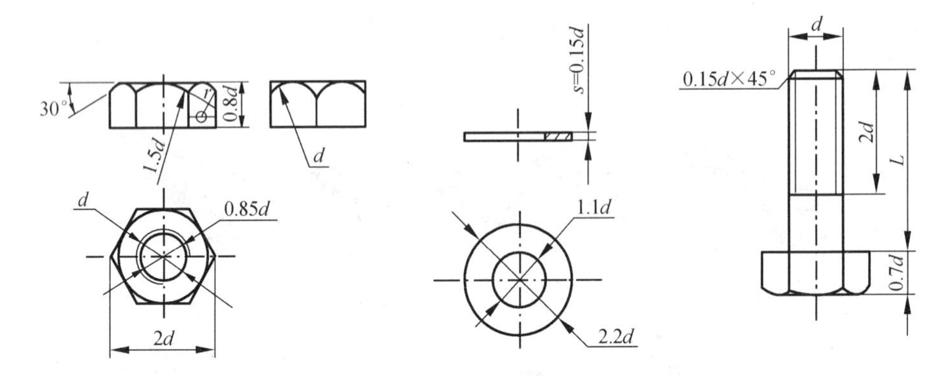

图7-20　螺栓、螺母和垫圈的比例画法

画螺纹紧固件的装配图时，应遵守下述基本规定。

（1）两零件接触表面画一条线，不接触表面画两条线。

（2）两零件邻接时，不同零件的剖面线方向应相反，或者方向一致、间隔不等。

（3）对于紧固件实心零件（如螺纹、螺栓、螺母、垫圈、键、销、球及轴等），若剖切面通过它们的基准轴线时，则这些零件都按不剖绘制，仍画外形；需要时，可采用局部剖视。

在装配图中，螺栓联接可用简化画法。螺母、螺栓的六方倒角省略不画后，螺栓上螺纹端面的倒角也应省略不画，这样画法才能统一，如图7-21（e）所示。

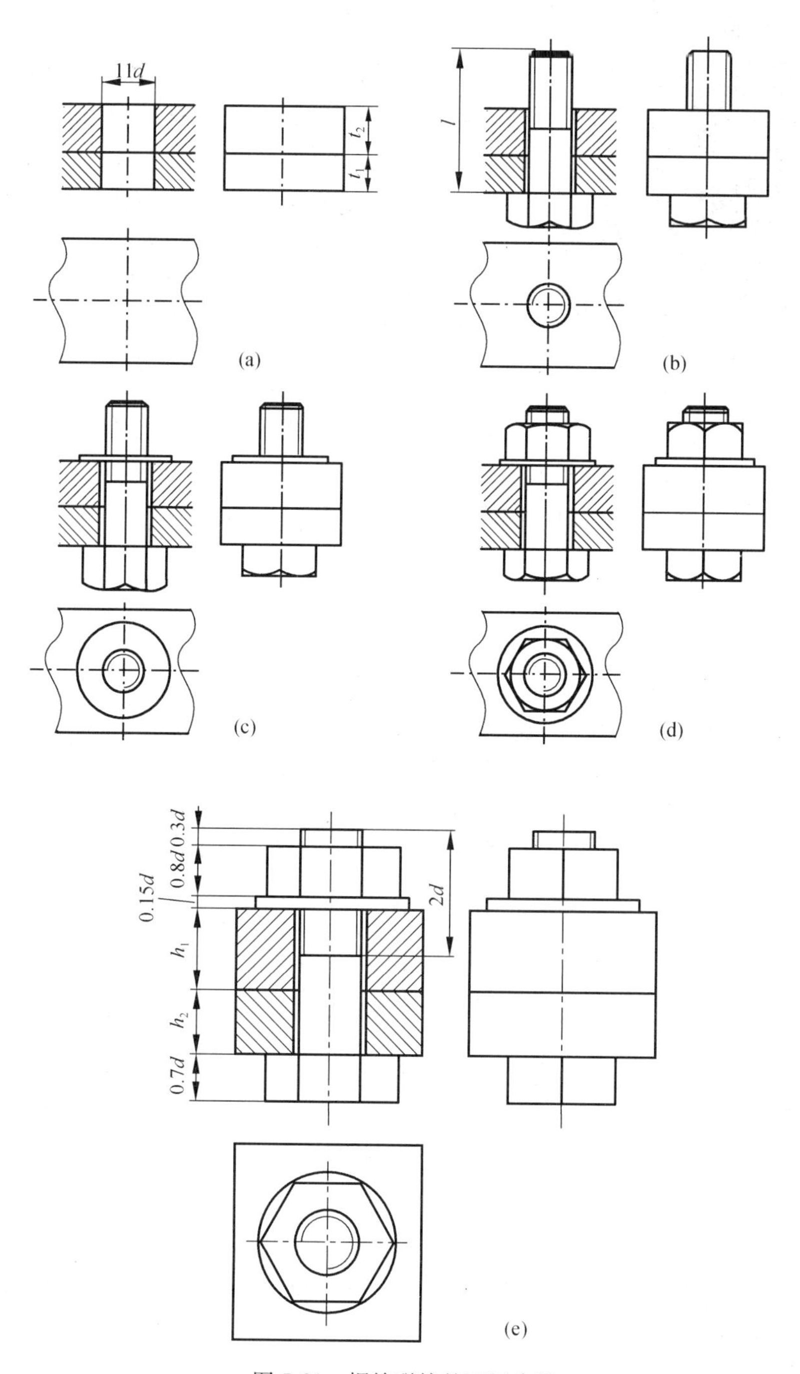

图 7-21　螺栓联接的画图步骤

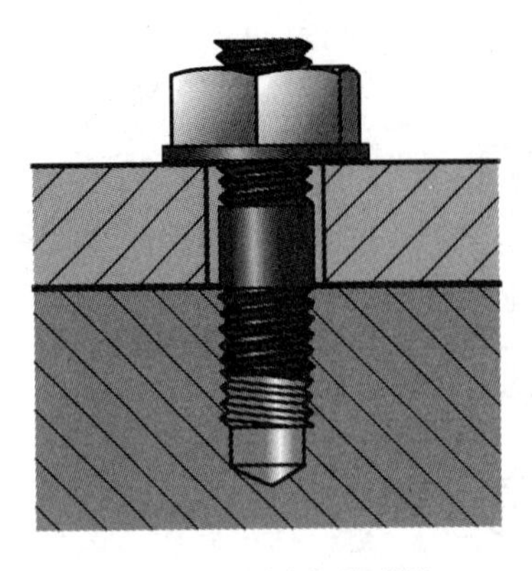

图 7-22　双头螺柱联接

2. 螺柱联接

双头螺柱的两端均加工有螺纹，一端和被联接件旋合，另一端和螺母旋合，如图 7-22 所示。双头螺柱联接的比例画法和螺栓联接基本相同。双头螺柱旋入端长度 b_m 要根据被联接件的材料而定（钢或青铜：$b_m=d$；铸铁：$b_m=1.25d$ 或$b_m=1.5d$；铝合金：$b_m=2d$）。双头螺柱的有效长度 L 应按下式估算，即

$$L \geqslant \delta + 0.15d + 0.8d + (0.2 \sim 0.3)d$$

然后根据估算出的数值查手册中双头螺柱的有效长度 L 的系列值，选取一个相近的标准数值。

双头螺柱的比例画法如图 7-23 所示。

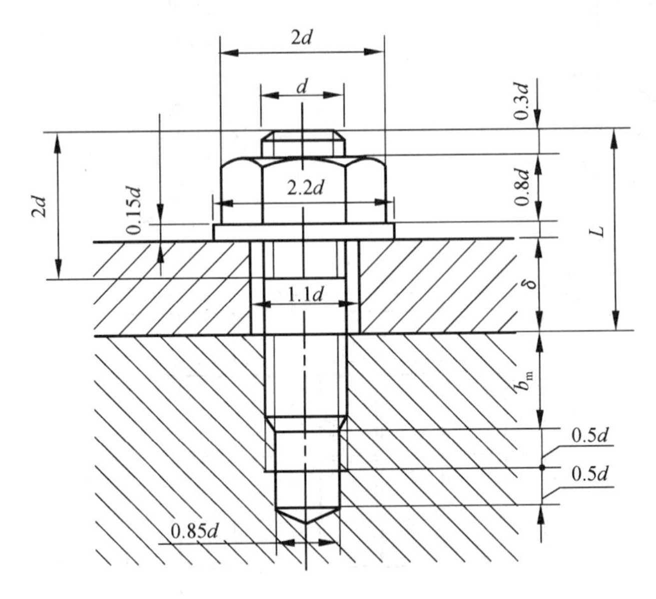

图 7-23　双头螺柱联接的比例画法

3. 螺钉联接

常见的联接螺钉有开槽圆柱头螺钉、开槽半圆头螺钉、开槽沉头螺钉、圆柱头内六角螺钉等。

螺钉联接的比例画法，其旋入端与螺柱相同，被联接板孔部画法与螺栓相同。螺钉头部结构有球头、圆柱头和沉头螺钉，螺钉联接圆柱头螺钉和沉头螺钉

得到比例画法如图 7-24 所示。

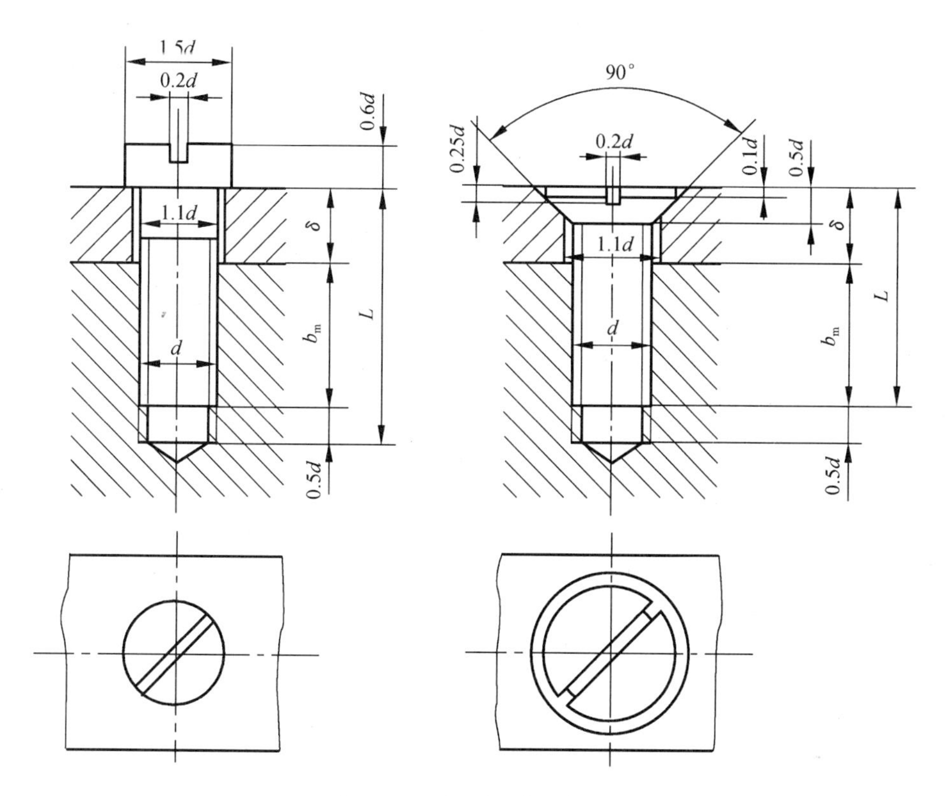

图 7-24　螺钉联接的比例画法

紧定螺钉也是经常使用的一种螺钉，常用类型有内六角锥端、平端、圆柱端、开槽锥端、圆柱端等。

紧定螺钉主要用于防止两个零件的相对运动。如图 7-25 所示用开槽锥端紧定螺钉限制轮和轴的相对位置，使它们不能产生轴向相对运动。

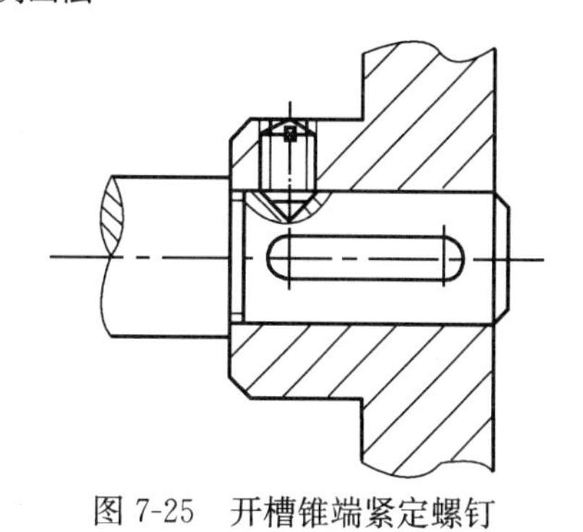

图 7-25　开槽锥端紧定螺钉

7.2　键联接与销联接

7.2.1　键联接

键是用来联接轴及轴上的传动件，如齿轮、带轮等，以传递转矩。将齿轮装

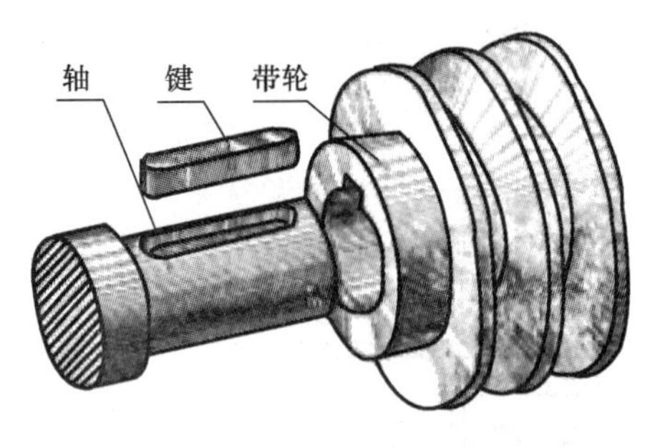

图 7-26 键联接

在轴上的键槽中，再把齿轮装在轴上，当轴转动时，通过键联接，齿轮也将和轴同步转动，达到传递动力的目的，如图 7-26 所示。

1. 常用键及其标记

键是标准件，常用的键有普通平键、半圆键和钩头楔键三种，表 7-3 列出了它们的形式和规定标记。选用时可根据轴的直径查键的标准，得出它的尺寸。平键和钩头楔键的长度 L 应根据轮毂（轮盘上有孔，穿轴的那一部分）长度及受力大小选取相应的系列值。

表 7-3 键及其标记示例

名　　称	图　　例	标记示例
普通平键		GB/T 1096—2003 键 $b\times h\times L$
半圆键		GB/T 1099—2003 键 $b\times h\times L$
钩头楔键		GB/T 1099—2003 键 $b\times h\times L$

2. 键联接的画法及尺寸标注

(1) 普通平键联接画法。

普通平键的长度 L 和宽度 b 要根据轴的直径 d 和传递的转矩大小从标准件中选取。轴上的键槽若在前面，局部视图可以省略不画，键槽在上面时，键槽和外圆柱面产生的截交线可用柱面的转向轮廓线代替，如图 7-27 所示。

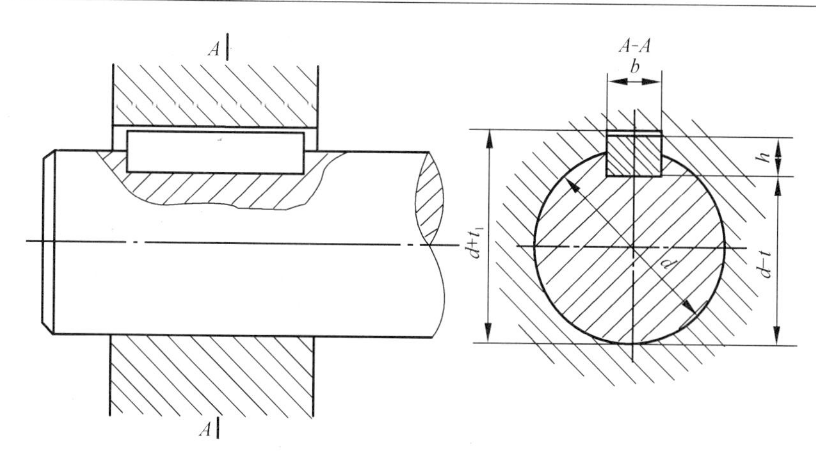

图 7-27　普通平键的联接画法

（2）半圆键联接画法。

半圆键联接常用于载荷不大的传动轴上，其工作原理和画法与普通平键相似，键槽的表示方法和装配画法如图 7-28 所示。

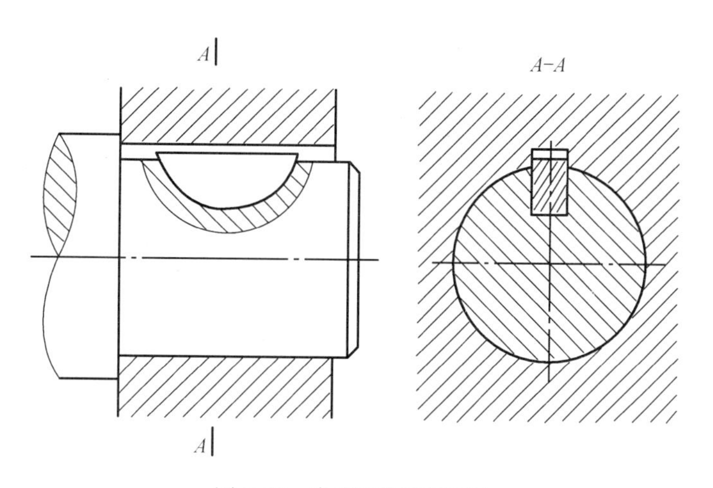

图 7-28　半圆键的联接画法

普通平键和半圆键的两个侧面是工作面，在装配图中，键与键槽侧面之间应不留间隙；而键的顶面是非工作面，它与轮毂的键槽顶面之间应留有间隙，如图 7-27 和图 7-28 所示。

（3）钩头楔键联接画法。

钩头楔键的上顶面有 1∶100 的斜度，装配时将键沿轴向嵌入键槽内，靠键的上、下面将轴和轮联接在一起，键的侧面为非工作面，其装配图的画法如图 7-29 所示。

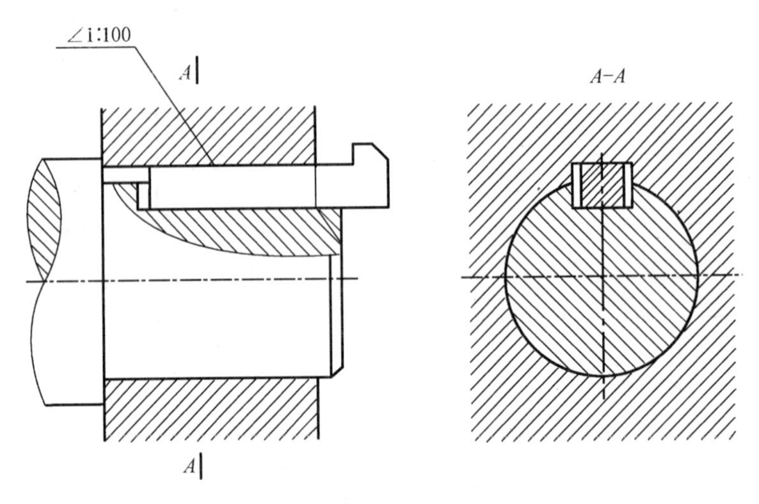

图 7-29　钩头楔键的联接画法

轴上的键槽和轮毂上的键槽的画法和尺寸注法，如图 7-30 所示。

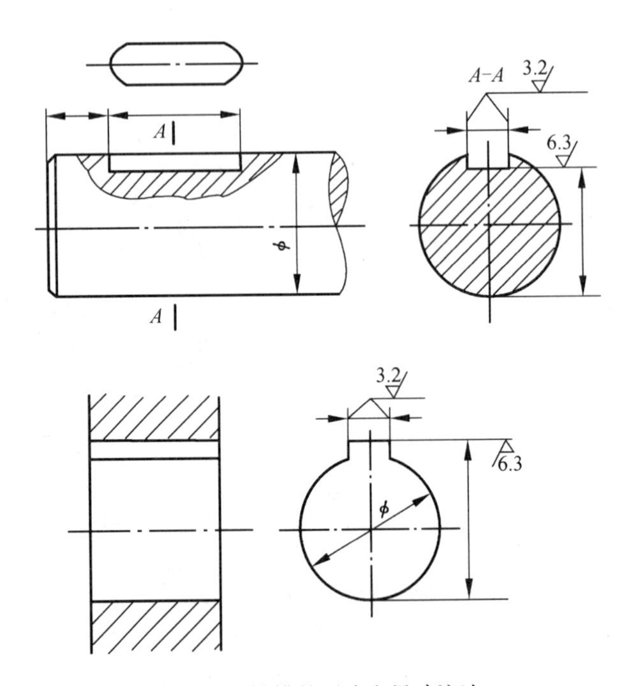

图 7-30　键槽的画法和尺寸注法

（4）花键联接。

花键是把键直接做在轴上和轮孔上（轴上为凸条，孔中为凹槽），与它们成一整体，如图 7-31 所示。把花键轴装在齿轮的花键孔内，能传递较大的转矩，并且两者的同轴度和轮沿轴向滑移性能都较好，适宜于需轴向移动的轮。因此，花键联接在汽车和机床中应用很广。

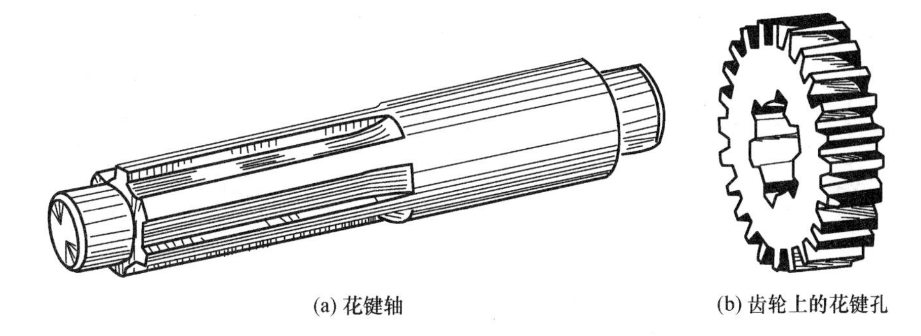

(a) 花键轴　　(b) 齿轮上的花键孔

图 7-31　矩形花键

(5) 矩形花键的规定画法。

除矩形花键外，还有梯形、三角形、渐开线形等，本书主要介绍矩形花键联接的画法和标记。国家标准对矩形花键的画法作如下规定。

① 外花键。在平行于花键轴线的投影面的视图中，大径用粗实线、小径用细实线绘制，并用断面图画出一部分或全部齿形，如图 7-32 所示。

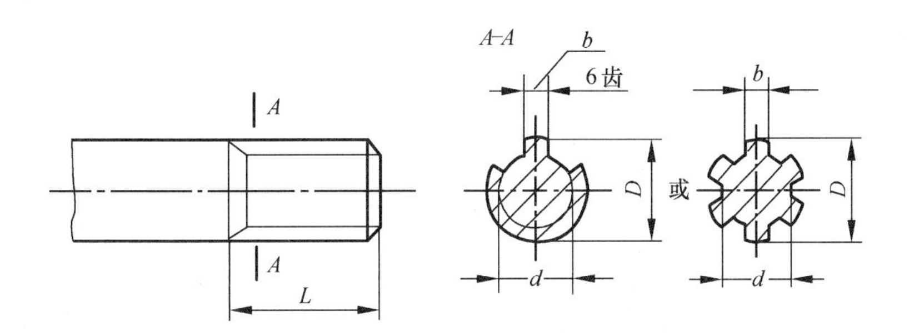

图 7-32　外花键的画法和标注

② 内花键。在平行于花键轴线的投影面的剖视图中，大径及小径均用粗实线绘制，并用局部视图画出一部分或全部齿形，如图 7-33 所示。

花键联接用剖视表示时，其联接部分按外花键的画法画，如图 7-34 所示。

(6) 矩形花键的尺寸标注。

花键多用代号标注，如：$Z-d\times D\times b$

其中，Z 为齿数；d 为小径；D 为大径；b 为键宽。其中 d、D 和 b 的数值后均应加注公差带代号或配合代号。

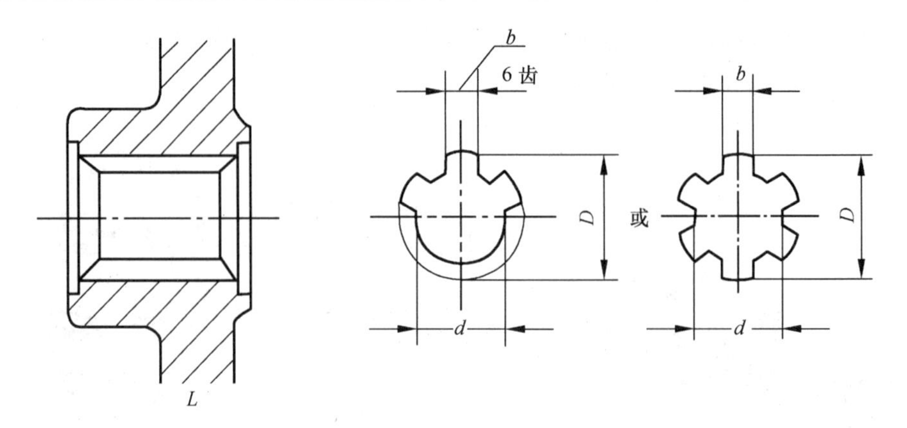

图 7-33　内花键的画法和标注

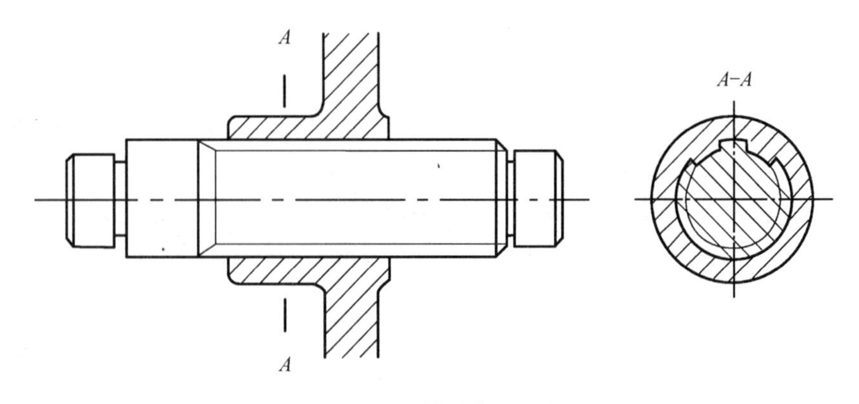

图 7-34　花键联接的画法

7.2.2　销联接

销是标准件，在机械中，主要用于联接、定位或防松等。常用的销有圆柱销、圆锥销和开口销等，它们的形式、标准、画法及标记示例如表 7-4 所示。

表 7-4　销的形式、标准、画法及标记

名　称	标 准 号	图　　例	标记示例
圆柱销	GB/T 119.1—2000	0.8　15°　r=d　c　a　L	公称直径 $d=8$mm、长度 $L=18$mm、材料为 35 钢、热处理 28～38HRC、表面氧化处理的 A 型圆柱销： 销 GB/T 119.1—2000　6m6×18

续表

名　称	标 准 号	图　　例	标记示例
圆锥销	GB/T 117—2000	1:50　r　d　c　a　L　a	公称直径 $d=10$mm、长度 $L=30$mm、材料为 35 钢、热处理硬度为 28～38HRC、表面氧化处理的 A 型圆锥销： 销 GB/T 117—2000　A10×30
开口销	GB/T 91—2000	b　L　a　c　d	公称直径 $d=5$mm、长度 $L=50$mm、材料为低碳钢不经表面处理的开口销： 销 GB/T 91—2000　5×50

销联接画法如图 7-35 所示。

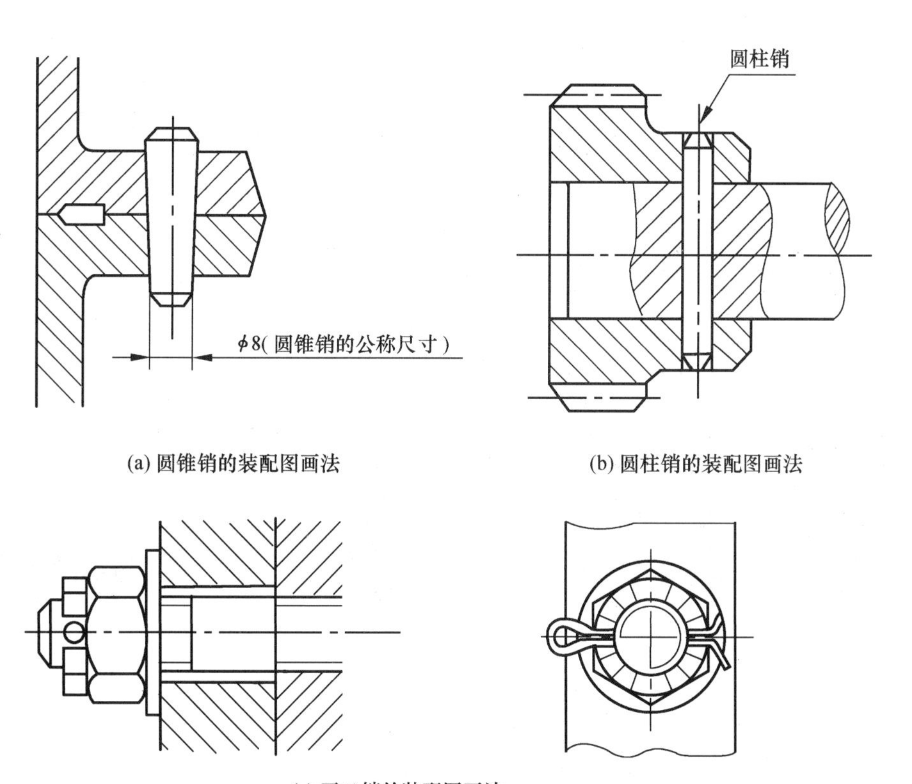

(a) 圆锥销的装配图画法　　(b) 圆柱销的装配图画法

(c) 开口销的装配图画法

图 7-35　销联接画法

注意：用销联接（或定位）的两零件上的孔，一般是在装配时一起配钻的。

因此，在零件图上标注销孔尺寸时，应注明“配作”字样，如图 7-36 所示。

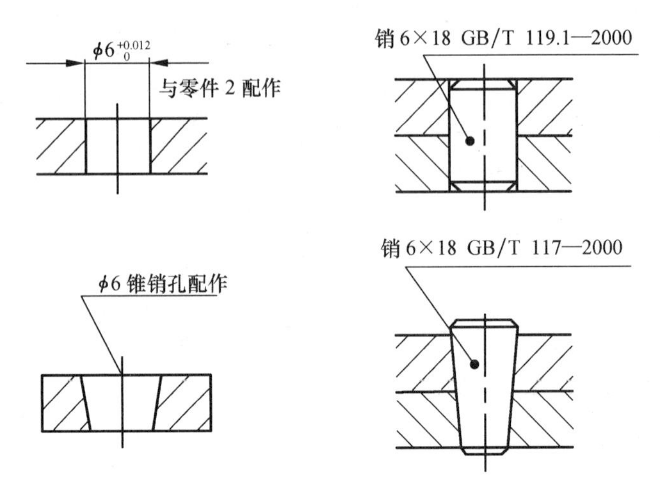

图 7-36 销在零件图和装配图中的标注

7.3 齿 轮

齿轮传动在机械中被广泛应用，常用它来传递动力、改变旋转速度与旋转方向。常见的传动齿轮有：圆柱齿轮传动——适用于两轴线平行的传动；圆锥齿轮传动——适用于两轴线相交的传动；蜗轮蜗杆传动——适用于两轴线垂直交叉的传动；齿轮齿条传动是圆柱齿轮传动的特例，如图 7-37 所示。

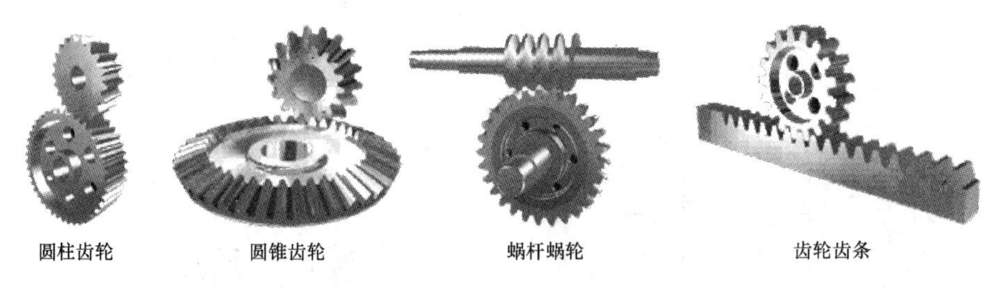

图 7-37 常见的齿轮传动形式

齿轮一般由轮体和轮齿两部分组成。齿轮的齿形有渐开线、摆线、圆弧等形状，这里主要介绍齿廓曲线为渐开线的标准齿轮的有关知识和规定画法。

7.3.1 直齿圆柱齿轮

直齿圆柱齿轮的齿向与齿轮轴线平行，在齿轮传动中应用最广。

1. 直齿圆柱齿轮各部分的名称及参数

现以标准直齿圆柱齿轮为例来说明，如图7-38所示。

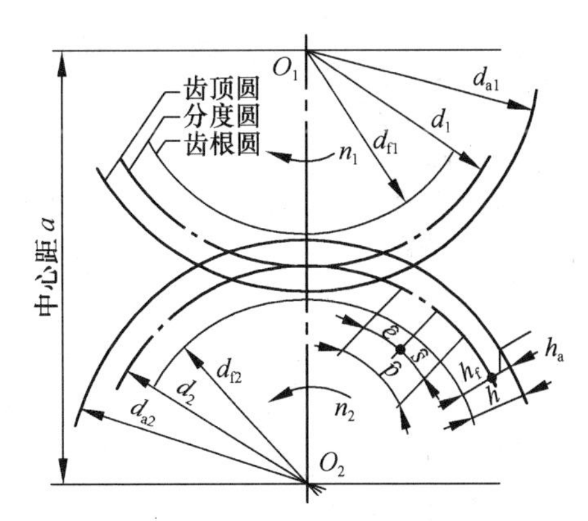

图7-38　直齿圆柱齿轮各部分名称和代号

(1) 齿顶圆　通过轮齿顶部的圆称为齿顶圆，其直径以 d_a 来表示。

(2) 齿根圆　通过轮齿根部的圆称为齿根圆，其直径以 d_f 来表示。

(3) 分度圆　标准齿轮的齿厚（某圆上齿部的弧长）与齿间（某圆上空槽的弧长）相等的圆称为分度圆，其直径以 d 表示。

(4) 齿高　齿顶圆与齿根圆之间的径向距离称为齿高，以 h 表示。分度圆将齿高分为两个不等的部分。齿顶圆与分度圆之间称为齿顶高，以 h_a 表示。分度圆与齿根圆之间称为齿根高，以 h_f 表示。齿高是齿顶高与齿根高之和，即 $h=h_a+h_f$。

(5) 齿距　分度圆上相邻两齿的对应点之间的弧长称为齿距，以 p 表示。

(6) 模数　设齿轮的齿数为 z，则分度圆的周长 $=zp=\pi d$，即 $d=pz/\pi$，为了便于计算和测量，通常取 $m=p/\pi$ 为参数，于是 $d=mz$。这样，若规定参数 m 为有理数，则 d 也为有理数。通常把 m 称为模数。

模数是设计和制造齿轮的基本参数。为了设计和制造方便，已经将模数标准化。模数的标准值见表7-5。

表7-5　标准模数（GB/T 1357—1987）　单位：mm

第一系列	0.1	0.12	0.15	0.2	0.25	0.3	0.4	0.5	0.6	0.8	1
	1.25	1.5	2	2.5	3	4	5	6	8	10	12
	16	20	25	32	40	50					
第二系列	0.35	0.7	0.9	1.75	2.25	2.75	(3.25)	3.5	(3.75)	4.5	5.5
	(6.5)	7	9	(11)	14	18	22	28	(30)	36	45

(7) 压力角　两个相啮合的轮齿齿廓在接触点 P 处的受力方向与运动方向的夹角。若点 P 在分度圆上则为两齿廓公法线与两分度圆的公切线的夹角。中国标准齿轮的分度圆压力角为20°。通常所称压力角指分度圆压力角。

只有模数和压力角都相同的齿轮才能相互啮合。

在设计齿轮时要先确定模数和齿数，其他各部分尺寸都可由模数和齿数计算出来。标准直齿圆柱齿轮的计算公式见表7-6。

表 7-6　标准直齿圆柱齿轮的计算公式

各部分名称	代　号	公　式
分度圆直径	d	$d=mz$
齿顶高	h_a	$h_a=m$
齿根高	h_f	$h_f=1.25m$
齿顶圆直径	d_a	$d_a=m(z+2)$
齿根圆直径	d_f	$d_f=m(z-2.5)$
齿距	p	$p=\pi m$
齿厚	s	$s=\frac{1}{2}\pi m$
中心距	a	$a=\frac{1}{2}(d_1+d_2)=\frac{1}{2}m(z_1+z_2)$

2. 直齿圆柱齿轮的画法

(1) 单个齿轮的画法。

单个齿轮的画法如图 7-39 所示。齿顶圆和齿顶线用粗实线绘制，分度圆和分度线用细点画线表示，齿根圆和齿根线用细实线绘制（也可省略不画）。在剖视图中，齿根线用粗实线绘制。当剖切平面通过轮齿时，轮齿一律按不剖绘制。除轮齿部分外，齿轮的其他部分结构均按真实投影画出。

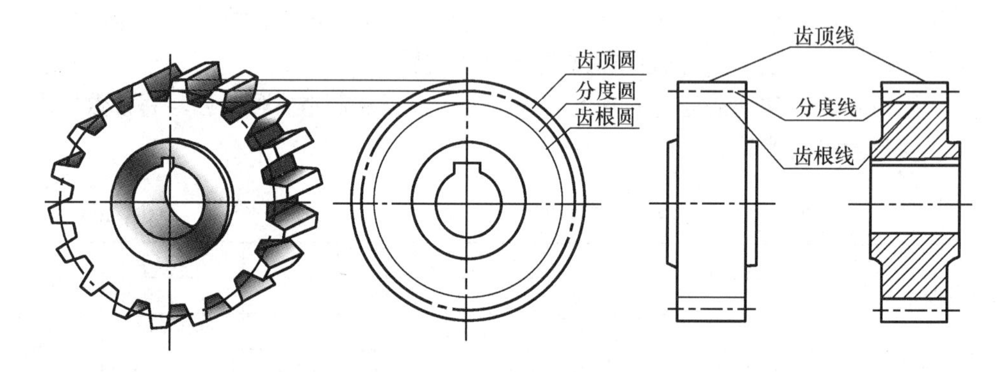

图 7-39　圆柱齿轮的画法

在零件图中，轮齿部分的径向尺寸仅标注出分度圆直径和齿顶圆直径即可。轮齿部分的轴向尺寸仅标注齿宽和倒角。其他参数如模数、齿数等可用表格说明，如图 7-40 所示。

(2) 圆柱齿轮啮合的画法。

两标准齿轮相互啮合时，它们的分度圆处于相切位置，此时分度圆又称节圆。两齿轮啮合的画法如图 7-41 所示。

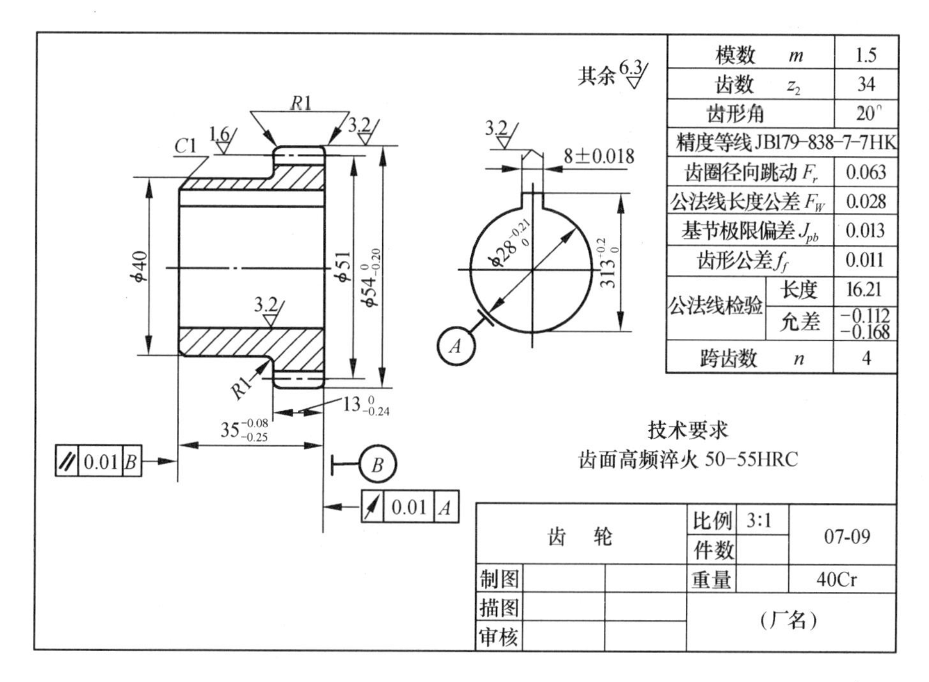

图 7-40　齿轮零件图

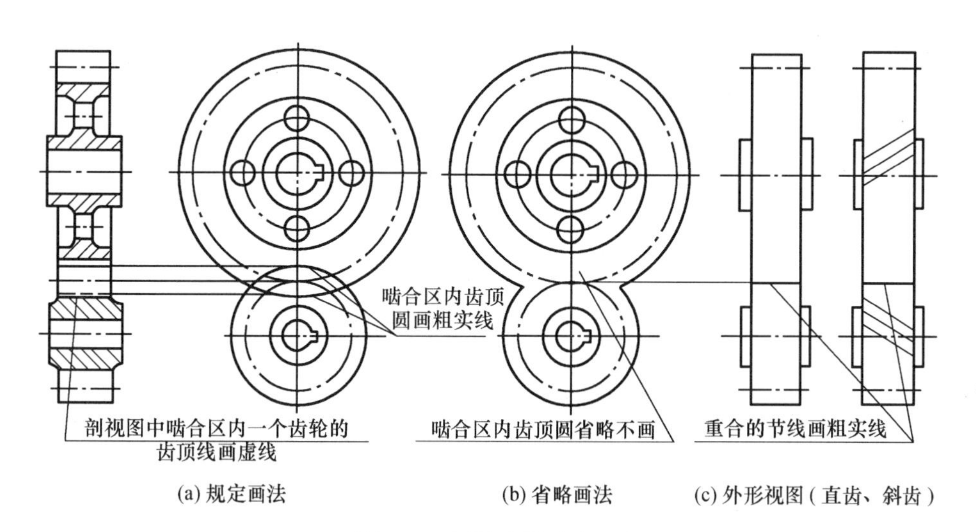

图 7-41　圆柱齿轮啮合画法

在投影为圆的视图上，齿顶圆用粗实线绘制，分度圆用细点划线绘制，齿根圆不画；在投影不为圆的视图上，采用剖视图时，在啮合区域，一个齿轮的轮齿用粗实线绘制，另一个齿轮的轮齿按被遮挡处理，齿顶线用虚线绘制；齿顶线与齿根线之间有 0.25m（模数）的间隙，如图 7-42 所示。

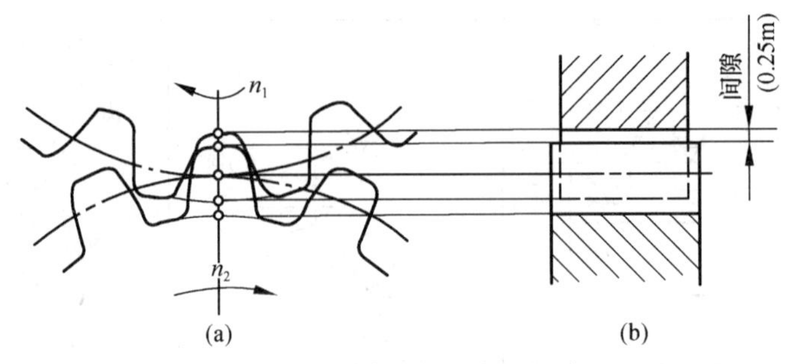

图 7-42 啮合齿轮的齿顶间隙

7.3.2 直齿圆锥齿轮

1. 直齿圆锥齿轮各部分名称及参数

直齿圆锥齿轮的齿坯如图 7-43 所示，圆锥齿轮各部分的名称基本与圆柱齿轮相同，但圆锥齿轮还有相应的五个锥面和三个锥角，由于圆锥齿轮的轮齿分布在圆锥面上，所以轮齿沿圆锥素线方向的大小不同，模数、齿数、齿高、齿厚也随之变化，通常规定以大端参数为准。

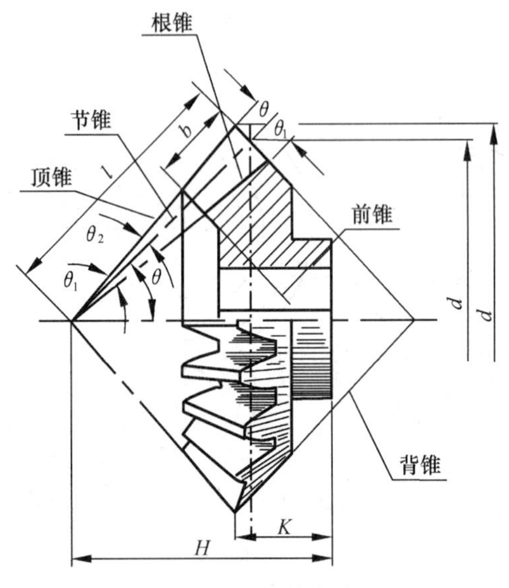

图 7-43 圆锥齿轮齿坯

2. 圆锥齿轮的画法

直齿圆锥齿轮的画法步骤如图 7-44 所示。直齿圆锥齿轮的计算公式仍适用于大端法线方向的参数计算，由齿数和模数计算出大端分度圆直径，齿顶高为 1m（模数），齿根高为 1.25m（模数）。

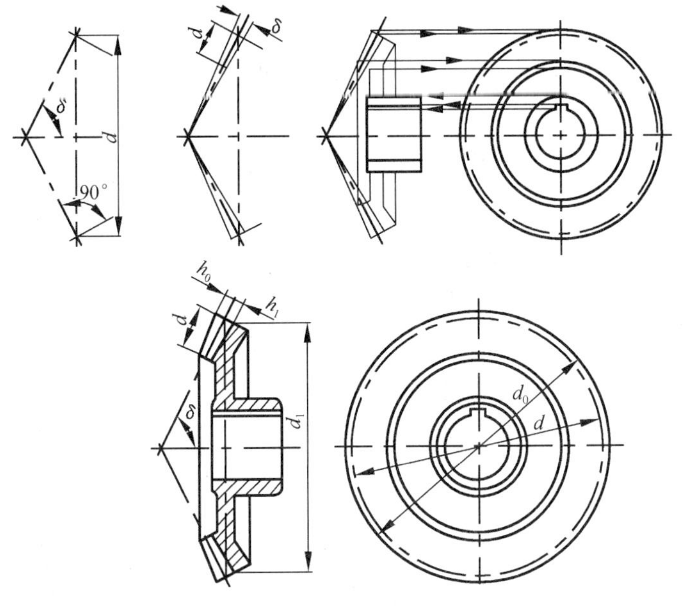

图 7-44　圆锥齿轮的画图步骤

圆锥齿轮啮合的画法步骤如图 7-45 所示。安装标准的圆锥齿轮，两分度圆锥相切，两分度圆锥角互为余角，啮合区齿轮的画法同直齿圆锥齿轮。

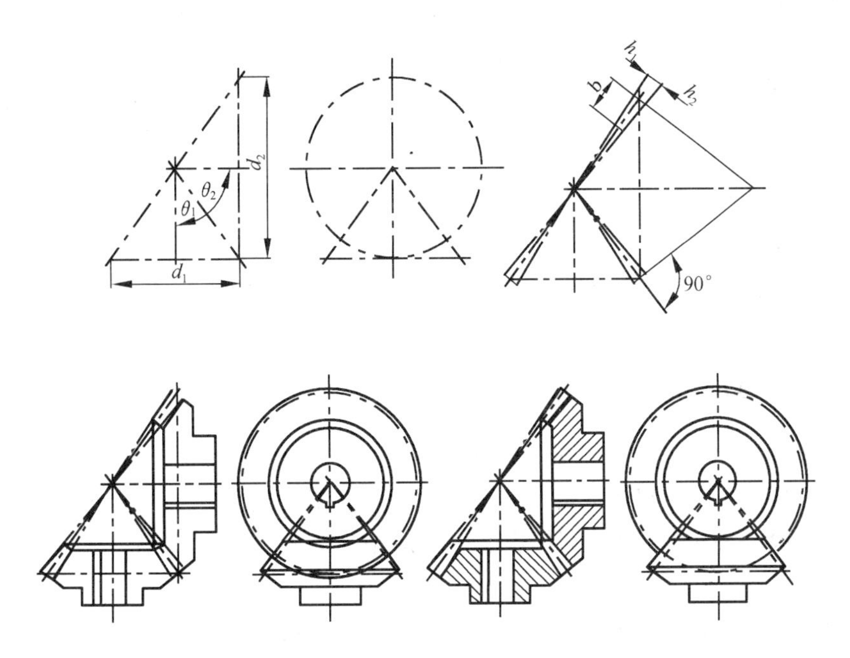

图 7-45　圆锥齿轮啮合的画图步骤

7.4 滚 动 轴 承

滚动轴承是支承转动轴的标准部件，由专业厂家生产，使用时应根据设计要求，选用标准型号。

7.4.1 滚动轴承的结构和类型

1. 滚动轴承的类型

滚动轴承按承受载荷的方向可分为三类。

（1）向心轴承—主要承受径向力，如图 7-46（a）所示的深沟球轴承。

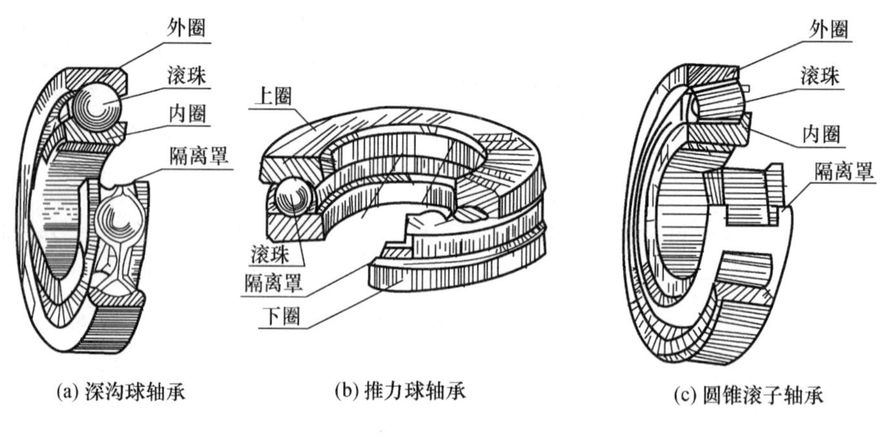

图 7-46　滚动轴承

（2）推力轴承—只承受轴向力，如图 7-46（b）所示的推力球轴承。

（3）向心推力轴承—同时承受径向和轴向力，如图 7-46（c）所示的圆锥滚子轴承。

2. 滚动轴承的结构

一般由四部分组成，如图 7-46 所示。

（1）外圈—装在机体或轴承座内，一般固定不动或偶做少许转动。

（2）滚动体—装在内、外圈之间的滚道中，有滚珠，滚柱、滚锥等几种类型。

（3）内圈—装在轴上，与轴紧密配合在一起，且随轴一起转动。

（4）保持架—用以均匀分隔滚动体，防止它们之间相互摩擦和碰撞。

7.4.2　滚动轴承的代号（GB/T 272—93）

滚动轴承的种类很多。为了便于选用，国家标准规定用代号来表示滚动轴承。代号能表示出滚动轴承的结构、尺寸、公差等级和技术性能等特性。

滚动轴承代号用字母加数字组成。完整的代号包括前置代号、基本代号和后置代号三部分。基本代号表示轴承的基本类型、结构和尺寸，是轴承代号的基础。

1. 基本代号的组成

基本代号由轴承类型代号、尺寸系列代号和内径代号三部分自左至右顺序排列组成。

（1）类型代号。

类型代号用数字或字母表示。数字和字母含义见表 7-7。

表 7-7　滚动轴承的类型代号

代　号	轴承类型	代　号	轴承类型
0	双列角接触球轴承	7	角接触球轴承
1	调心球轴承	8	推力圆柱滚子轴承
2	调心滚子轴承和推力调心滚子轴承	N	圆柱滚子轴承
3	圆锥滚子轴承		双列或多列用字母 NN 表示
4	双列深沟球轴承	U	外球面球轴承
5	推力球轴承	QJ	四点接触球轴承
6	深沟球轴承		

类型代号有的可以省略。双列角接触球轴承的代号“0”均不写；调心轴承的代号“1”有时亦可省略。区分类型的另一重要标志是标准号，每一类轴承都有一个标准编号。例如，双列角接触球轴承标准编号为 GB/T 296—1994；调心球轴承标准编号为 GB/T 281—1994。

（2）尺寸系列代号。

尺寸系列代号由轴承的宽（高）度系列代号（一位数字）和直径系列代号（一位数字）左右排列组成。它反映了同种轴承在内圈孔径相同时内、外圈的宽度、厚度的不同及滚动体大小不同。显然，尺寸系列代号不同的轴承其外廓尺寸不同，承载能力也不同。

尺寸系列代号有时可以省略：除圆锥滚子轴承外，其余各类轴承宽度系列代号“0”均省略；深沟球轴承和角接触球轴承的 10 尺寸系列代号中的“1”可以省略；双列深沟球轴承的宽度系列代号“2”可以省略。

（3）内径代号。

内径代号表示滚动轴承内圈孔径。内圈孔径称为“轴承公称内径”，因其与轴产生配合，故是一个重要参数。内径代号见表 7-8。

表 7-8　滚动轴承的内径代号

轴承公称内径 d/mm		内径代号	示　例
0.6 到 10（非整数）		用公称内径毫米数直接表示，在其与尺寸系列代号之间用“/”分开	深沟球轴承 618/2.5 d=2.5mm
1 到 9（整数）		用公称内径毫米数直接表示，对深沟及角接触球轴承承 7，8，9 直径系列，内径与尺寸系列代号之间用“/”分开	深沟球轴承 625、618/5 均为 d=5mm
10 到 17	10	00	深沟球轴承 6.200 d=10mm
	12	01	
	15	02	
	17	03	
20 到 480 （22，28，32 除外）		公称内径除以 5 的商数，商数为个位数，需在商数左边加“0”，如 08	调心滚子轴承 23208 d=40mm
大于和等于 500 以及 22，28，22		用公称内径毫米数直接表示，但是在与尺寸系列之间用“/”分开	调心滚子轴承 230/500 d=500mm 深沟球轴承 62/22 d=22mm

2. 基本代号示例

轴承 6208　6—类型代号，表示深沟球轴承；
2—尺寸系列代号，表示 02 系列（0 省略）；
08—内径代号，表示公称内径 40mm。

轴承 320/32　3—类型代号，表示圆锥滚子轴承；
20—尺寸系列代号，表示 20 系列；
32—内径代号，表示公称内径 32mm。

轴承 51203　5—类型代号，表示推力球轴承；
12—尺寸系列代号，表示 12 系列；
03—内径代号，表示公称内径 17mm。

轴承 N1006　N—类型代号，表示外圈无挡边的圆柱滚子轴承；
10—尺寸系列代号，表示 10 系列；
06—内径代号，表示公称内径 30mm。

当只需表示类型时，常将右边的几位数字用 0 表示，如 6000 就表示深沟球轴承，30000 表示圆锥滚子轴承。

关于代号的其他内容可以查阅有关手册。

7.4.3　滚动轴承的画法（GB/T 4459.7—1998）

滚动轴承是标准件。在装配图中，滚动轴承可以用通用画法、特征画法和规定画法来绘制。前两种属简化画法，在同一图样中一般只采用这两种简化画法中的一种。

对于这三种画法，国家标准《机械制图 滚动轴承表示法》（GB/T 4459.7—1998）作了如下规定。

1. 基本规定

（1）通用画法、特征画法、规定画法中的各种符号、矩形线框和轮廓线均用粗实线绘制。

（2）绘制滚动轴承时，其矩形线框和外框轮廓的大小应与滚动轴承的外形尺寸（由手册中查出）一致，并与所属图样采用同一比例。

（3）在剖视图中，用通用画法和特征画法绘制滚动轴承时，一律不画剖面符号（剖面线）。采用规定画法绘制时，轴承的滚动体不画剖面线，其各套圈可画成方向和间隔相同的剖面线，如图 7-47（a）所示。如轴承带有其他零件或附件（如偏心套、紧定套、挡圈等）时，其剖面线应与套圈的剖面线呈现不同方向或不同间隔，如图 7-47（b）所示。在不致引起误解时也允许省略不画。

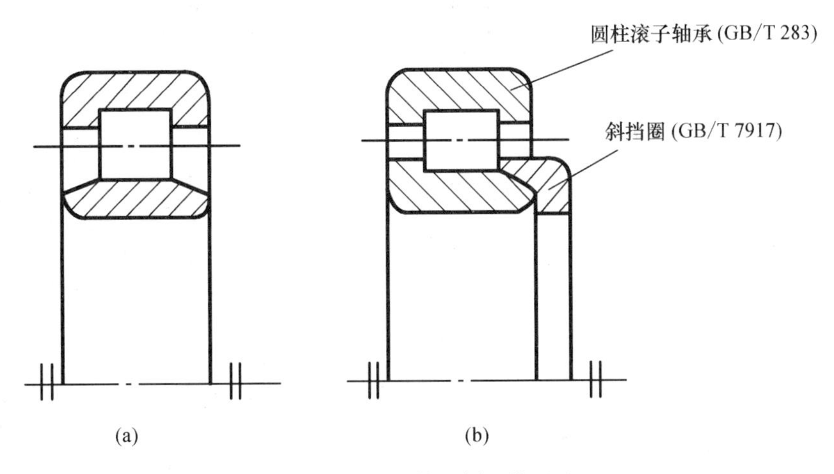

图 7-47　滚动轴承剖面线画法

2. 通用画法

在剖视图中，当不需要确切地表示滚动轴承的外形轮廓、载荷特性、结构特征时，可用矩形线框及位于线框中央正立的十字形符号表示，十字形符号不应与矩形线框接触，如图 7-48（a）所示。通用画法在轴的两侧以同样方式画出，如图 7-48（b）所示。

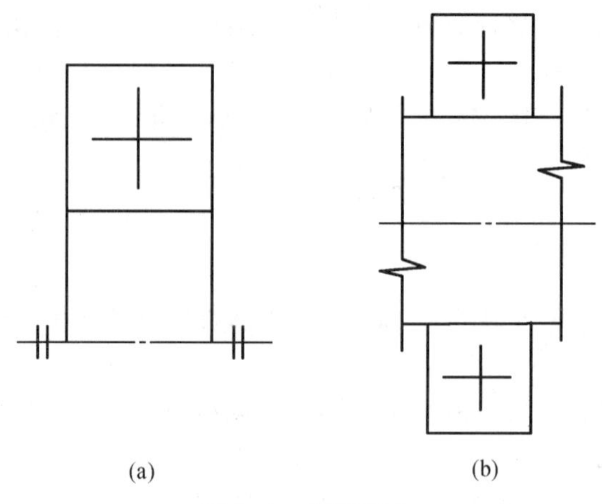

(a)　　(b)

图 7-48　通用画法

3. 特征画法和规定画法

表 7-9 列出了常用滚动轴承的特征画法和规定画法。

表 7-9　常用滚动轴承的特征画法和规定画法

轴承类型及标准号	特征画法	规定画法
深沟球轴承（60000 型） GB/T 276—1994	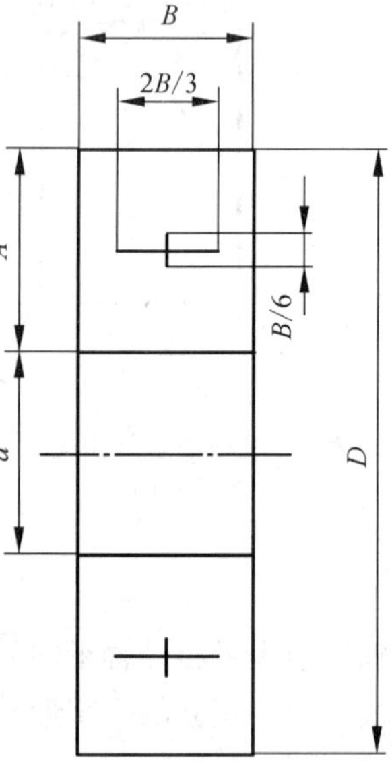	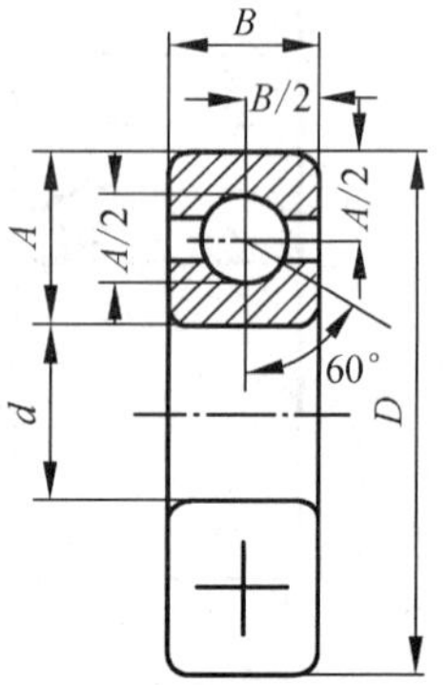
圆柱滚子轴承（N0000 型） GB/T 283—1994		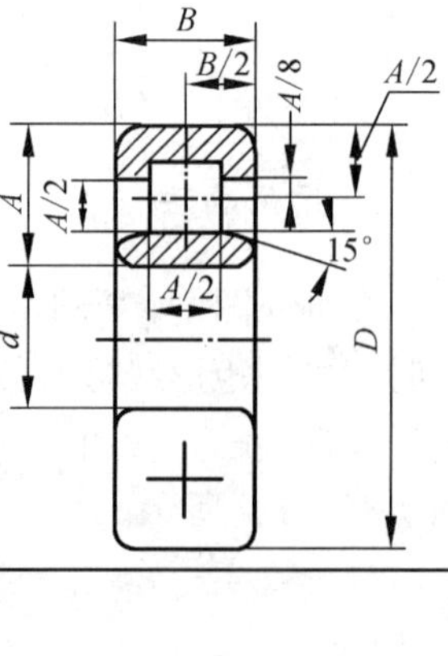

续表

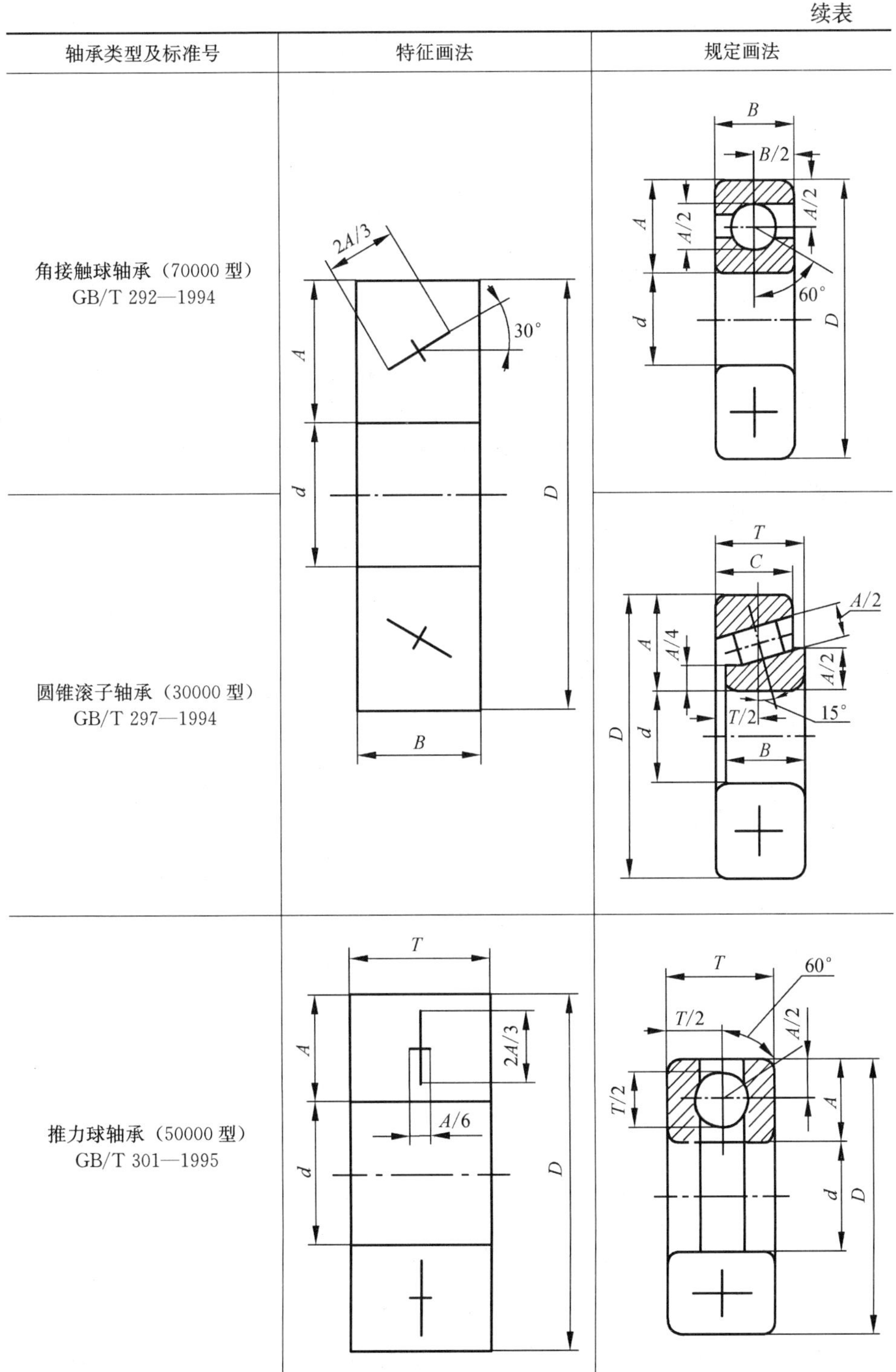

轴承类型及标准号	特征画法	规定画法
角接触球轴承（70000 型） GB/T 292—1994		
圆锥滚子轴承（30000 型） GB/T 297—1994		
推力球轴承（50000 型） GB/T 301—1995		

7.5 弹　　簧

弹簧的用途很广，它可以用来减震、测力、夹紧、承受冲击和储存能量等。常用的有压缩弹簧、拉伸弹簧、扭转弹簧和蜗卷弹簧，如图 7-49 所示。下面以应用最广泛的圆柱螺旋压缩弹簧为例，介绍其尺寸计算和画法。

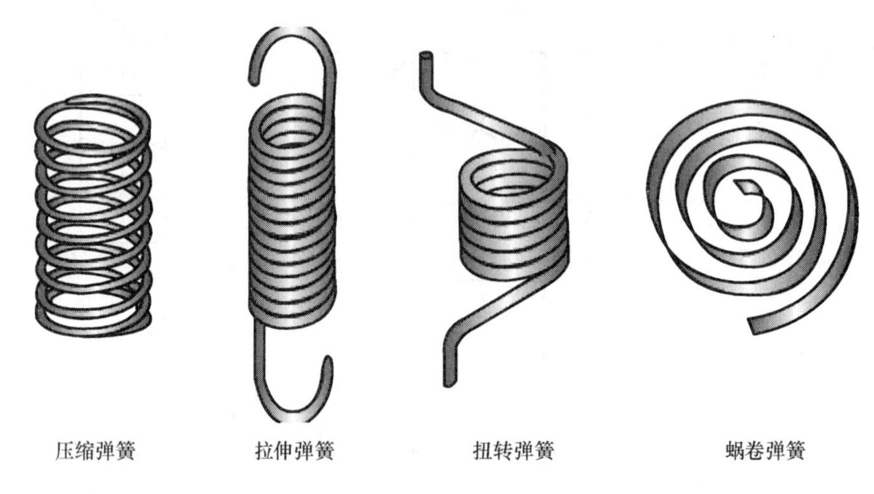

图 7-49　常见的弹簧

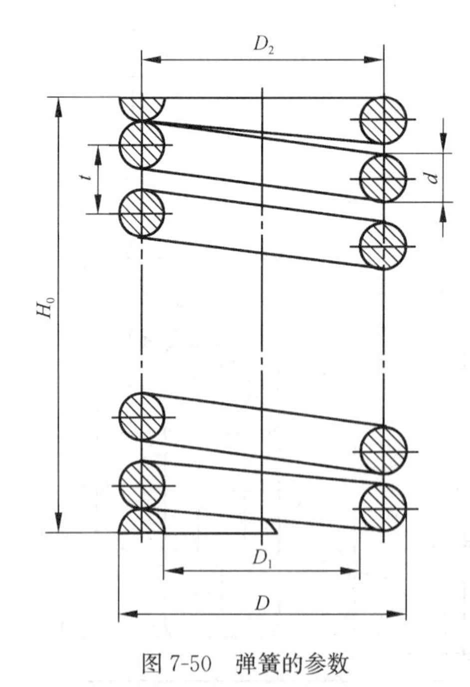

图 7-50　弹簧的参数

7.5.1　圆柱螺旋压缩弹簧各部分名称及尺寸计算

圆柱螺旋压缩弹簧由钢丝绕成，一般将两端并紧、磨平，使其端面与轴线垂直，便于支承，称为支承圈。支承圈圈数有 1.5、2、2.5 三种。弹簧中参加工作的圈数称为有效圈数。弹簧并紧磨平后在不受外力情况下的全部高度，称为自由高度。

圆柱螺旋压缩弹簧的形状和尺寸由以下参数决定，如图 7-50 所示。

图中：

簧丝直径 d——制造弹簧所用金属丝的直径。

弹簧外径 D——弹簧的最大直径。

弹簧内径 D_1——弹簧内孔最小直径，

$D_1=D-2d$。

弹簧中径 D_2——弹簧轴剖面内簧丝中心所在圆柱的直径，$D_2=(D_1+D_2)/2=D_1+d=D-d$。

有效圈数 n——保持相等节距且参与工作的圈数。

支承圈数 n_0——为了使弹簧工作平衡，端面受力均匀，制造时将弹簧两端的 3/4 至 1 1/4 圈压紧靠实，并磨出支承平面。这些圈只起支承作用而不参与工作，所以称为支承圈。支承圈数 n_0 表示两端支承圈数的总和，一般为 1.5、2、2.5 圈。

总圈数 n_1——有效圈数和支承圈数的总和。

节距 t——相邻两有效圈上对应点间的轴向距离。

自由高度 H_0——未受载荷作用时的弹簧高度（或长度），$H_0=nt+(n_0-0.5)d$。

展开长度 L——制造弹簧时所需的金属丝长度，按螺旋线展开，L 可按下式计算，即

$$L=n_1\sqrt{(\pi D_2)^2+t^2}$$

旋向——与螺旋线的旋向意义相同，分为左旋和右旋两种。

7.5.2　圆柱螺旋压缩弹簧的规定画法

1. 弹簧的规定画法

GB 4459.4—84 对弹簧画法作了如下规定。

（1）在平行于螺旋弹簧轴线的投影面的视图中，其各圈的轮廓应画成直线，如图 7-51 所示。

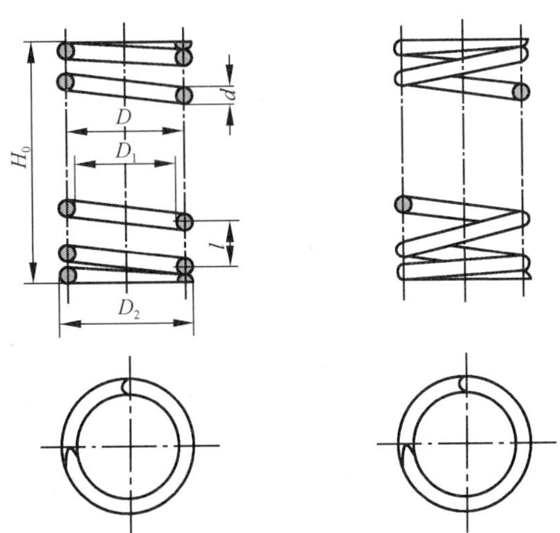

图 7-51　螺旋压缩弹簧的画法

（2）有效圈数在四圈以上时，可以每端只画出 1～2 圈（支承圈除外），其余省略不画。

（3）螺旋弹簧均可画成右旋，但左旋弹簧不论画成左旋或右旋，一律要注意写旋向“左”字。

（4）螺旋压缩弹簧如果要求两端并紧且磨平时，不论支承圈多少均按支承圈为 2.5 圈绘制，必要时也可按支承圈的实际结构绘制。

弹簧的表达方法有剖视、视图和示意画法，如图 7-52 所示。绘制视图时应注意弹簧螺旋方向。

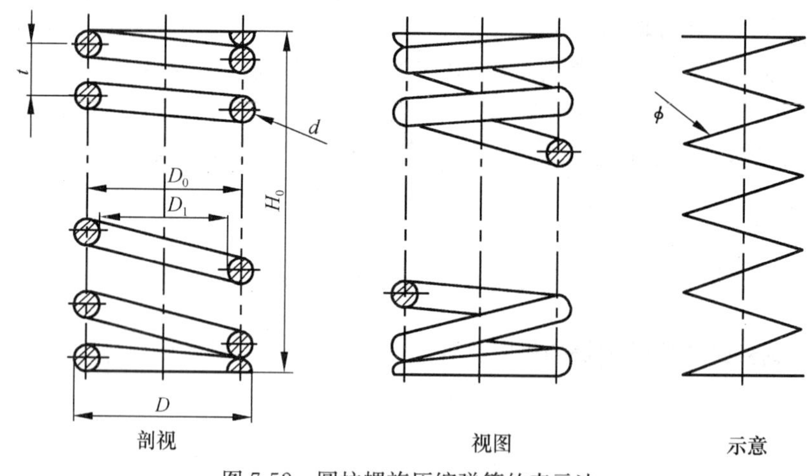

图 7-52　圆柱螺旋压缩弹簧的表示法

2. 圆柱螺旋压缩弹簧的画图步骤

已知圆柱螺旋压缩弹簧的中径 $D_2=38$，簧丝直径为 6，节距 $t=11.8$，有效圈数 $n=7.5$，支承圈数 $n_0=2.5$，右旋，试画出弹簧的轴向剖视图。

弹簧外径：$D=D_2+d=38+6=44$

自由高度：$H_0=nt+(n_0-0.5)d=7.5\times11.8+(2.5-0.5)\times6=100.5$

画图步骤如图 7-53 所示。

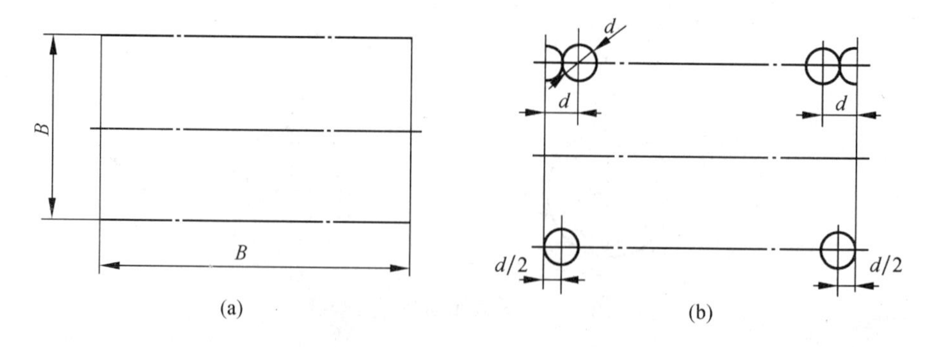

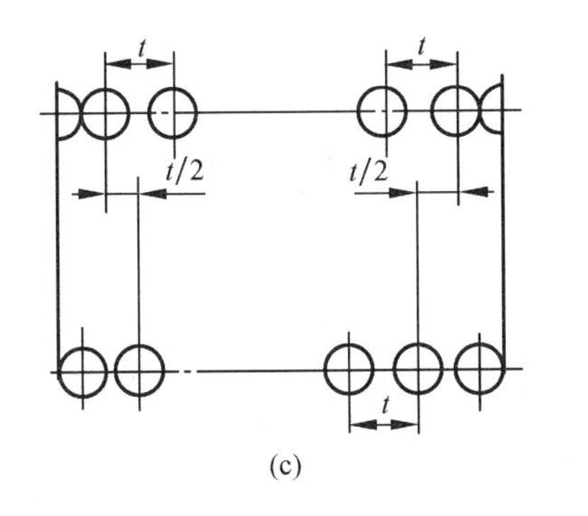

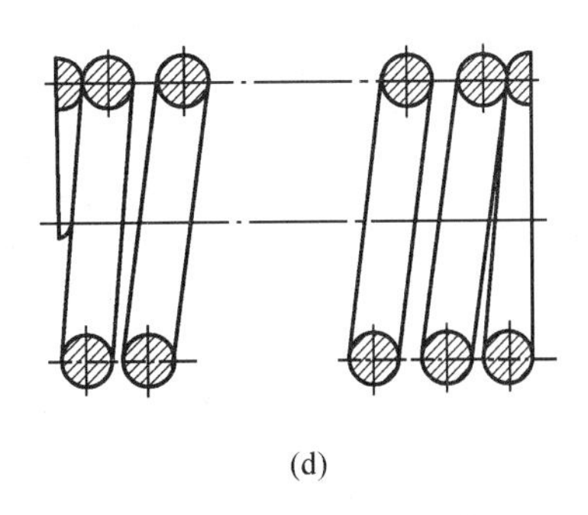

图 7-53　圆柱螺旋压缩弹簧的画图步骤

3. 装配图中弹簧的简化画法

在装配图中，当弹簧中各圈采用省略画法时，弹簧后面被挡住的结构一般不画，可见部分只画到弹簧钢丝的剖面轮廓或中心线处，如图 7-54（a）所示。当弹簧直径小于 2mm 的弹簧被剖切时，其剖面可以涂黑，如图 7-54（b）所示。当簧丝直径小于 1mm 时，可采用示意画法，如图 7-54（c）所示。

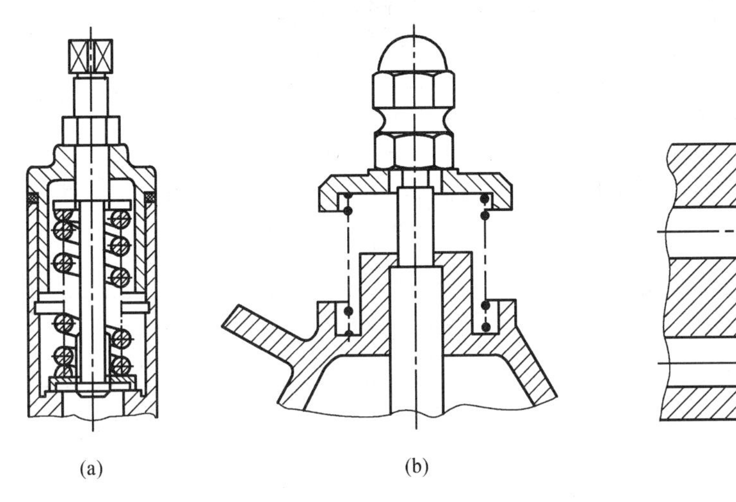

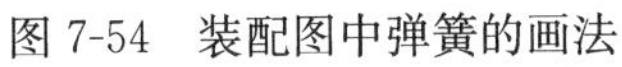

图 7-54　装配图中弹簧的画法

第8章　零　件　图

8.1　零件图的内容

图 8-1 所示是一张零件图，从图中可以看出，一张完整的零件图应包括下列基本内容。

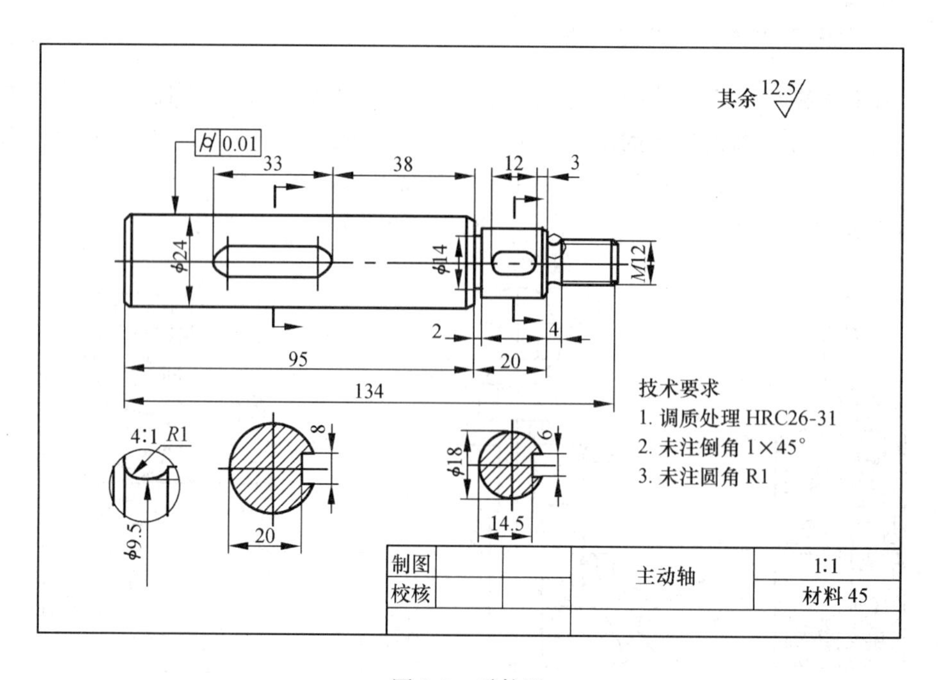

图 8-1　零件图

（1）一组图形　用以表达零件的内、外形状和结构。

（2）全部尺寸　用以表达零件各部分的大小和相对位置。

（3）技术要求　用符号或文字表示零件在制造和检验时，在技术指标上应达到的要求。

（4）标题栏　写明零件的名称、材料、数量、比例、图号及设计等人员的签名。

8.2 零件图的视图选择

零件图的视图选择，要综合运用前面所学的知识，结合零件结构特点，选用适当的表达方法，在完整、清晰地表达各部分结构形状的前提下力求作图简便。

8.2.1 选择主视图

主视图是零件图中最重要的视图，看图时一般是从主视图着手。因此，主视图的选择是十分重要的。选择时应考虑下列原则。

1. 形状特征原则

所选择的主视图应能充分反映零件的结构形状特征。

如图 8-2 所示的轴，显然 A 向作为主视图的投影方向最能反映其形体特征，比 B 向好。

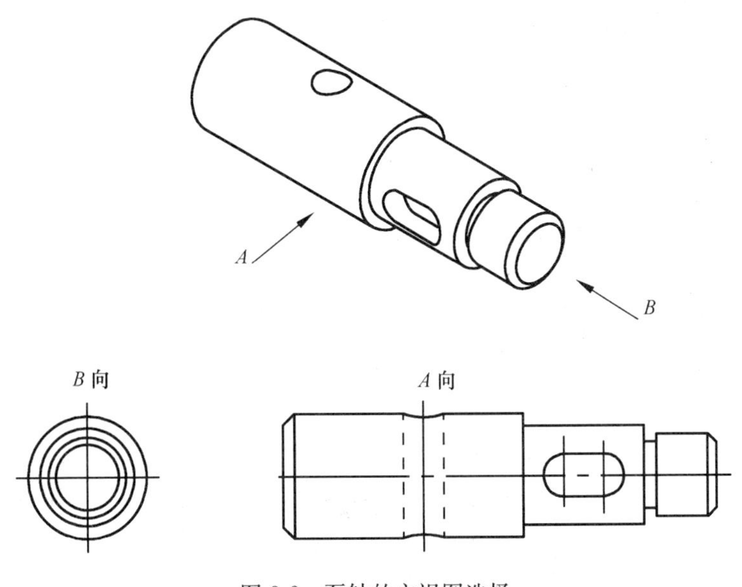

图 8-2 泵轴的主视图选择

2. 工作位置原则

所选择的主视图应尽量符合零件的工作位置。

为便于装配时直接对照图样，零件的主视图应尽量按照该零件在机器或部件上的工作位置来绘制。图 8-3 所示的轴承座，A 向所表达的主视图符合尾轴承座在机床中的工作位置。

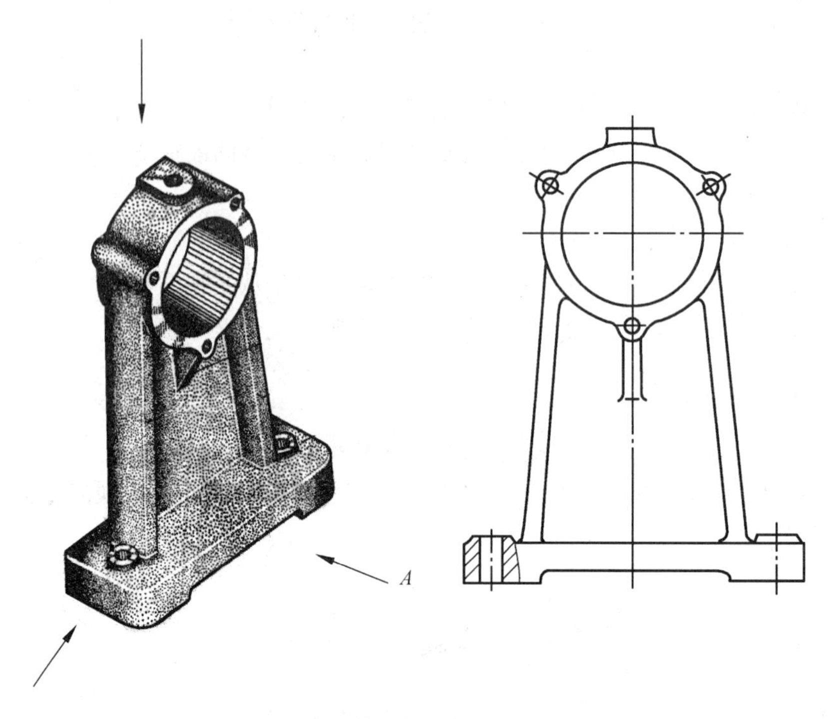

图 8-3　轴承座的主视图选择

3. 加工位置原则

所选择的主视图应尽量符合零件在主要工序中加工的位置。

零件图的主要作用是指导制造零件，因此，主视图所表示的零件位置，应尽量和该零件在机床上加工时的装夹位置一致，以便工人照图加工。如图 8-1 所示的主动轴，其外形基本上是几段直径不同的圆柱体。该零件的主要加工方法是车削和磨削，应按其在车床和磨床加工时的装夹位置（轴线水平放置）来绘制主视图。

加工位置原则和工作位置原则有时能很好地结合。如图 8-3 所示，轴承座主要加工工序是镗孔，故 A 向所选择的主视图既符合加工位置原则，又符合工作位置原则。而如图 8-4 所示的中心轴，图 8-4（a）是其加工位置，图 8-4（b）是工作位置。因此，应根据具体情况进行分析，从有利于看图出发，根据零件的结构特点，在满足形状特征原则的前提下，充分考虑其加工位置和工作位置，并兼顾一些习惯画法。故图 8-4 所示中心轴按习惯画法应以图 8-4（a）作为主视图。

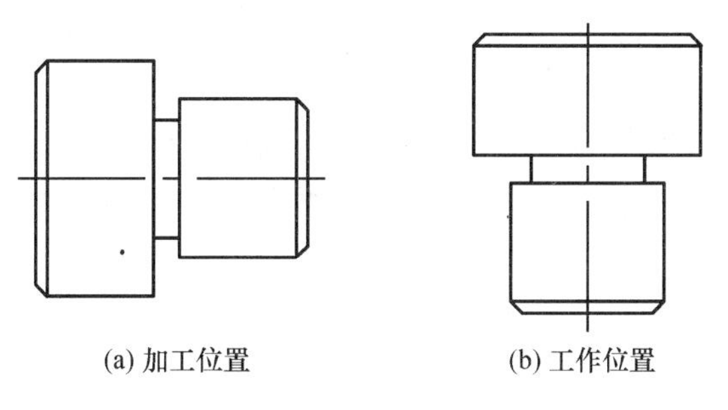

(a) 加工位置　　(b) 工作位置

图 8-4　中心轴

8.2.2　选择其他视图

对于较复杂的零件，主视图还不能完全地反映其结构形状，还需根据零件内、外结构形状的复杂程度来选择其他视图，包括剖视、断面、局部放大图等各种表达方法。选择原则是：在完整、清晰地表达零件内、外形状的前提下尽量减少图形数量，从而方便看图和画图。

8.2.3　常见零件的视图选择

根据零件的结构形状，大致可以分成四类，即轴套类零件、盘盖类零件、叉架类零件、箱体类零件及注塑与镶嵌类零件。下面分别作简要介绍。

1. 轴套类零件

包括泵轴、衬套、丝杆等，轴套类零件的主体多数是由共轴回转体所组成，通常为圆柱体或圆锥体，轴向尺寸大而径向尺寸小。在这类零件上通常有轴肩、倒角、螺纹、退刀槽、键槽、销孔等结构，其主要加工多数在车床、磨床上进行，加工时一般轴线水平放置。

图 8-1 所示的主动轴属于轴套类零件，表达时按其加工位置，轴线水平放置作为主视图，以便加工过程中图物对照。并考虑在主视图中能较多地表达零件的形状特征。

轴套类零件一般除主视图外，不必再画出其他基本视图。为了表达这类零件上的其他结构要素，常采用移出断面图、局部放大图等。如该图中采用了两个移出断面图和一个局部放大图，轴的形状和结构就完全表达清楚了。

2. 盘盖类零件

包括阀盖、端盖、齿轮等，盘盖类零件的主体结构多数为共轴回转体，但轴向尺寸小而径向尺寸较大，所以具有轮盘的特征。这类零件常分布有螺孔或光孔、销孔、轮辐、键槽、凸台、凹坑等结构。其主要加工也是在车床上进行。

图 8-5 所示的手轮属于盘盖类零件。表达时按加工位置和轴向结构的形状特征，选择垂直于轴线方向的投影作为主视图，并采用全剖视用以表达内部结构。

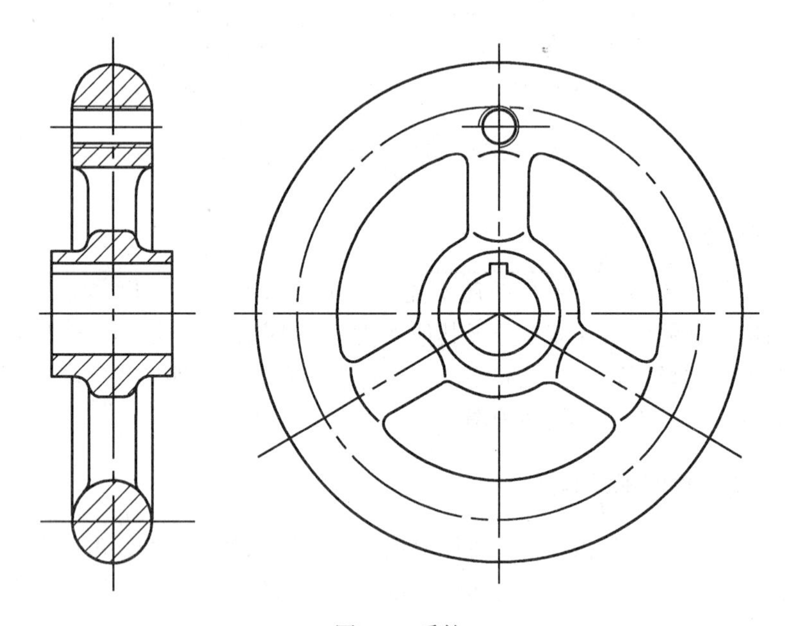

图 8-5　手轮

盘盖类零件一般采用两个基本视图。主视图确定后，常选用一个左视图或右视图来补充表达零件的外形轮廓和各组成部分的结构形状及相对位置。如图中采用了左视图，用以表达螺孔、轮辐的分布情况。对零件上未表达清楚的局部结构，常采用局部剖视图、局部视图、断面图等进行补充。

3. 叉架类零件

包括拨叉、连杆、支座等，叉架类零件的结构形状较为复杂，且不太规则。一般具有肋、板、套筒、叉口、凸台、凹坑等结构。由于这类零件的加工位置多变，工作位置又多不固定，因而主要根据它们的形状特征选择主视图，并按常放位置或便于画图的位置放置。叉架类零件除主视图外一般还需要 1～2 个基本视图。零件上的凸台、凹坑等结构常用局部视图表示。肋板、杆体等结构常采用断面图表示其断面形状。

图 8-6 所示的轴承座属于叉架类零件。主视图着重表达形状特征，配合全剖视的左视图，表达套筒、支承板和底板的结构形状和各部分的相对关系。俯视图

主要表达了底板形状。

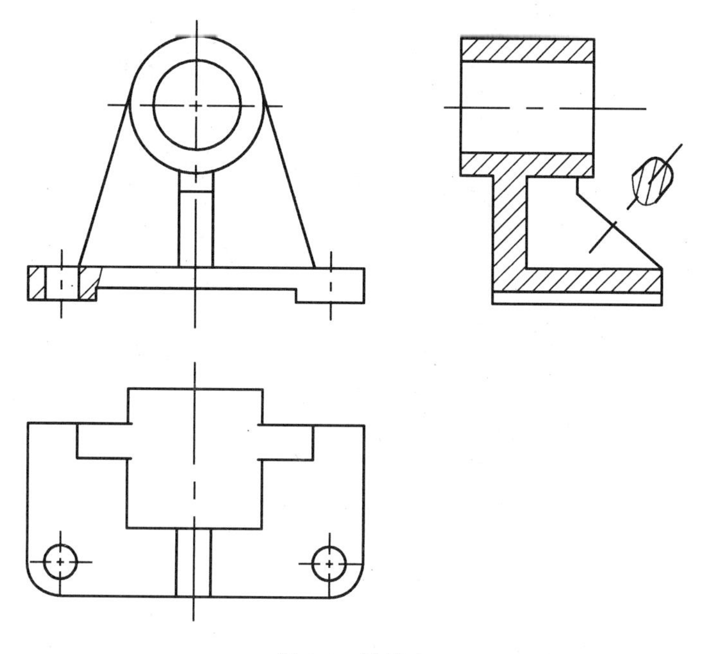

图 8-6 轴承座

4. 箱体类零件

包括阀体、泵体、箱体等，箱体类零件是用来支承、包容其他零件的，其结构形状复杂，一般具有内腔、轴孔、安装底板、凸台、凹坑、放油螺孔等结构。由于箱体类零件的形状结构复杂多变，且往往要在不同的机床上进行加工，所以这类零件的主视图主要根据形体特征和工作位置来进行选择，并尽量与主要工序的加工位置一致。

图 8-7 所示的阀体属于箱体类零件。表达时按工作位置和形状特征选择它的主视图，并采用全剖视显示其内部形状。

箱体类零件除主视图外一般还需要两个以上的基本视图。对个别结构仍采用局部视图、局部剖视和局部放大图来表示。如图左视图采用半剖视，用以表达对称的方形凸缘和内部结构。再采用俯视图表达其外形和顶部限位凸块的形状。

5. 注塑与镶嵌类零件

这类零件是通过把熔融的塑料压注在模具内，冷却后成型，或把金属材料与非金属材料镶嵌在一起成型。如图 8-8 和图 8-9 所示。

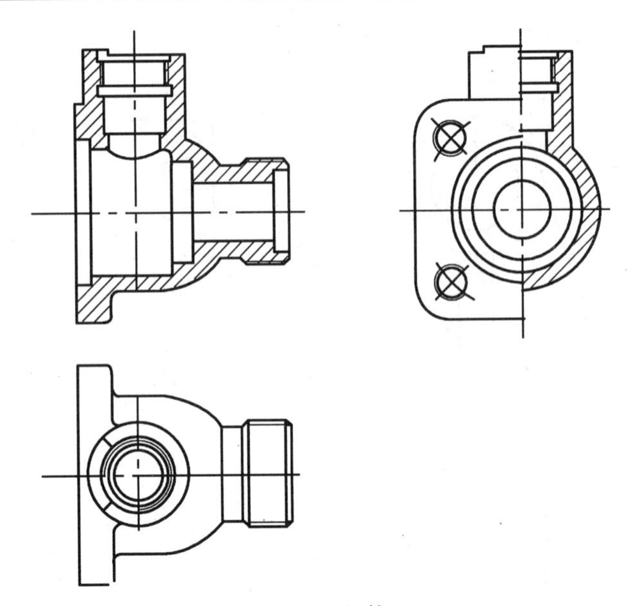

图 8-7　阀体

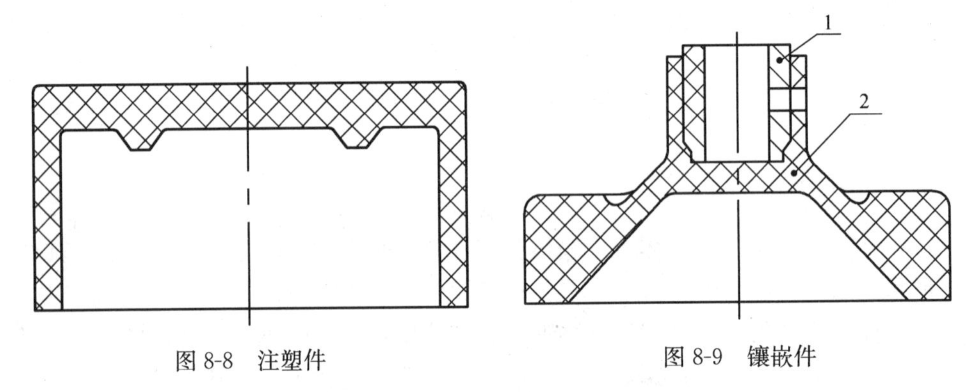

图 8-8　注塑件　　　　　　　　图 8-9　镶嵌件

这类零件在视图选择和表达上基本与上述零件相同，不同的地方如下。

(1) 注塑零件的面与面转折处，有很小的圆角，这是由塑料件成型工艺决定的，如图 8-8 所示。

(2) 镶嵌零件在图中应分别采用不同的剖面符号以区分金属零件与塑料件之间的镶嵌与定位关系，并按照装配图的表示方法进行零件序号的编排及填写明细栏，如图 8-9 所示。

8.3　零件图上的尺寸标注

8.3.1　对零件图上标注尺寸的要求

零件图上的尺寸是加工和检验零件的重要依据，因此，尺寸也是零件图的主要内容之一。在零件图上标注尺寸，除了要符合前面章节已讲过的正确、完整、清晰的要求外，还要标注得合理。所谓合理，即标注的尺寸能满足设计和加工、装配、测量等工艺的要求。要做到标注尺寸合理，需要较多的机械设计和机械制造方面的知识。这里主要介绍一些合理标注尺寸的基本知识。

8.3.2　零件的尺寸基准

标注尺寸的起点，称为尺寸基准。零件上的面、线、点均可作为尺寸基准。如图 8-10 所示。

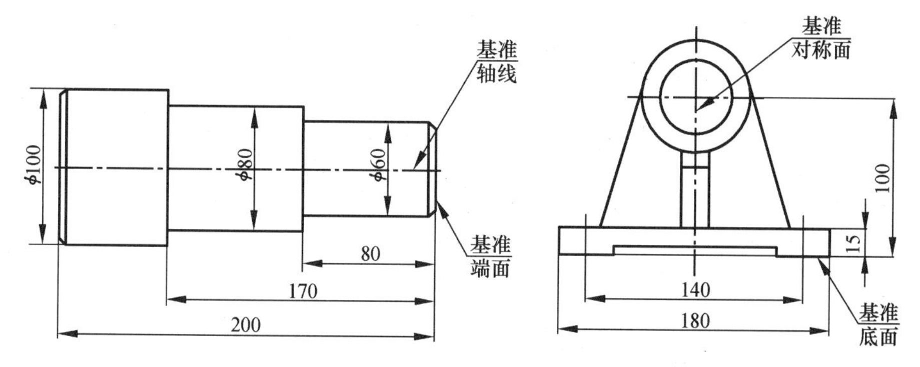

图 8-10　零件的尺寸基准

要做到合理地标注尺寸，首先应选择好尺寸基准。在零件上选择尺寸基准时，必须根据零件在机器或部件中的作用、装配关系和零件的加工、测量方法等情况来确定。也就是说既要考虑设计要求，又要考虑加工工艺要求。从设计和工艺的不同角度来确定基准，故基准可分成设计基准和工艺基准两类。

1. 设计基准

从设计角度考虑，满足零件在机器或部件中对其结构、性能的特定要求而选定的一些面、线、点作为基准，称为设计基准。

如图 8-11 所示的轴承座，从设计的角度来研究，由于轴一般是由两个轴承座来支承，为使轴线水平，两个轴承座的支承孔离底面必须等高。因此，在标注高度方向的尺寸时，应以轴承座的底面 B 为基准。为了保证底板两个螺栓孔之间的距离及与轴孔的对称关系，在标注长度方面的尺寸时，应以轴承座的对称平面 A 为基准。底面 B 和对称面 A 就是该轴承座的设计基准。

2. 工艺基准

从工艺角度考虑，便于零件加工、测量和装配而选定的一些面、线、点作为基准，称为工艺基准。

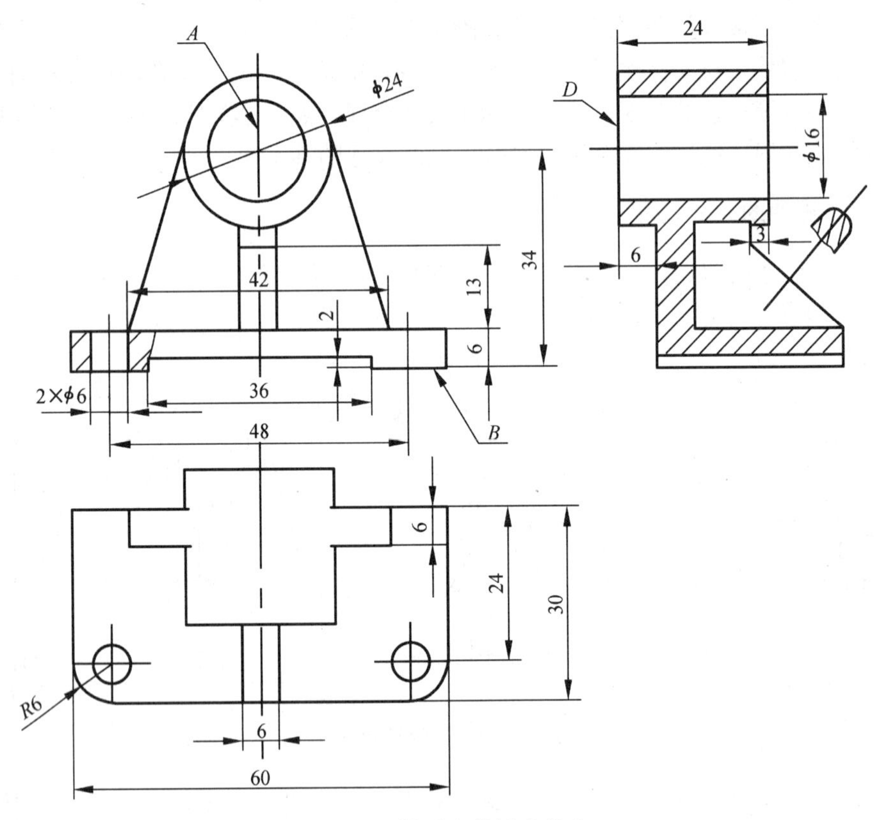

图 8-11　轴承座的尺寸基准

如图 8-12 所示的小轴，在车床上车外圆时，车刀的最终位置是以右端面 A 为基准来定位的，所以端面 A 是该小轴轴向尺寸的工艺基准。又如图 8-13 所示的法兰盘，在车床上加工时以左端面 E 作为定位面，见图 8-13（b），故端面 E

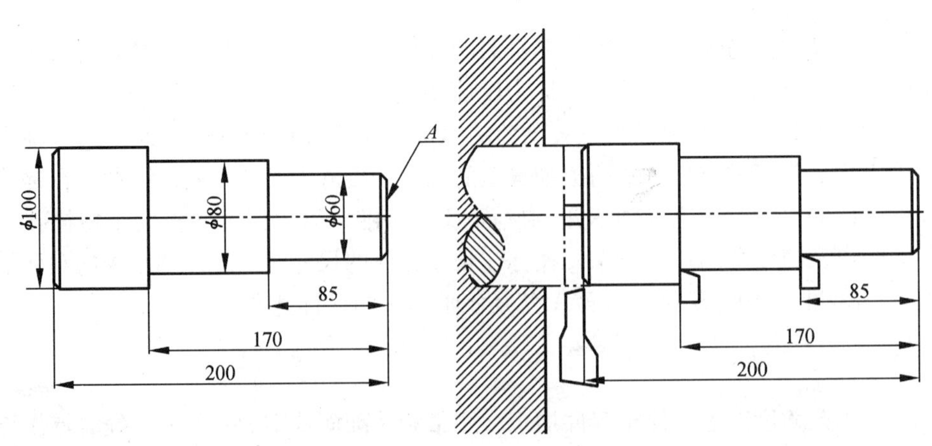

图 8-12　小轴的尺寸基准

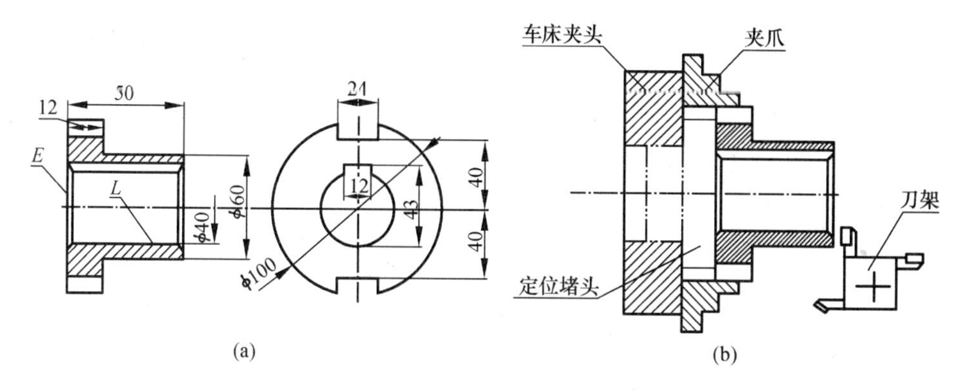

图 8-13　法兰盘的尺寸基准

是该法兰盘长度方向尺寸的工艺基准。在测量法兰盘的键槽深度时是以圆孔的母线 L 作为依据，故母线 L 是该法兰盘键槽深度尺寸的工艺基准。

在选择零件的尺寸基准时，应尽量使设计基准与工艺基准重合，以减少尺寸误差，便于加工、测量，提高产品质量，即基准重合原则。如图 8-11 所示轴承座的底面 B 既是设计基准，也是工艺基准。如二者不能重合时，则应按设计基准标注尺寸。

任何一个零件都有长、宽、高三个方向的尺寸。因此，每个零件都应选择三个方向的尺寸基准。如图 8-11 所示的轴承座，其高度方向的尺寸基准是底面 B，长度方向的尺寸基准是对称面 A，宽度方向的尺寸基准是端面 D。

为了保证设计和制造的要求，零件某一个方向的尺寸往往不可能都从一个基准注出。因此，凡零件上某个方向的尺寸具有两个以上的基准，则只有一个是主要基准，其他的称为辅助基准。这时应以零件上的重要表面作为主要基准，该方向的主要尺寸应从主要基准直接注出。

8.3.3　在零件图上标注尺寸应注意的几个问题

1. 零件的主要尺寸应直接注出

为了保证设计要求，对零件上的主要尺寸（如配合尺寸及影响产品性能的尺寸）应从设计基准直接注出。如图 8-14（a）所示的轴承座，轴承孔的中心高应以底面为基准直接标注尺寸 a，而不应像图 8-14（b）所示那样标注成尺寸 b 和尺寸 c。同理，轴承上的两个安装孔的中心距 l 应按图 8-14（a）所示那样直接注出。

2. 避免标成封闭尺寸链

在标注尺寸时，应避免注成封闭的尺寸链。图中按一定顺序依次连接起来排

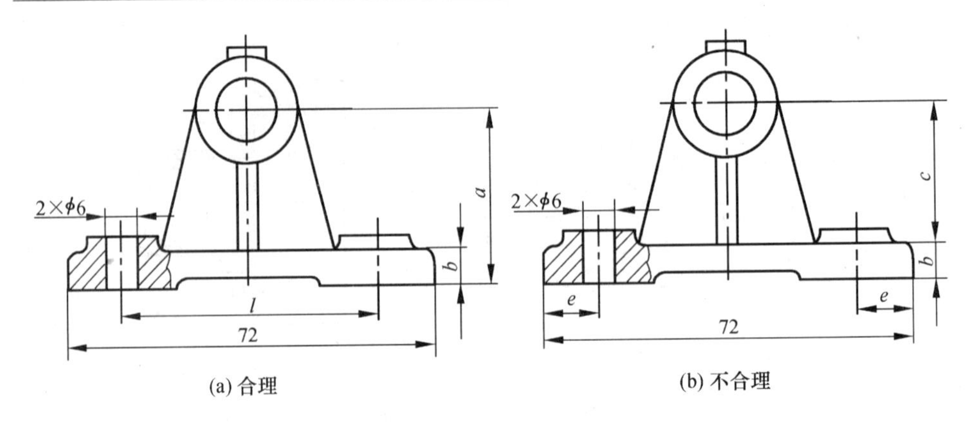

(a) 合理　(b) 不合理

图 8-14　主要尺寸的标注

成的尺寸标注形式称为尺寸链。组成尺寸链的每一个尺寸称为尺寸链的环。从加工的角度来看，在每一个尺寸链中，总有一个尺寸是其他尺寸加工完后自然得到的，这个尺寸称为封闭环。该尺寸链中的其他尺寸则称为组成环。如果尺寸链中所有各环全部注上尺寸而成了封闭形式，如图 8-15（a）所示，则该尺寸链就是封闭尺寸链。通常将尺寸链中最不重要的那个尺寸作为封闭环不予标注，如图 8-15（b）所示，使该尺寸链中其他尺寸的制造误差都集中到这个封闭环上去，从而保证主要尺寸的精度。

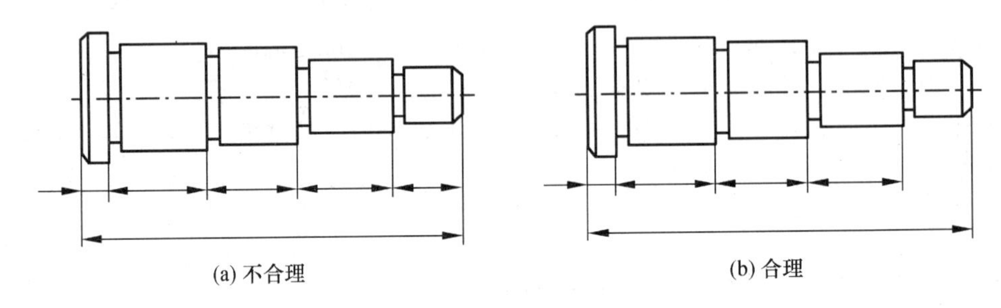

(a) 不合理　(b) 合理

图 8-15　轴的尺寸链

3. 应按加工顺序标注尺寸

按加工顺序标注尺寸符合加工过程，方便加工及测量，从而保证工艺要求。如图 8-16 所示，在车床上一次装夹加工阶梯轴时，长度方向的尺寸标注就是按加工工序进行的。

4. 应考虑测量方便

标注尺寸时，在满足设计要求的前提下，一般应考虑使用普通量具，避免或减少使用专用量具。如图 8-17 所示，标注尺寸 F 因不容易确定测量基准，所以

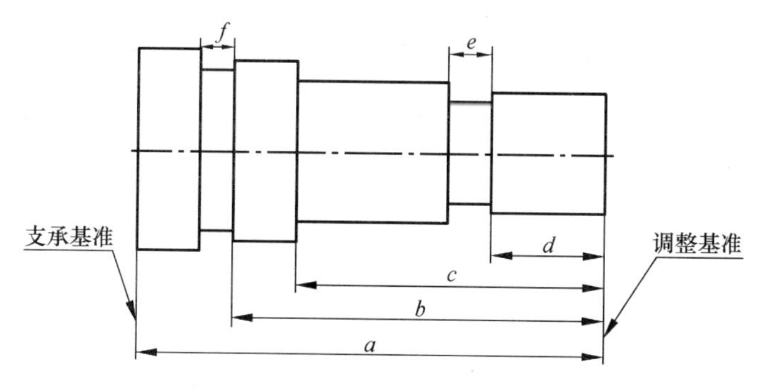

图 8-16 轴的尺寸标注

不易测量，而标注尺寸 E 则因基准容易确定，可用普通量具直接测量，从而降低了成本。

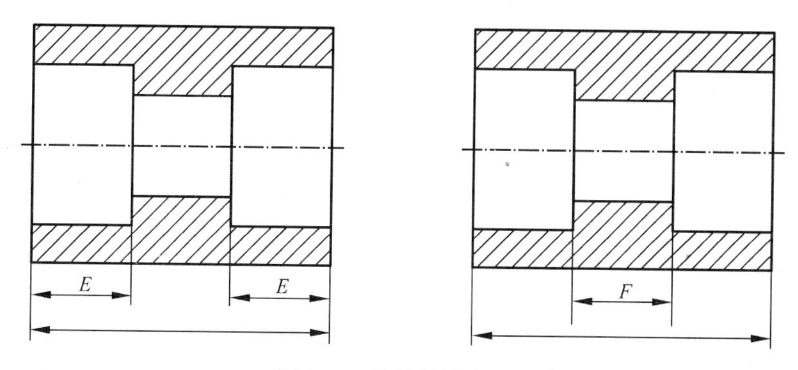

图 8-17 套筒的轴向尺寸

5. 同一方向的非加工表面与加工面只能注一个联系尺寸

如果同一加工面与多个不加工表面都有尺寸联系，即以同一加工面为基准来保证多个加工面的尺寸精度要求是不可能的，因不加工面的尺寸精度只能由铸造、锻造来保证。如图 8-18 所示。

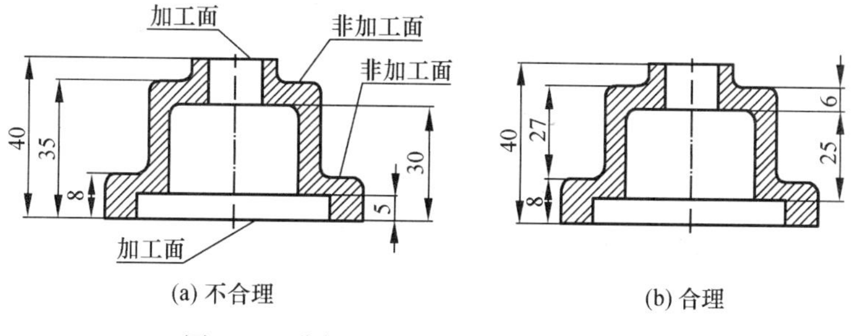

(a) 不合理 (b) 合理

图 8-18 非加工面与加工面间的尺寸关系

8.3.4 零件上常见结构的尺寸注法

1. 倒角

为了便于装配和操作安全，常在零件上作出倒角，当倒角为 45°时，标注方法如图 8-19（a）所示，C 表示 45°，2 为倒角宽度。当倒角不是 45°时，应分开注写，如图 8-19（b）所示。当零件倒角尺寸全部相同且为 45°时，可在图样右上角注明“全部倒角 CX（X 为倒角的轴向尺寸）”。

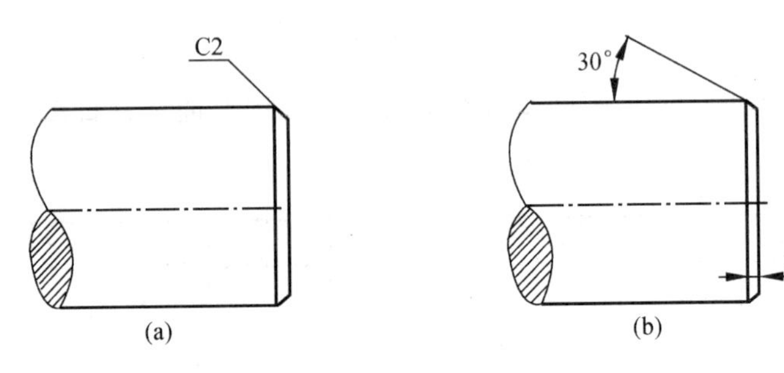

图 8-19　倒角尺寸注法

2. 退刀槽和砂轮越程槽

退刀槽一般可按“槽宽×直径”或“槽宽×深度”进行标注，如图 8-20（a）所示。砂轮越程槽常采用局部放大图表示，如图 8-20（b）所示，其尺寸可从零件手册中查出。

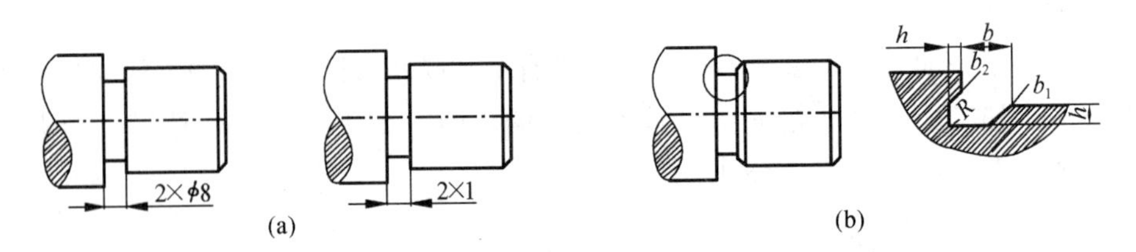

图 8-20　退刀槽和砂轮越程槽尺寸注法

3. 零件上常见孔的尺寸注法

零件上常见孔的尺寸注法见表 8-1。

表 8-1 零件上常见孔的尺寸注法

结构类型		简化注法	一般注法
螺孔	通孔	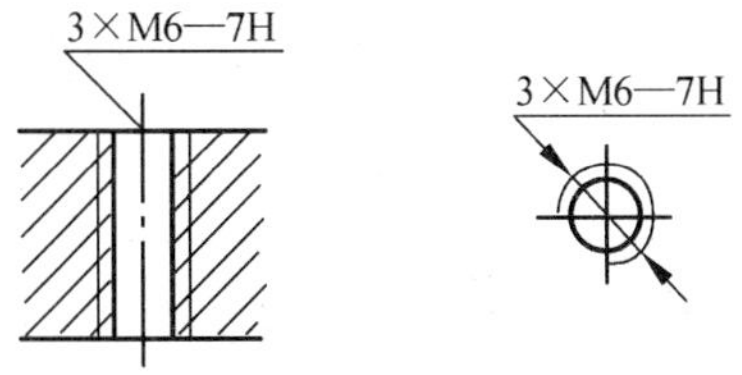 3×M6—7H　3×M6—7H	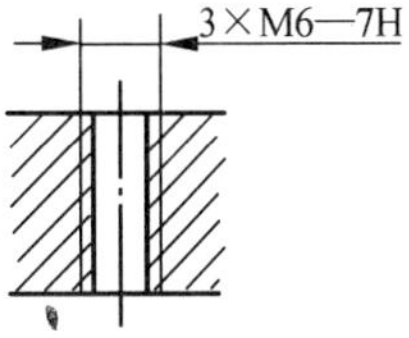 3×M6—7H
	不通孔	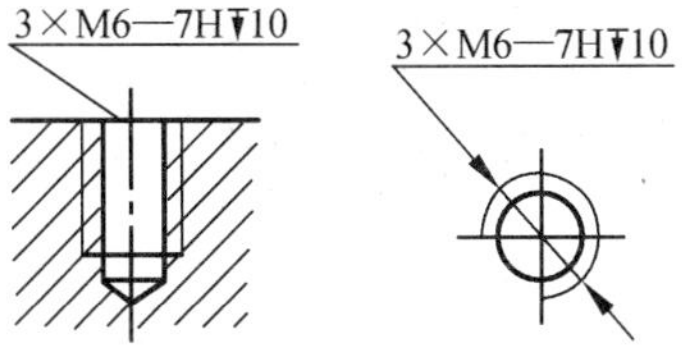 3×M6—7H↧10　3×M6—7H↧10	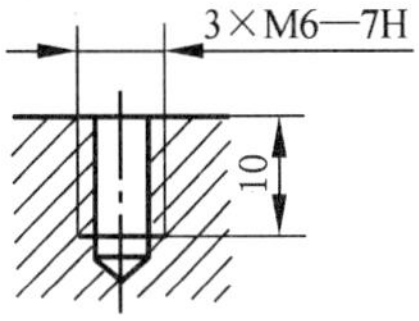 3×M6—7H　10
沉孔	锥形沉孔	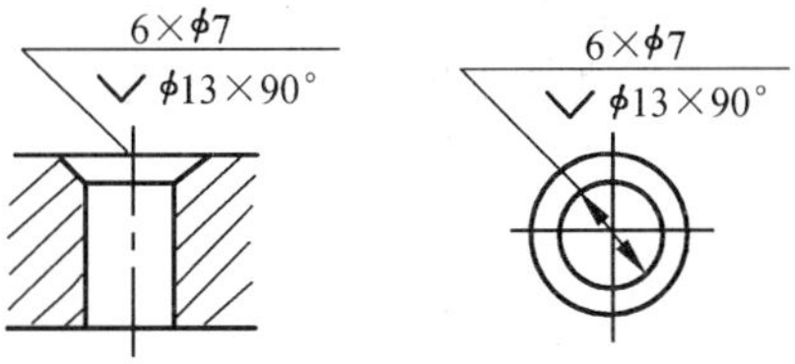 6×ϕ7 ⌵ϕ13×90°　6×ϕ7 ⌵ϕ13×90°	90°　ϕ13　ϕ7
	柱形沉孔	4×ϕ9 ⌴ϕ20　4×ϕ9 ⌴ϕ20	ϕ20⌴　4×ϕ9

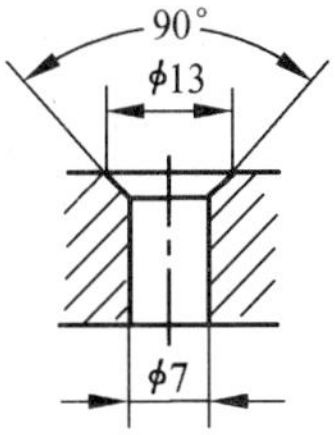

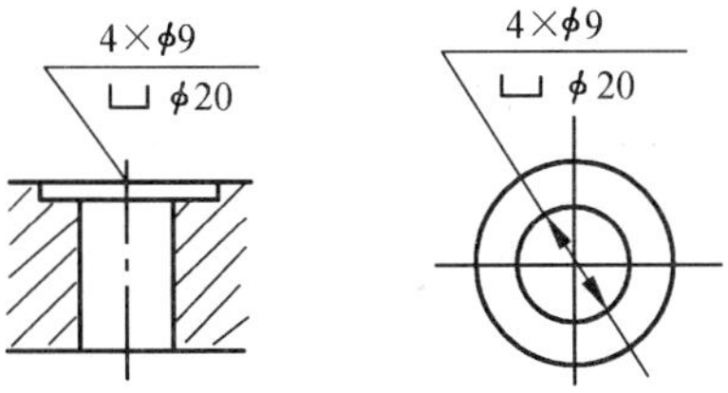

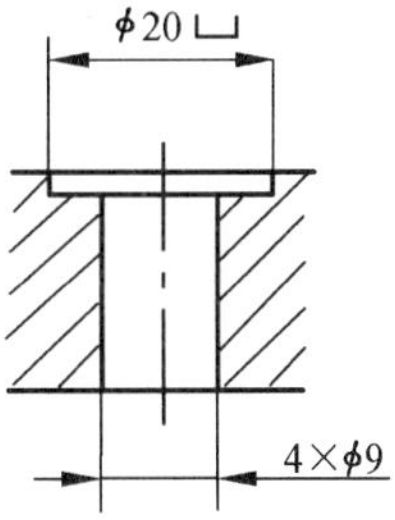

8.4 零件图上的技术要求

零件图中除了视图和尺寸外，还应具备加工和检验零件的技术要求。零件图上的技术要求包括表面粗糙度、尺寸公差、形状和位置公差、零件材料的热处理和特殊加工、检验方法等。

8.4.1 表面粗糙度代号及其标注

1. 表面粗糙度的概念

零件的各个表面，无论加工得怎样光滑，放到显微镜下观察，都可看到高低不平的峰谷，如图 8-21 所示。零件表面所具有的较小间距和峰谷所组成的微观几何形状特性，称为表面粗糙度。

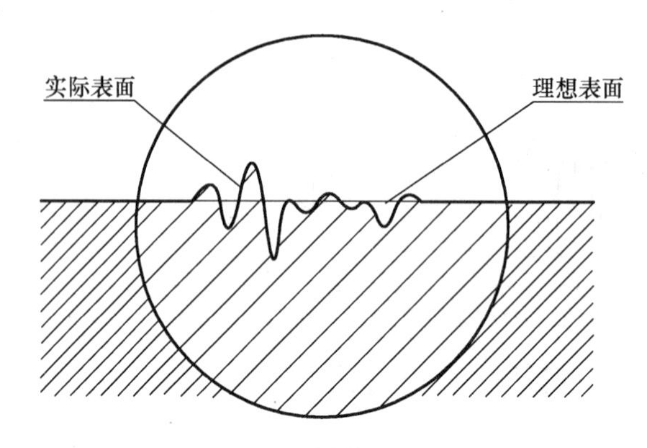

图 8-21　表面粗糙度的概念

零件的表面粗糙度是评定零件表面质量的一项重要技术指标。零件表面粗糙度要求越高（即表面粗糙度参数越小）则加工成本也越高。因此，应根据零件表面的功能需要，合理选用表面粗糙度数值。

评定表面粗糙度的常用参数有轮廓算术平均偏差（**Ra**）、微观不平度十点高度（**Rz**）、轮廓最大高度（**Ry**）三项，一般多采用 **Ra** 参数。表 8-2 列出了 **Ra** 值的优先选用系列；表 8-3 列出了 **Ra** 值与其对应的主要加工方法和应用举例。

表 8-2　轮廓算术平均偏差 Ra 值　　单位：μm

0.012	0.025	0.05	0.10	0.20	0.40	0.80
1.6	3.2	6.3	12.5	25	50	100

表 8-3　Ra 值与表面粗糙度获得的方法及应用举例

Ra/μm	表面特征	获得方法	应用举例
＞40～80	明显可见刀痕	粗车、粗铣、粗刨、钻、粗铰等	光洁程度最低的加工面，一般很少应用
＞20～40	可见刀痕		
＞10～20	微见刀痕	粗车、刨、立铣、平铣、钻等	不接触表面、不重要的接触面，如螺孔、倒角、机座底面等
＞5～10	可见加工痕迹	精车、精铣、精刨、铰、镗、粗磨等	无相对运动的接触面，如箱、盖等要求紧贴的表面、键和键槽工作表面；相对运动速度不高的接触面，如支架孔、衬套、带轮轴孔的工作表面等
＞2.5～5	微见加工痕迹		
＞1.25～2.5	看不见加工痕迹		
＞0.63～1.25	可辨加工痕迹方向	精车、精铰、精拉、精镗、精磨等	要求很好密合的接触面，如与滚动轴承配合的表面、销孔等；相对运动速度较高的接触面，如滑动轴承的配合表面、齿轮轮齿的工作表面
＞0.32～0.63	微辨加工痕迹方向		
＞0.16～0.32	不可辨加工痕迹方向		

续表

Ra/μm	表面特征	获得方法	应用举例
>0.08～0.16	暗光泽面	研磨、抛光、超级精细研磨等	精密量具表面、极重要零件的摩擦面，如汽缸的内表面、精密机床的主轴轴颈、坐标镗床的主轴轴颈等
>0.04～0.08	亮光泽面		
>0.02～0.04	镜状光泽面		
>0.01～0.02	雾状镜面		
≯0.01	镜面		

2. 表面粗糙度的代（符）号

表面粗糙度用代号标注在图形上。代号包括表面粗糙度符号和评定参数值（有时还有其他内容）。表面粗糙度符号如表 8-4 所示。

表 8-4　表面粗糙度符号

符　　号	意　　义
	用任何方法获得的表面（单独使用无意义）
	用去除材料的方法获得的表面
	用不去除材料的方法获得的表面
	横线上用于标注有关参数和说明
	表示所有表面具有相同的表面粗糙度要求

表面粗糙度符号的画法如图 8-22 所示。

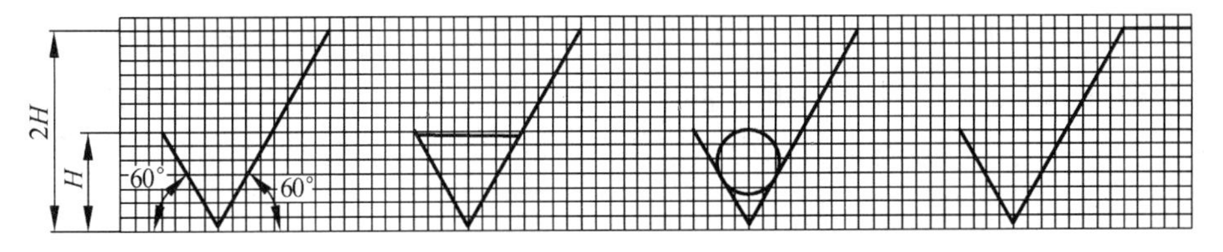

图 8-22　表面粗糙度符号的画法

图中，$H \approx 1.4$ 字高；线条粗度 $\approx 1/10$ 字高。

表面粗糙度参数应注写在符号所规定的位置上，如图 8-23 所示。由于在零件图中常标注的是轮廓算术平均偏差 **Ra** 值，因此可省略 **Ra** 符号。

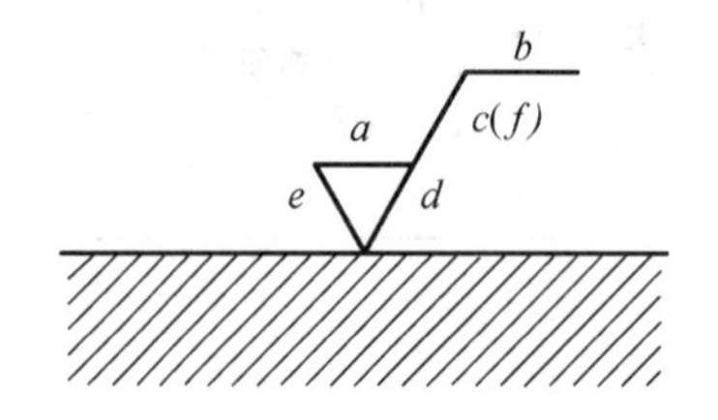

a 粗糙度高度的允许值
b 加工方法、镀涂或其他表面处理
c 取样长度
d 加工纹理方向符号
e 加工余量
f 粗糙度间距参数值

图 8-23　参数注写位置

表面粗糙度参数标注示例及其意义，如表 8-5 所示。

表 8-5　表面粗糙度参数标注示例

代　　号	意　　义
6.3	用任何方法获得的表面，Ra 的最大允许值为 6.3μm
6.3	用去除材料的方法获得的表面，Ra 的最大允许值为 6.3μm
25	用不去除材料的方法获得的表面，Ra 的最大允许值为 25μm
12.5 6.3	用去除材料的方法获得的表面，Ra 的最大允许值为 12.5μm，最小允许值为 6.3μm

3. 表面粗糙度代号在图样上的标注

在零件图中，每个表面一般只标注一次表面粗糙度代号，其符号的尖端必须从材料外部指向零件表面，并应注在可见轮廓线、尺寸线、尺寸界线或引出线上，代号中的数字及符号方向应与标注尺寸数字方向相同。表 8-6 中列举了表面粗糙度的标注示例。

表 8-6 表面粗糙度的标注示例

图 例	说 明	图 例	说 明
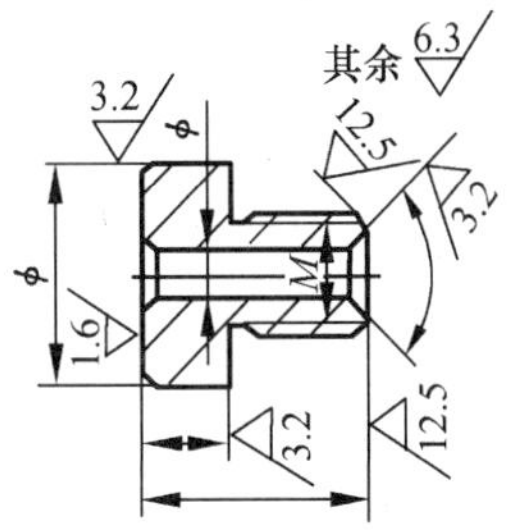 其余 6.3 3.2 12.5 3.2 1.6 3.2 12.5 ϕ M	代号中数字的方向必须与尺寸数字的方向一致。对其中使用最多的一种代（符）号可以统一标注在图样右上角，并加注"其余"两字，且应比图形上其他代（符）号大1.4倍	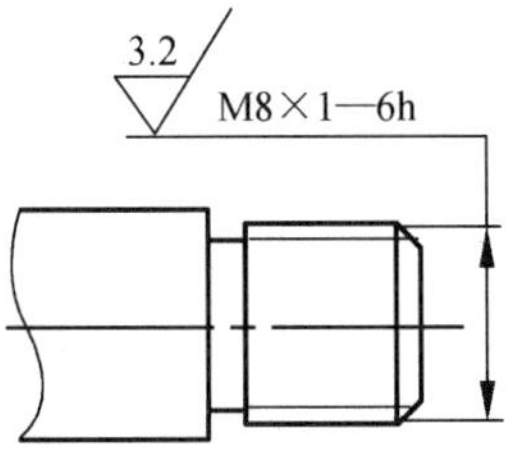 3.2 M8×1—6h	螺纹的表面粗糙度注法
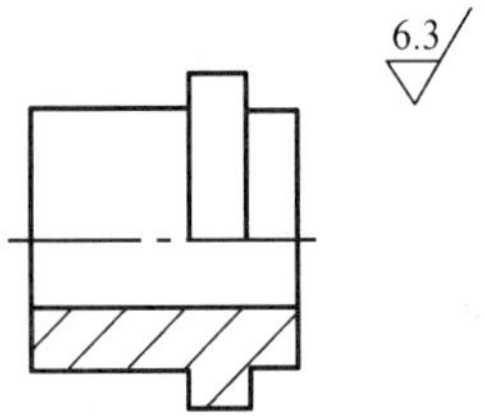 6.3	当零件所有表面具有相同的表面粗糙度时，且代（符）号可在图样的右上角统一标注，且符号应较一般的代号大1.4倍	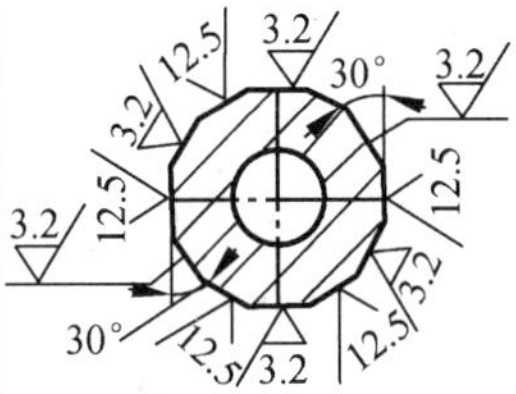 3.2 12.5 3.2 30° 3.2 12.5 3.2 12.5 30° 12.5 3.2 12.5 3.2	各倾斜表面代号的注法，符号的尖端必须从材料外指向表面
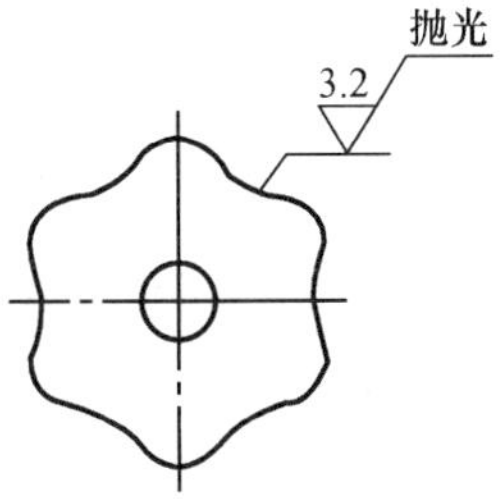 抛光 3.2	零件上连续表面及重复要素（孔、槽、齿等）的表面粗糙度只标注一次	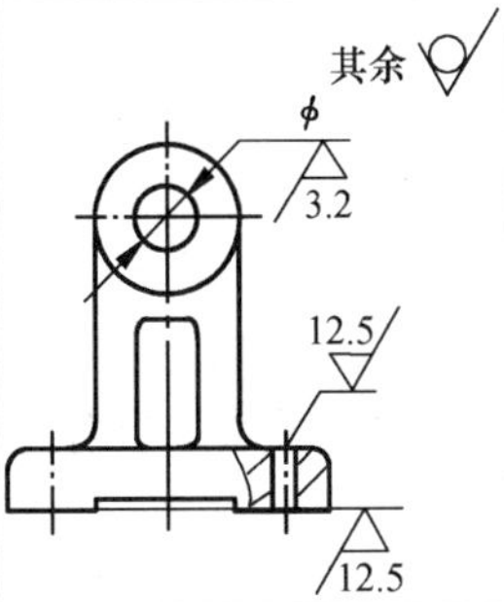 其余 ϕ 3.2 12.5 12.5	用细实线相连不连续的表面粗糙度标注一次

8.4.2 极限与配合

1. 极限与配合的基本概念

（1）互换性和公差。

从一批相同的零件中任取一件，不经选择和修配就能装到机器上，并能保证使用性能要求，就称这批零件具有互换性。互换性是工业产品所必备的基本性质，也是实现现代化大生产的一个重要条件。

制造零件时，为了使零件具有互换性，并不要求零件的尺寸做得绝对准确，允许零件尺寸有一个变动量，这个允许尺寸的变动量称为公差。

（2）基本术语。

如图 8-24 所示。

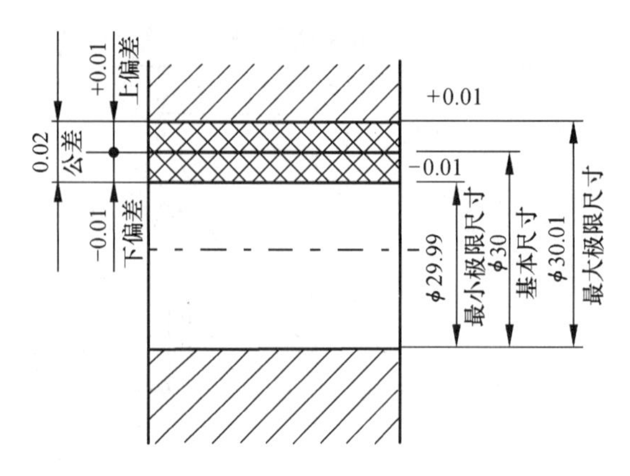

图 8-24　极限与配合的基本术语

① 基本尺寸。设计给定的尺寸 φ30。

② 极限尺寸。允许尺寸变化的两个界限值，它以基本尺寸为基数来确定。其中较大的一个是最大极限尺寸 φ30.01，较小的一个是最小极限尺寸 φ29.99。

③ 尺寸偏差（简称偏差）。某一尺寸减其基本尺寸所得的代数差，分别称为上偏差和下偏差。国标规定了偏差代号：孔的上偏差用 ES、下偏差用 EI 表示；轴的上偏差用 es、下偏差用 ei 表示。

$$ES = 30.01 - 30 = +0.01$$

$$EI = 29.99 - 30 = -0.01$$

④ 尺寸公差（简称公差）。允许尺寸的变动量。公差等于最大极限尺寸与最小极限尺寸之代数差的绝对值；也等于上偏差与下偏差之代数差的绝对值。即

$$30.01 - 29.99 = 0.02$$

$$0.01 - (-0.01) = 0.02$$

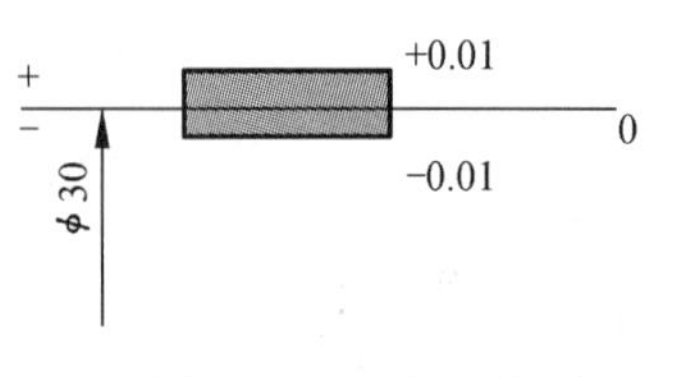

图 8-25　公差带图

⑤ 零线。在公差带图中，确定偏差的一条基准直线，即零偏差线。通常零线表示基本尺寸。

⑥ 尺寸公差带（简称公差带）。在公差带图中，由代表上、下偏差的两条直线所限定的一个区域。如图 8-25 所示。

(3) 配合。

基本尺寸相同的、相互结合的孔和轴公差带之间的关系，称为配合。根据使用要求不同，国标规定配合分三类，即间隙配合、过盈配合和过渡配合。

① 间隙配合。如图 8-26 所示，孔与轴配合时，孔的公差带在轴的公差带之上，具有间隙（包括最小间隙等于零）的配合。

② 过盈配合。如图 8-27 所示，孔与轴配合时，孔的公差带在轴的公差带之下，具有过盈（包括最小过盈等于零）的配合。

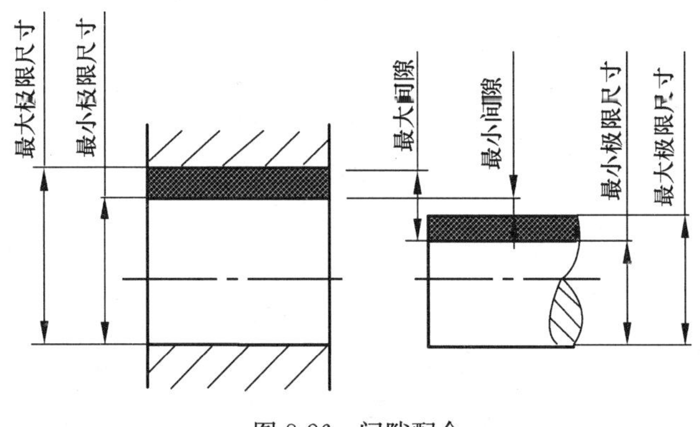

图 8-26　间隙配合

③ 过渡配合。如图 8-28 所示，孔与轴配合时，孔的公差带与轴的公差带相互交叠，可能具有间隙或过盈的配合。

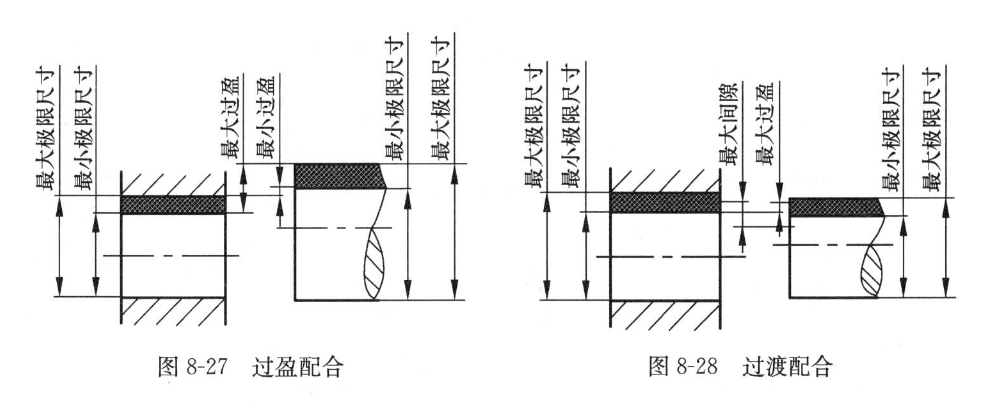

图 8-27　过盈配合　　　　图 8-28　过渡配合

（4）标准公差与基本偏差。

国标规定，公差带是由标准公差和基本偏差组成，标准公差确定公差带的大小，基本偏差确定公差带的位置。

① 标准公差。标准所列的，用以确定公差带大小的任一公差。标准公差分 20 个等级，即 IT01，IT0，IT1，IT2，…，IT18。IT01 公差值最小，IT18 公差值最大，因此标准公差反映了尺寸的精确程度。标准公差数值可从附录中查得。

② 基本偏差。标准所列的，用以确定公差带相对于零线位置的上偏差或下偏差，一般为靠近零线的那个偏差。如图 8-29 所示，孔和轴的基本偏差系列共有 28 种，它的代号用字母表示，大写为孔，小写为轴；当公差带在零线的上方时，基本偏差为下偏差，反之则为上偏差。在基本偏差系列中，A～H(a～h) 的基本偏差用于间隙配合；J～ZC(j～zc) 用于过渡配合和过盈配合。

（5）配合制度。

为便于选择配合，减少零件加工的专用刀具和量具，国标对配合规定了两种

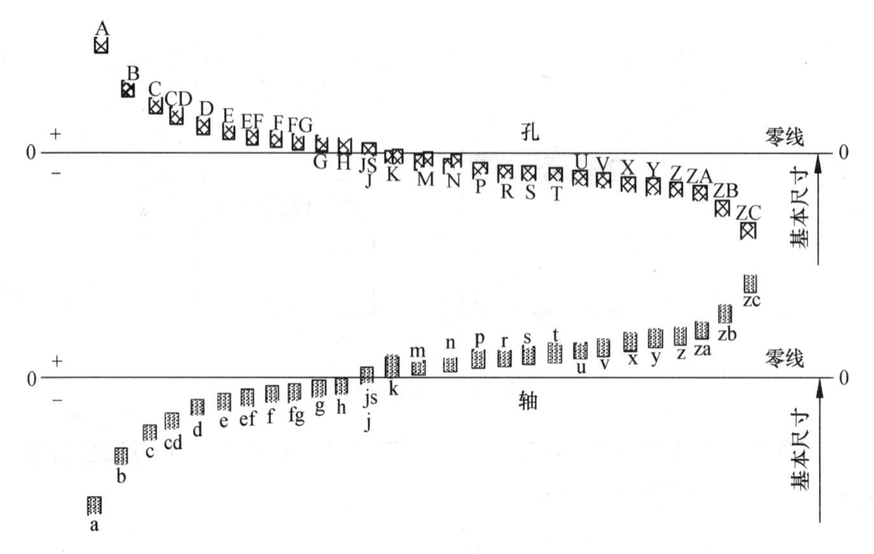

图 8-29　基本偏差系列

基准制。

① 基孔制。基本偏差为一定的孔的公差带，与不同基本偏差的轴的公差带形成各种配合的一种制度，如图 8-30 所示。基准孔的下偏差为零，并用代号 H 表示。

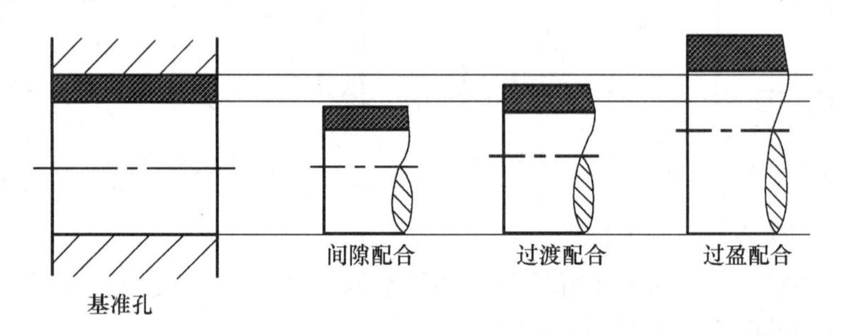

图 8-30　基孔制

② 基轴制。基本偏差为一定的轴的公差带，与不同基本偏差的孔的公差带形成各种配合的一种制度，如图 8-31 所示。基准轴的上偏差为零，并用代号 h 表示。

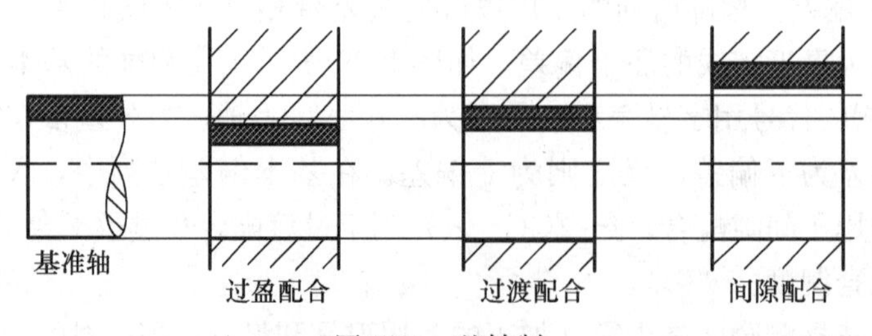

图 8-31　基轴制

③ 常用和优先配合。国家标准规定的基孔制常用配合共59种，其中优先配合13种，见表8-7。基轴制常用配合共47种，其中优先配合13种，见表8-8。

表 8-7 基孔制优先、常用配合

基准孔	轴																				
	a	b	c	d	e	f	g	h	js	k	m	n	p	r	s	t	u	v	x	y	z
	间隙配合								过渡配合			过盈配合									
H6						H6/f	H6/g5	H6/h5	H6/js5	H6/k5	H6/m5	H6/n5	H6/p5	H6/r5	H6/s5	H6/t5					
H7						H7/f6	H7/g6	H7/h6	H7/js6	H7/k6	H7/m6	H7/n6	H7/p6	H7/r6	H7/s6	H7/t6	H7/u6	H7/v6	H7/x6	H7/y6	H7/z6
H8					H8/e7	H8/f7	H8/g7	H8/h7	H8/js7	H8/k7	H8/m7	H8/n7	H8/p7	H8/r7	H8/s7	H8/t7	H8/u7				
				H8/d8	H8/e8	H8/f8		H8/h8													
H9			H9/c9	H9/d9	H9/e9	H9/f9		H9/h9													
H10			H10/c10	H10/d10				H10/h10													
H11	H11/a11	H11/b11	H11/c11	H11/d11				H11/h11													
H12		H12/b12						H12/h12													

注：1. 标注有▬为优先配合。
2. H6/n5、H7/p6在基本尺寸不大于3mm和H8/r7在不大于100mm时，为过渡配合。

表 8-8 基轴制优先、常用配合

基准孔	轴																				
	A	B	C	D	E	F	G	H	JS	K	M	N	P	R	S	T	U	V	X	Y	Z
	间隙配合								过渡配合			过盈配合									
h6						F6/h5	G6/h5	H6/h5	JS6/h5	K6/h5	M6/h5	N6/h5	P6/h5	R6/h5	S6/h5	T6/h5					
h7						F7/h6	G7/h6	H7/h6	JS7/h6	K7/h6	M7/h6	N7/h6	P7/h6	R7/h6	S7/h6	T7/h6	U7/h6				
h8					E8/h7	F8/h7		H8/h7	JS8/h7	K8/h7	M8/h7	N8/h7									
				D8/h8	E8/h8	F8/h8		H8/h8													
h9				D9/h9	E9/h9	F9/h9		H9/h9													
h10				D10/h10				H10/h10													
h11	A11/h11	B11/h11	C11/h11	D11/h11				H11/h11													
h12		B12/h12						H12/h12													

注：标注有▬为优先配合。

2. 公差与配合的标注及查表

(1) 公差与配合在图样中的标注。

① 在零件图中标注线性尺寸的公差有三种形式，如图 8-32 (a)、(b)、(c) 所示：一是只注公差带代号；二是只注写上、下偏差数值，上、下偏差的字高为尺寸数字高度的 2/3，且下偏差的数字与尺寸数字在同一水平线上，在零件图中此种注法居多；三是既注公差带代号又注上、下偏差数值，但偏差数值加注括号。

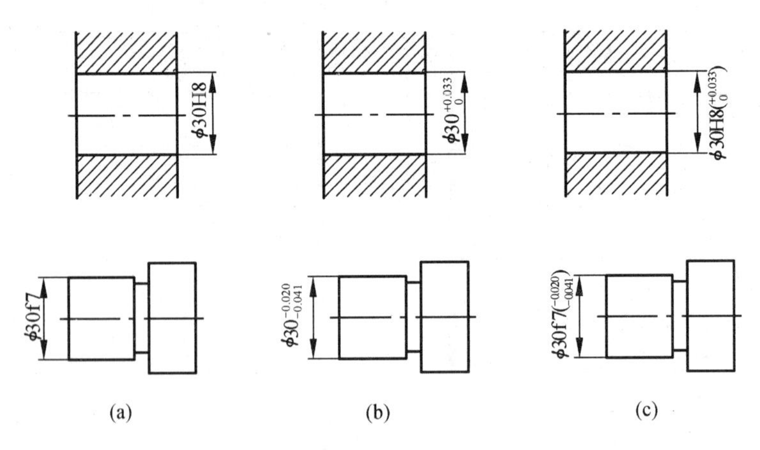

图 8-32　零件图中尺寸公差的标注

② 在装配图中标注线性尺寸配合代号时，必须在基本尺寸的右边，用分数形式注出，其分子为孔的公差带代号，分母为轴的公差带代号，如图 8-33 所示。

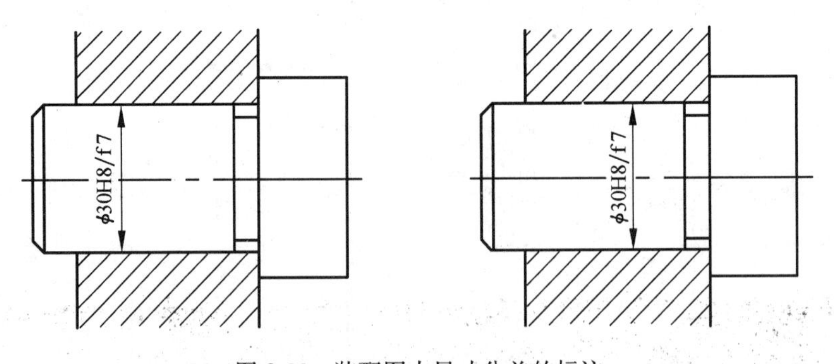

图 8-33　装配图中尺寸公差的标注

(2) 查表方法。

如果已知基本尺寸和公差带代号，则尺寸的上、下偏差值，可以从极限偏差表中查得。例如，查表写出 φ30H8/f7 的偏差数值：

ϕ30H8 基准孔的偏差，可由附录表中查出，在附录表中由尺寸段大于 24～30 横行和孔的公差带代号 H8 的纵列相交处查得$^{+33\mu m}_{0}$，并写成 $\phi30^{+0.033}_{0}$。

ϕ30f7 间隙配合轴的极限偏差，可由附录表中查出。在附录表中由尺寸段大于 24～30 横行和轴的公差带代号 f7 的纵列相交处查得$^{-20\mu m}_{-41\mu m}$，并写成 $\phi30^{-0.020}_{-0.041}$。

8.4.3　形状公差和位置公差

形状公差和位置公差简称形位公差，是指零件的实际形状和实际位置对理想形状和理想位置的允许变动量。

对于一般零件，如果没有标注形位公差，其形位公差可用尺寸公差加以限制，但是对于某些精度较高的零件，在零件图中不仅需要保证其尺寸公差，而且还要求保证其形位公差，因此形位公差也是评定产品质量的重要指标。

1．形位公差代号、基准代号

形位公差代号包括形位公差符号、形位公差框格及指引线、形位公差数值、基准符号等。表 8-9 列出形位公差各项目的符号。

图 8-34 表示形位公差代号、基准代号的画法。

表 8-9　形位公差的名称及符号

分　类	名　称	符　号	分　类		名　称	符　号
形状公差	直线度	—	位置公差	定向	平行度	∥
	平面度	▱			垂直度	⊥
	圆度	○			倾斜度	∠
	圆柱度	⌭		定位	同轴度	◎
	线轮廓度	⌒			对称度	⌯
	面轮廓度	⌓			位置度	⌖
				跳动	圆跳动	↗
					全跳动	⌰

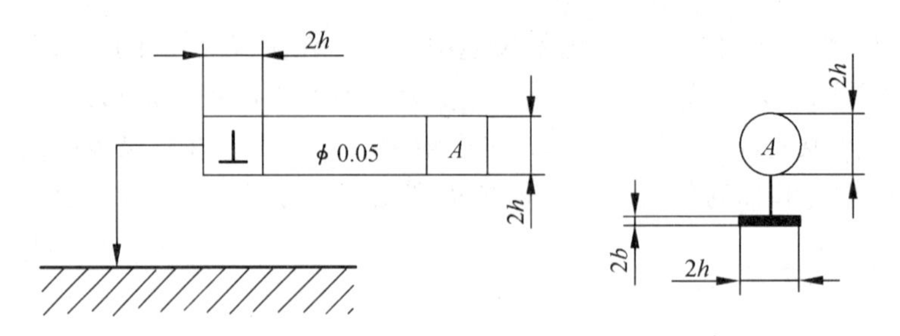

图 8-34　形位公差代号和基准代号的画法

2. 形位公差的标注

标注形位公差时，指引线的箭头要指向被测要素的轮廓线或其延长线上；当被测要素是表面或线时，指引线的箭头应与该要素尺寸线的箭头错开，如图 8-35（a）所示。当被测要素是轴线、球心或对称中心面时，指引线的箭头应与该要素尺寸线的箭头对齐，如图 8-35（b）所示。指引线箭头所指方向是公差带的宽度方向或直径方向。

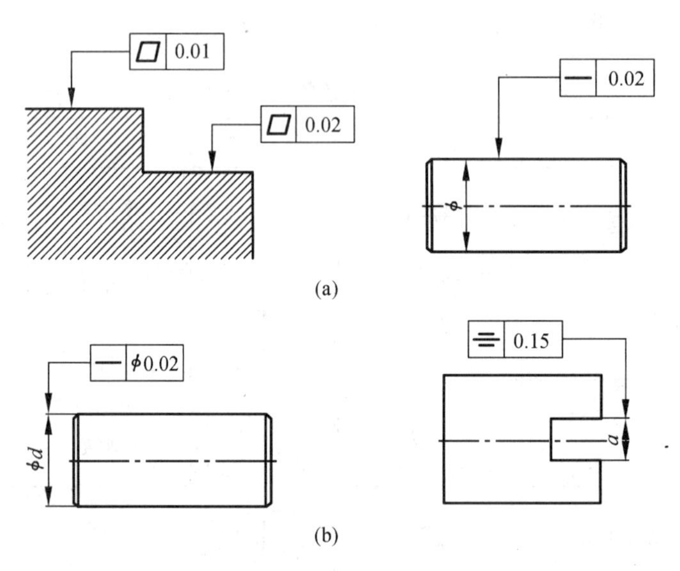

图 8-35　被测要素的标注

当基准要素是表面或线时，基准符号应靠近该要素的轮廓线或延长线上标注，并与该要素的尺寸线明显错开，如图 8-36（a）所示。当基准要素为轴线、中心平面时，基准符号应与该要素的尺寸线对齐，如图 8-36（b）所示。

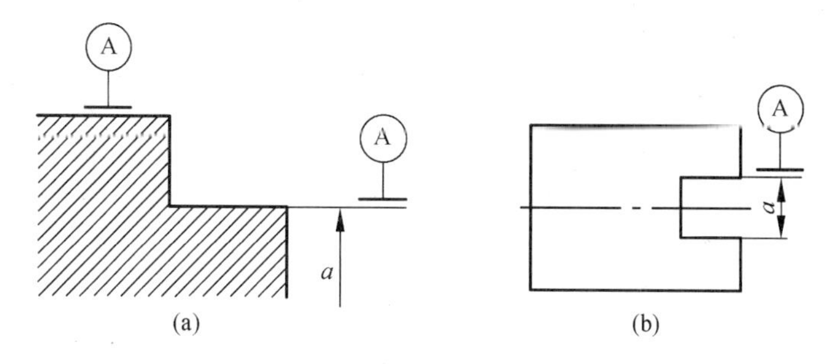

图 8-36 基准的标注

如图 8-37 所示为形位公差标注示例。

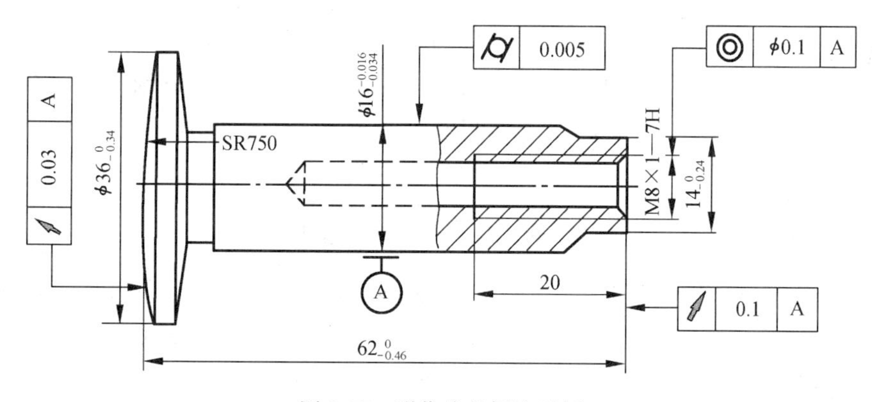

图 8-37 形位公差标注示例

8.5 零件结构的工艺性简介

零件的结构形状，不仅要满足零件在机器中使用的要求，而且在制造零件时还要符合制造工艺的要求。下面介绍一些零件的常见结构。

8.5.1 铸造零件的工艺结构

1. 铸造圆角

在铸件毛坯各表面的相交处，都有铸造圆角，这样既便于起模，又能防止在浇铸铁水时将砂型转角处冲坏，还可以避免铸件在冷却时产生裂纹或缩孔。铸造圆角半径在视图上一般不标注，而是集中写在技术要求中。如图 8-38 所示。

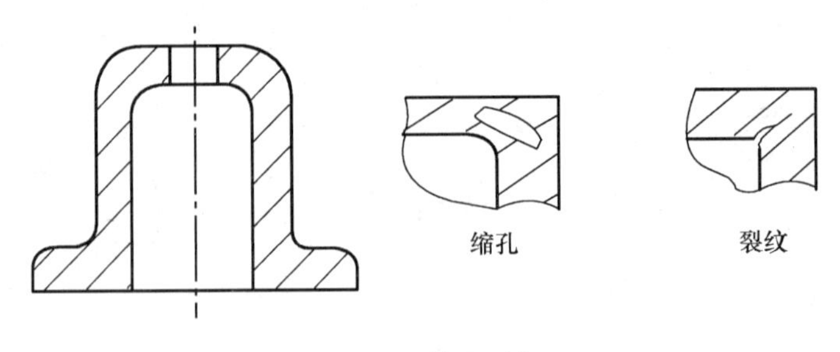

图 8-38　铸造圆角

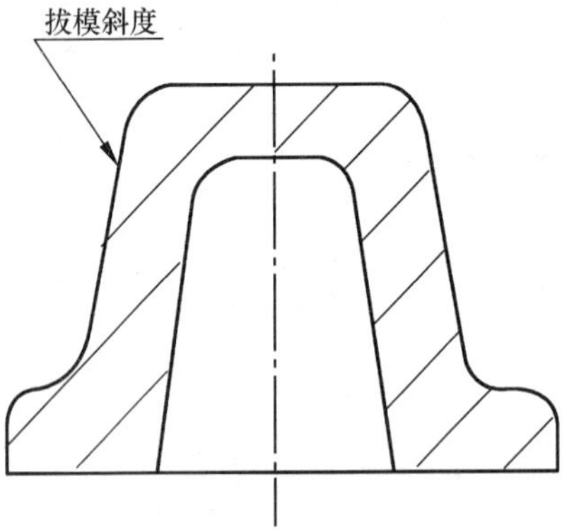

拔模斜度

图 8-39　拔模斜度

2. 拔模斜度

在铸件造型时为了便于拔出木模，在木模的内、外壁沿拔模方向作成 1∶20 的斜度，称为拔模斜度。铸件的拔模斜度在图中可不画、不注，必要时可在技术要求或图形中注明。如图 8-39 所示。

3. 铸件壁厚

在浇注铸件时，为了避免各部分因铁水冷却速度不同而产生缩孔和裂缝，铸件的壁厚应保持均匀或逐渐过渡，如图 8-40 所示。

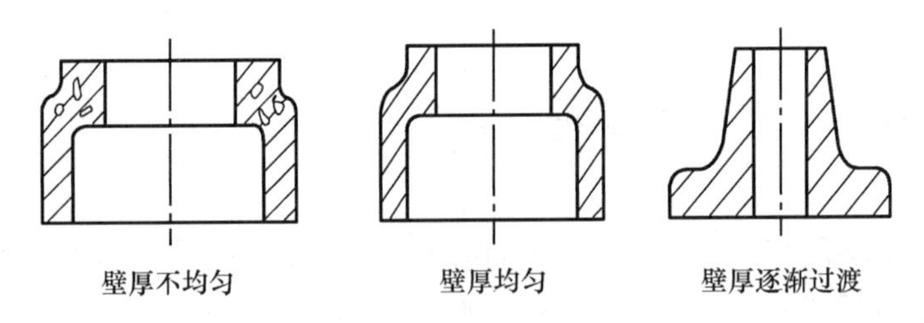

图 8-40　铸件壁厚要均匀

4. 过渡线

由于铸造圆角的存在，使得铸件表面的交线变得不明显，为了区分不同表面，以过渡线的形式画出。

如图 8-41 所示为两曲面相交的过渡线的画法。

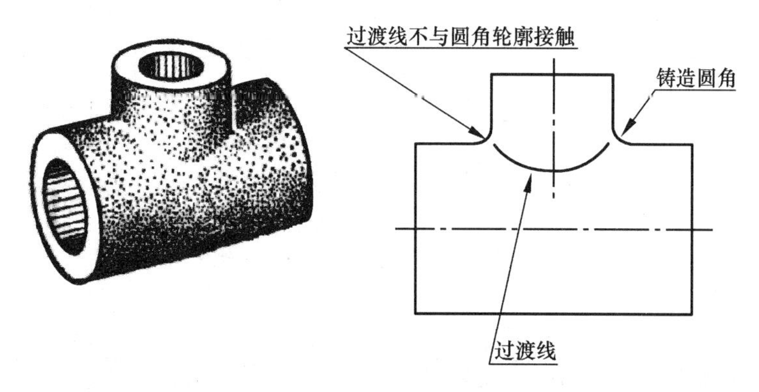

图 8-41 两曲面相交的过渡线

如图 8-42 所示为两曲面相切的过渡线。

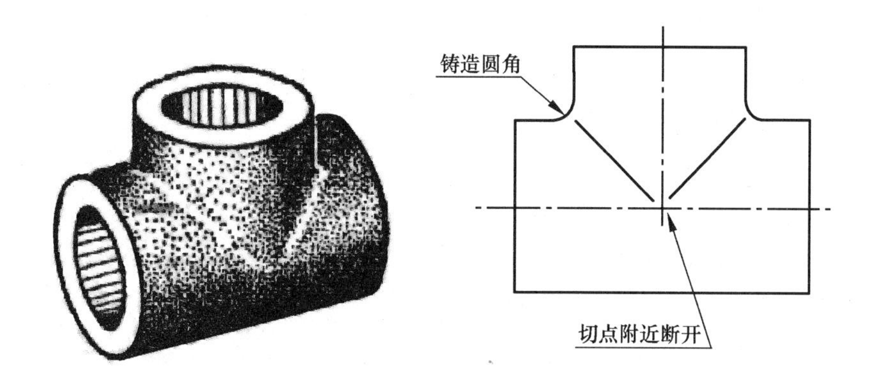

图 8-42 两曲面相切的过渡线

如图 8-43 所示为平面与平面、平面与曲面相交时过渡线的画法。

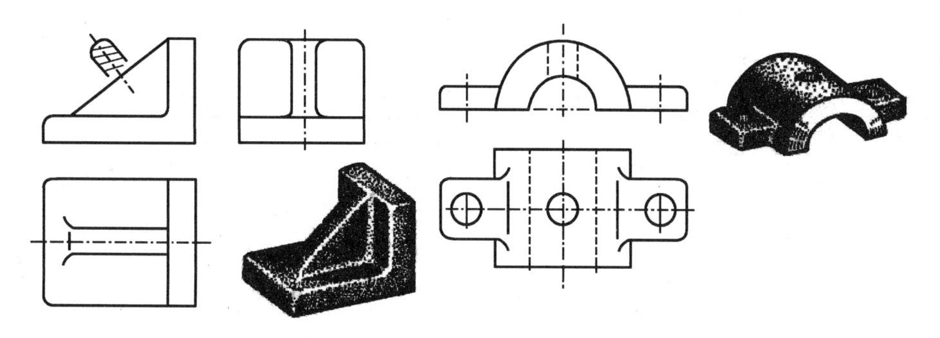

图 8-43 平面与平面、平面与曲面相交时过渡线的画法

如图 8-44 所示为圆柱与肋板组合时过渡线的画法。

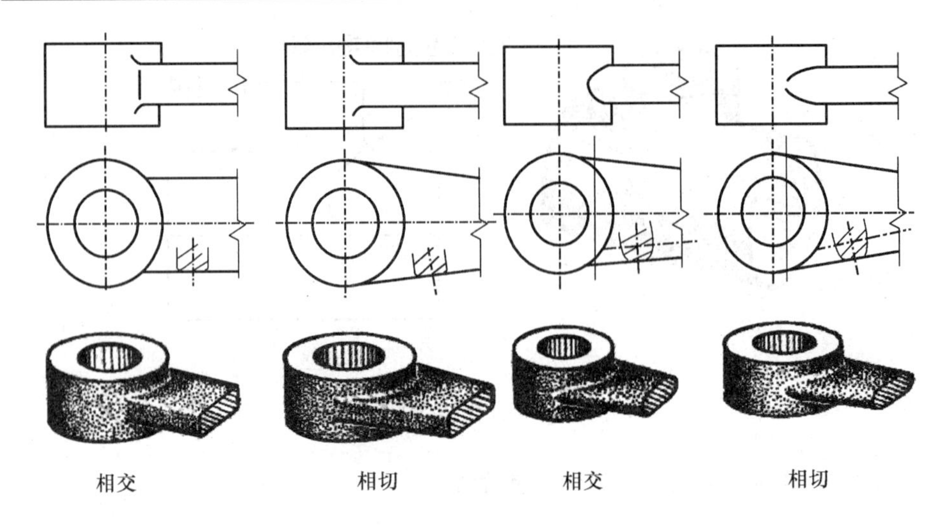

图 8-44　圆柱与肋板组合时过渡线的画法

8.5.2　零件机械加工工艺结构

1. 倒角和倒圆

为了去除零件的毛刺、锐边和便于装配，在轴或孔的端部，一般都加工成倒角；为了避免因应力集中而产生裂纹，在轴肩处往往加工成圆角过渡的形式，称为倒圆，如图 8-45 所示。

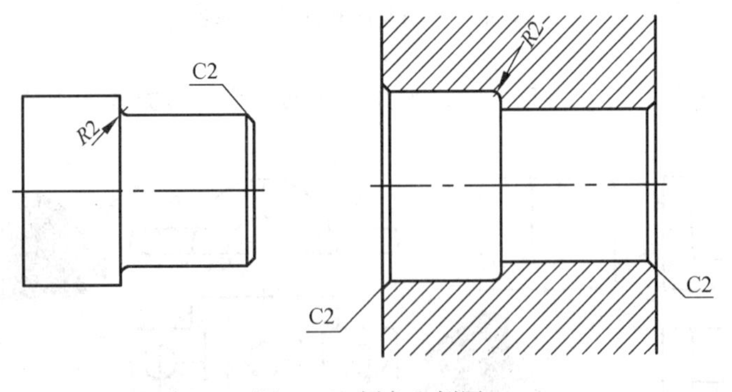

图 8-45　倒角和倒圆

2. 退刀槽和砂轮越程槽

在车削螺纹和磨削加工时，为了便于退出刀具或使砂轮能稍微超过磨削部位，常在被加工部位的终端，加工出退刀槽或砂轮越程槽，如图 8-46 所示。

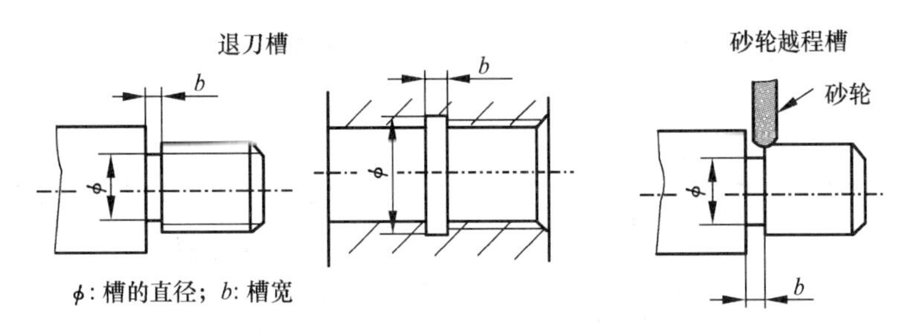

图 8-46　退刀槽和砂轮越程槽

3. 凸台和凹坑

为使配合面接触良好，并减少切削加工面积，在接触处制成凸台或凹坑等结构，如图 8-47 所示。

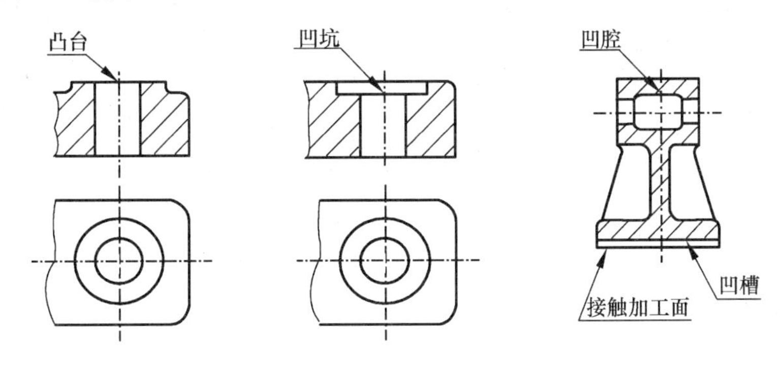

图 8-47　凸台和凹坑

4. 钻孔结构

钻孔时，为使钻头与钻孔端面垂直，对斜孔、曲面上的孔，应制成与钻头垂直的凸台或凹坑，如图 8-48 所示。

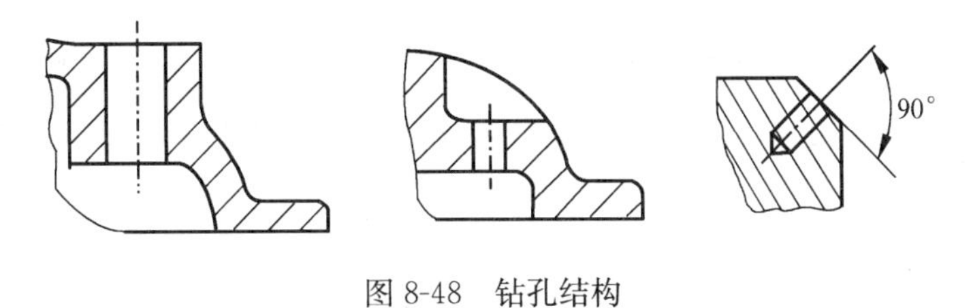

图 8-48　钻孔结构

8.6　看零件图

看零件图的目的是为了弄清所表达零件的结构形状、尺寸和技术要求，而在实际工作中往往看图的机会多于画图。因此有必要掌握一些看图的基本方法和步骤。现以图 8-49 为例，叙述看零件图的方法和步骤。

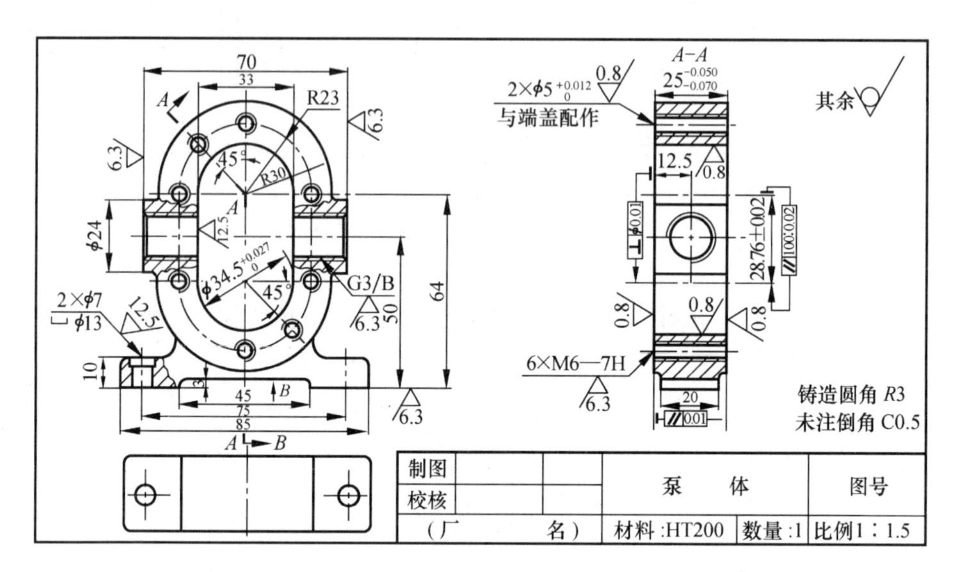

图 8-49 泵体零件图

8.6.1 看标题栏

从标题栏中了解零件的名称、材料、比例等，并大致了解零件的用途和形状。

图示零件的名称是泵体，起支承、包容、密封等作用，泵体的材料为铸铁，牌号 HT200，它属于箱体类零件。

8.6.2 分析视图，想像形状

首先从图形配置了解所采用的表达方法，弄清零件图上的视图、剖视、剖面的剖切位置和投影方向。再采用形体分析法弄清零件各部分的形状结构，对较复杂的部分还可采用线面分析法作为补充。

图示零件采用了两个基本视图和一个局部视图。主视图反映泵体形状特征，并采用三处局部剖视表达进、出油孔和安装孔的形状。在主视图中明显地表示出泵体的内腔为长圆形，用来容纳一对齿轮，实体部分有六个螺纹孔和两个定位销孔，用来安装左、右端盖；中间部分的两个螺纹孔，用来安装进、出油管。底部的中间有凹槽，左、右有两个带沉坑的安装孔。左视图是旋转的全剖视图，以表达泵体的宽度、销孔、螺纹孔等结构。从左视图中可看出泵体的内腔、M6 螺孔和销孔都穿通。局部视图表达了底板形状。

8.6.3 分析尺寸

先分析零件长、宽、高三个方向的尺寸基准，再进一步弄清哪些是主要尺寸，并找出各部分的定形尺寸和定位尺寸。

图示泵体长度方向的尺寸基准是左、右对称面，从基准出发标注 70、32 等定位尺寸和 $R30$、44 等定形尺寸，宽度方向的尺寸基准是后端面，并注出 25、12.5 等定位尺寸和 25、20 等定形尺寸。高度方向的尺寸的主要基准是底面，并注出 50、64 等定位尺寸和其他定形尺寸。

8.6.4 看技术要求

综合分析零件的表面粗糙度、尺寸公差、形位公差和其他技术要求，借以了解零件的精度。图示泵体的两个端面要安装左、右端盖，为防止泄漏，表面粗糙度 Ra 的最大允许值为 0.8；平行度公差为 0.01，其次是工作中要与齿轮接触的上、下圆弧面，Ra 值为 1.6。其他请自行分析。

8.6.5 综合分析

总结上述内容并进行综合分析，对泵体的结构形状特点、尺寸标注和技术要求等，有比较全面的了解。该泵体的形状如图 8-50 所示。

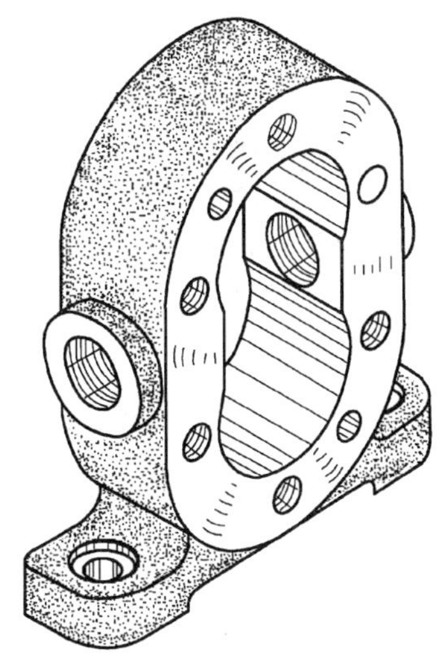

图 8-50 泵体轴测图

8.7 零 件 测 绘

根据已有的零件绘制零件草图，然后根据整理的零件草图绘制零件图的全过程，称为零件测绘。在仿制、维修或对机器进行技术改造时，常要进行零件测绘。

8.7.1 零件测绘的方法和步骤

1. 了解和分析零件

首先应了解零件的名称、用途、材料以及它在机器或部件中的位置，与其他零件的关系、作用，然后分析其结构形状和特点。

2. 确定零件表达方案

先根据零件的形状特征、工作位置及加工位置确定主视图；再按零件的内、外结构特点选择其他视图和剖视、断面等表达方法。视图表达方案要求是完整、清晰。

3. 绘制零件草图

零件测绘常是在现场进行，由于受时间和场地限制，多以草图形式绘图。零件草图是绘制零件图的依据，因此其必须具备零件图应有的全部内容。

绘制零件草图的步骤如下：

（1）布置视图，画主视图、左视图的对称中心线和作图基准线，布置视图时要考虑标注尺寸的位置，如图 8-51（a）所示。

（2）以目测比例详细地画出零件的结构形状，如图 8-51（b）所示。

（3）画剖面线，选择尺寸基准，画尺寸线、尺寸界线和箭头，如图 8-51（c）所示。

（4）逐个量注尺寸，标注表面粗糙度代号，并注写技术要求和标题栏，如图 8-51（d）所示。

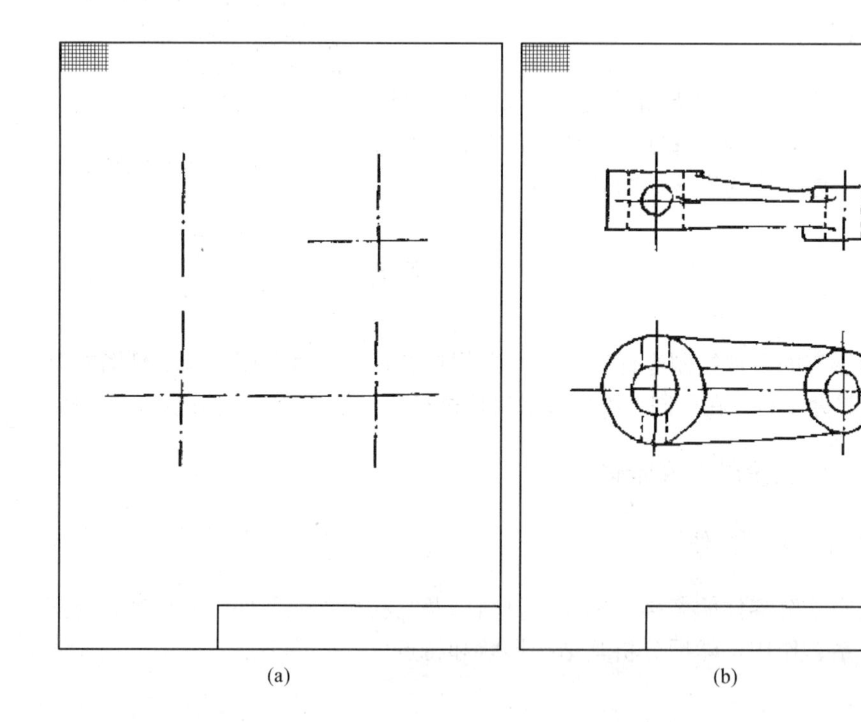

(a) (b)

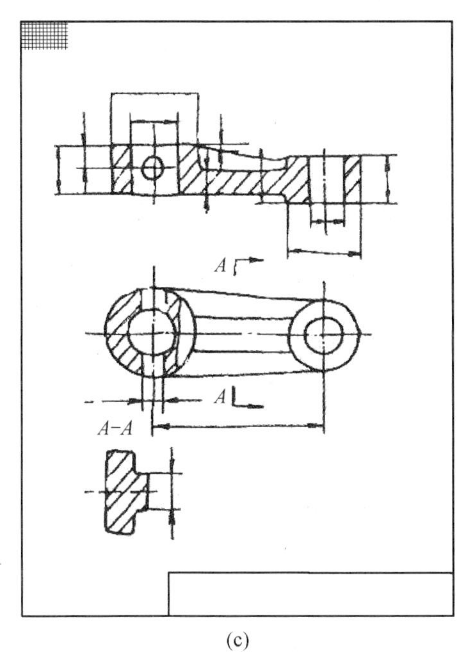

(c)

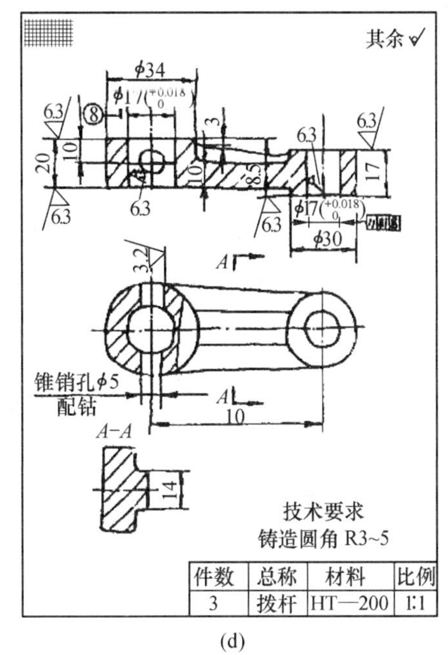

(d)

图 8-51　零件草图

4. 复核整理零件草图

根据零件草图绘制零件图。

8.7.2　零件尺寸的测量

测量尺寸是零件测绘过程中的重要步骤，应集中进行，这样既可提高工作效率，又可避免错误和遗漏。常用的量具有直钢尺、内外卡钳、游标卡尺和螺纹规、量角器等。其测量方法这里不再作介绍。

8.7.3　测绘注意事项

（1）零件的制造缺陷如砂眼、气孔、刀痕以及使用中的磨损等，都不应画出。

（2）零件的工艺结构如铸造圆角、倒角、倒圆、退刀槽、凸台、凹坑等都必须画出，不能忽略。

（3）有配合关系的尺寸，可测出它的基本尺寸，其配合性质和相应的公差值，应经分析后查表得出。对非配合尺寸或不重要尺寸，允许将测得尺寸进行圆整。

（4）对螺纹、键槽、齿轮等标准结构，一般采用标准的结构尺寸，以利制造。

第9章　装　配　图

表达机器或部件的结构、工作原理、传动路线和零件装配关系的图样，称为装配图。

9.1　装配图的内容及一般规定

9.1.1　装配图的内容

图 9-1 是滑动轴承的装配图，由图中可看出一张完整的装配图应包括下列内容。

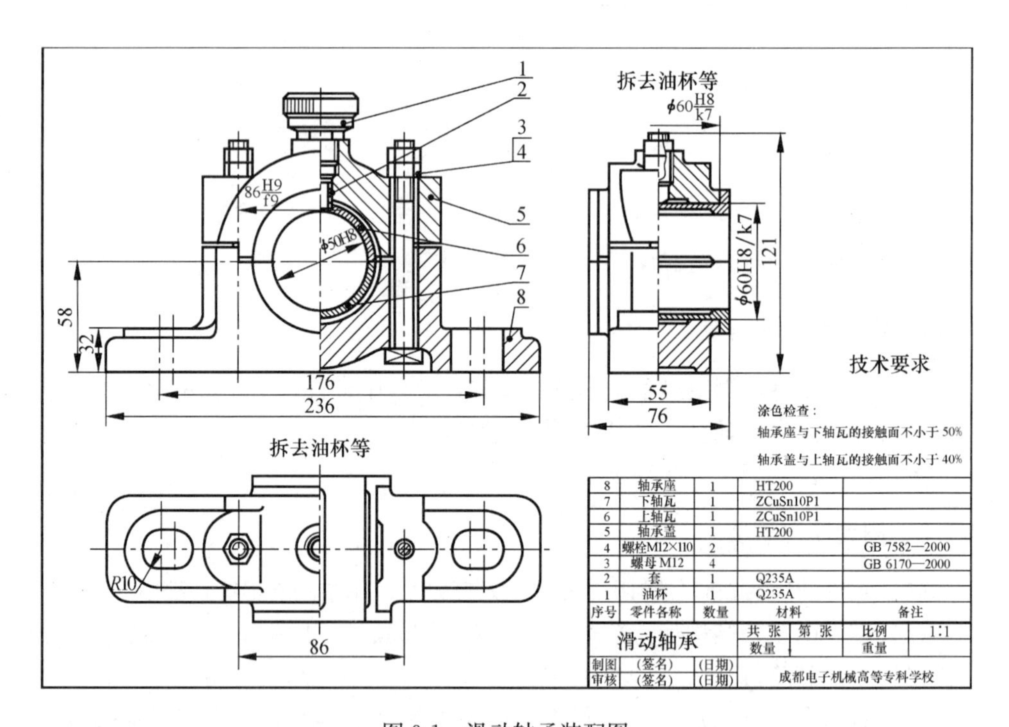

图 9-1　滑动轴承装配图

（1）一组视图　用以表示各组成零件的相互位置和装配关系、部件的工作原理和结构特点。

（2）必要的尺寸　在装配图上只需标注出表示部件性能、规格以及装配、检验、安装时所需的尺寸。

（3）技术要求　用文字或符号说明部件性能、装配、调试等方面的要求。

（4）零件序号、明细表和标题栏　在装配图中要对每个零件进行编号，并在标题栏上方按顺序编制明细表。

9.1.2 装配图的零件序号和明细表

为了便于看图、便于图样管理及做好生产准备工作，装配图中所有的零件都必须编写序号，并在明细表中较详细地说明其有关情况。

1. 编写序号的方法

（1）装配图中的序号由点、指引线、横线（或圆圈）和序号数字这四部分组成。指引线、横线都用细实线画出。指引线之间不允许相交，必要时可以画成折线，当指引线通过剖面线区域时应与剖面线斜交，避免与剖面线平行。若指引线所指部位内不便画圆点时，可在指引线的末端画出箭头，并指向该部分的轮廓。如图 9-2 所示。

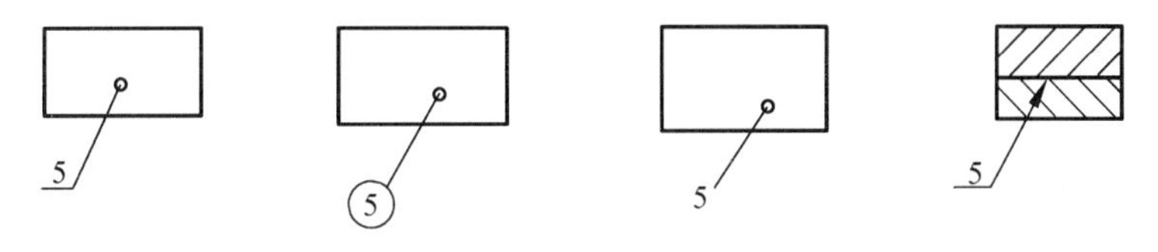

图 9-2　零件的编号形式

（2）每个不同的零件编写一个序号，规格完全相同的零件只编一个序号。

（3）零件的序号应沿水平或垂直方向，按顺时针或逆时针方向排列整齐。如图 9-1 所示。

（4）对紧固件组或装配关系清楚的零件组，允许采用公共指引线。如图 9-3

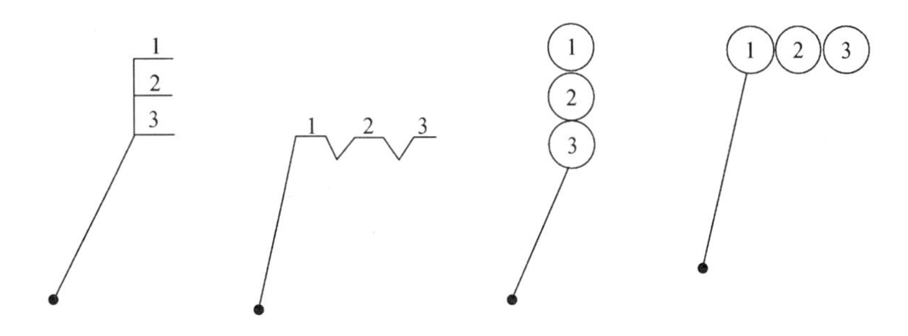

图 9-3　紧固件的编号形式

所示。

(5) 装配图中的标准化组件（如油杯、滚动轴承、电动机等）可看成一个整体，只编写一个序号。

2. 明细表

明细表是装配图中全部零件的详细目录，其内容和形式国家标准没有统一规定，图 9-4 所示的格式可供学习时使用。

明细表应画在标题栏上方，零件序号自下而上填写，如位置不够可将明细表分段画在标题栏左方，必要时也可单独编写。

9.1.3 装配图的尺寸标注

装配图不是制造零件的直接依据，因此，在装配图中不需注出零件的全部尺寸，而只需标出一些必要的尺寸，这些尺寸按其作用的不同，大致可以分为以下几类。

1. 规格尺寸

表示部件性能、规格的尺寸，这些尺寸是在设计中确定的。如图 9-1 中的轴承孔直径 ϕ50H8 就为滑动轴承的性能尺寸。

2. 装配尺寸

表示零件间装配关系的尺寸，包括配合尺寸和相对位置尺寸。如图 9-1 中的装配尺寸为 90H9/f9、ϕ60H8/k7、60H8/k7 等。

3. 安装尺寸

表示部件安装在机器上所需要的尺寸，如图 9-1 中的安装尺寸为 176、ϕ20 等。

4. 外形尺寸

表示部件总长、总宽、总高的尺寸，也是部件在包装、运输、安装时所需要的尺寸，如图 9-1 中的外形尺寸为 236、76、121。

5. 其他尺寸

在设计中确定，而又未包括在上述几类尺寸中的一些重要的尺寸，如图 9-1

中的中心高 58。

9.1.4 装配图的技术要求

装配图的技术要求是指装配时的调整及加工说明，试验和检验的有关数据，技术性能及维护、保养的要求等事项的说明。一般用文字写在明细表上方或图纸下方空白处。

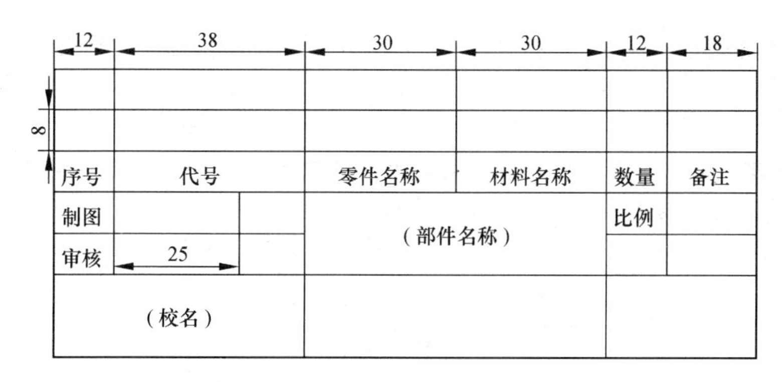

图 9-4 装配图标题栏和明细栏格式

9.2 装配图的表达方法

零件的各种表达方法在装配图中也完全适用，但由于部件是由若干零件所组成，所以装配图不仅要表达结构形状，还要表达工作原理、装配和联接关系，因此对装配图提出了一些规定画法和特殊表达方法。

9.2.1 装配图的规定画法

（1）两零件的接触表面和配合表面，只画一条线。不接触表面画成两条线。

（2）相邻两零件剖面线方向应相反，或者方向一致、间隔不等。同一零件无论在哪个视图中剖面线方向和间隔都应完全相同。

对于紧固件和实心零件（如螺钉、螺栓、螺母、垫圈、键、销、球及轴等），若剖切平面通过它们的基本轴线时，则这些零件均按不剖绘制，仍画外形；需要时，可采用局部剖视图来表示。但当剖切面垂直于这些零件的轴线时，则应按被剖切面绘制出剖面线。

9.2.2 装配图的特殊表达方法

1. 拆卸画法

在装配图中有时为了将被遮挡部分的结构表达出来，可以假想沿两个零件的结合面进行剖切，此时，零件的结合面不画剖面线，但被横向剖切的轴、螺栓或销等要画剖面线。如图 9-1 所示滑动轴承俯视图的半剖视图，就是采用上述方法。

在视图中也可以拆去某些零件后绘制，需要说明时可加注“拆去××等”。

2. 假想画法

若需要表示运动零件的极限位置或本部件和相邻零部件的相互关系时，可以用双点划线画出该零件或部件的外形轮廓，如图 9-5 所示。

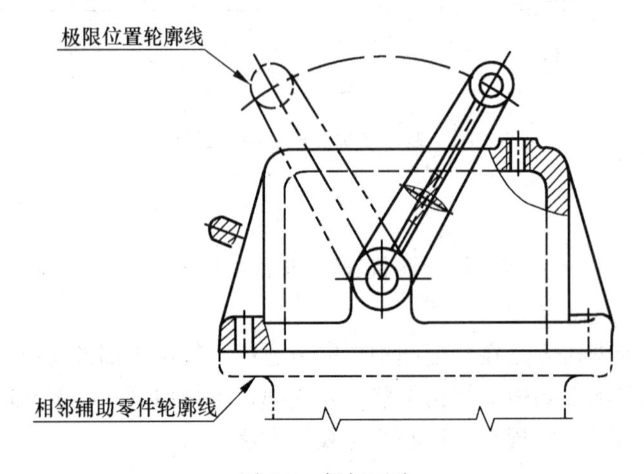

图 9-5 假想画法

3. 夸大画法

对于直径或厚度小于 2mm 的较小零件或较小间隙，如薄垫片、细弹簧等，若按其真实尺寸画图难以明显表示，可将其夸大画出。

4. 简化画法

在装配图中，零件的小圆角、倒角、退刀槽等工艺结构可以不画出；对于有若干相同的零件组，如螺栓联接等，可以仅详细地画出一组或几组，其余只需用点划线来表示其位置。如图 9-6 所示。

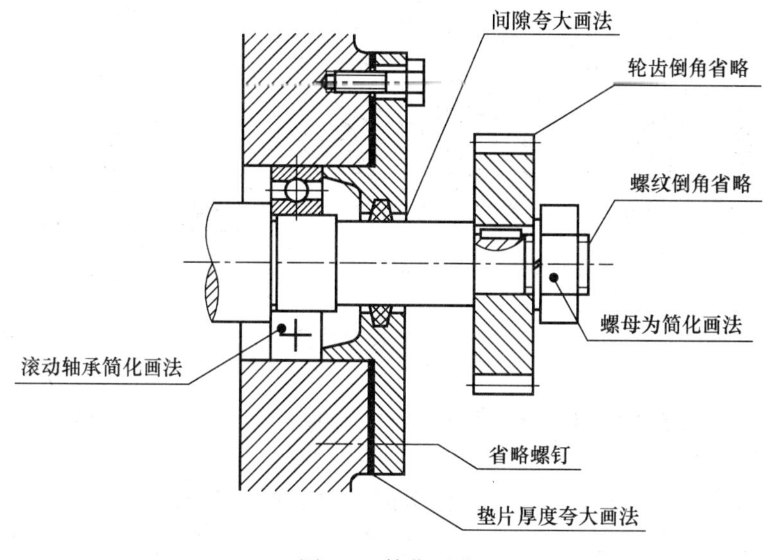

图 9-6　简化画法

9.3　常见装配工艺结构

在部件设计过程中，如果只考虑部件的使用要求，而忽略零件在加工和装配中的可能性，会给零件的加工和装配带来困难，甚至不能达到预期的设计要求。常见的装配工艺结构如下：

（1）两个零件在同一方向上，只能有一个接触面和配合面，如图 9-7 所示。

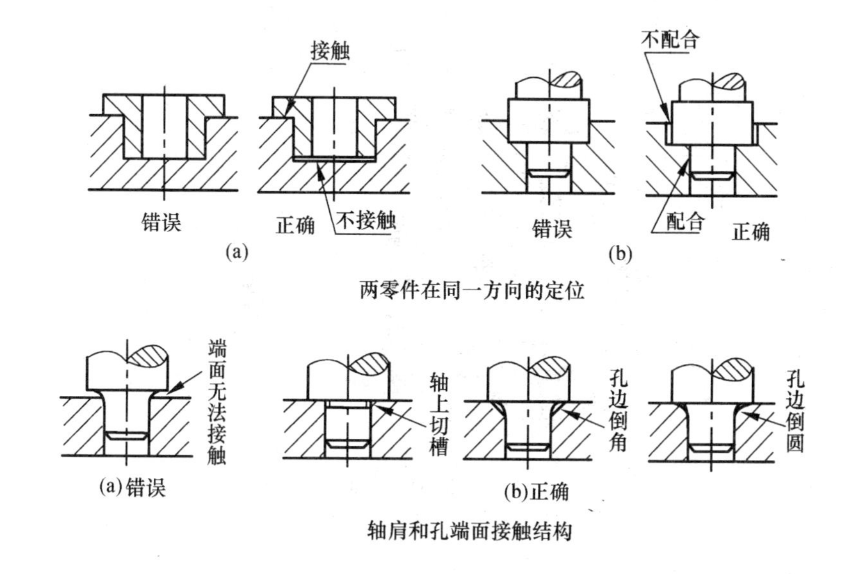

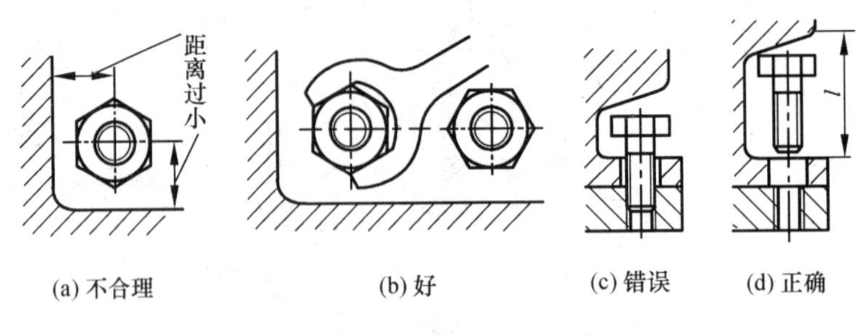

图 9-7　常见装配工艺结构

（2）为保证接触良好，在转角处应制出倒角、倒圆、退刀槽等，如图 9-7 所示。

（3）零件的结构设计要考虑拆卸方便，如图 9-7 所示。

此外，对于轴上零件的固定、定位、滚动轴承的安装等对装配结构的要求，可以查阅有关资料。

9.4　装配图的画法

部件既然由一些零件所组成，那么根据部件所属的零件图，就可以拼画出部件的装配图。现以图 9-8 所示的球阀为例，讨论画装配图的方法。

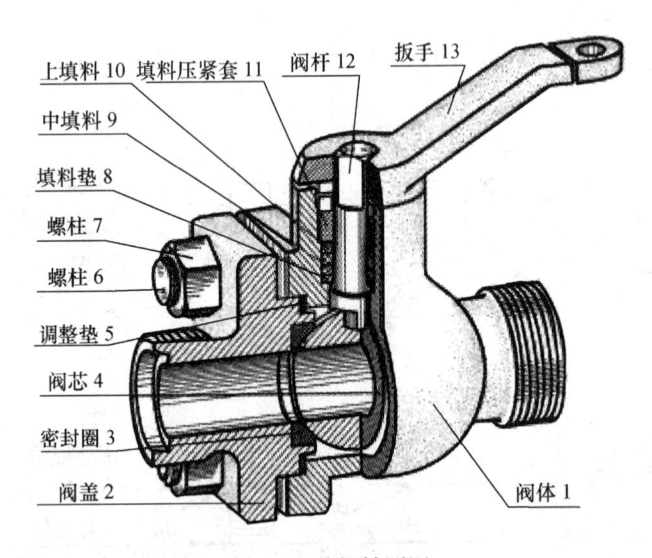

图 9-8　球阀轴测图

9.4.1 了解部件的装配关系和工作原理

对部件的实物或装配示意图进行仔细的观察和分析，了解每个零件间的装配关系和部件的工作原理。图 9-8 所示的球阀是由阀体等零件和一些标准件所组成。其装配关系是：阀体 1 和阀盖 2 均带有方形的凸缘，它们用四个螺柱 6 和 7 联接，并用合适的调整垫 5 调节阀芯 4 与密封圈 3 之间的松紧。在阀体上部有阀杆 12，阀杆下部有凸块，楔接阀芯 4 上的凹槽。为了密封，在阀体与阀杆之间加进填料垫 8、填料 9 和 10，并且旋入填料压紧套 11。球阀的工作原理是：用扳手转动阀杆，当扳手处于图示位置时，阀门全部开启，管道畅通；当扳手按顺时针旋转 90°时，则阀门全部关闭，管道断流。

9.4.2 视图选择

1. 装配图的主视图选择

装配图应以工作位置和能清楚地反映主要装配关系的那个方向作为主视图，并尽可能反映其工作原理，因此主视图多采用剖视图。如图 9-9 中所选定的球阀的主视图，就体现了上述原则。

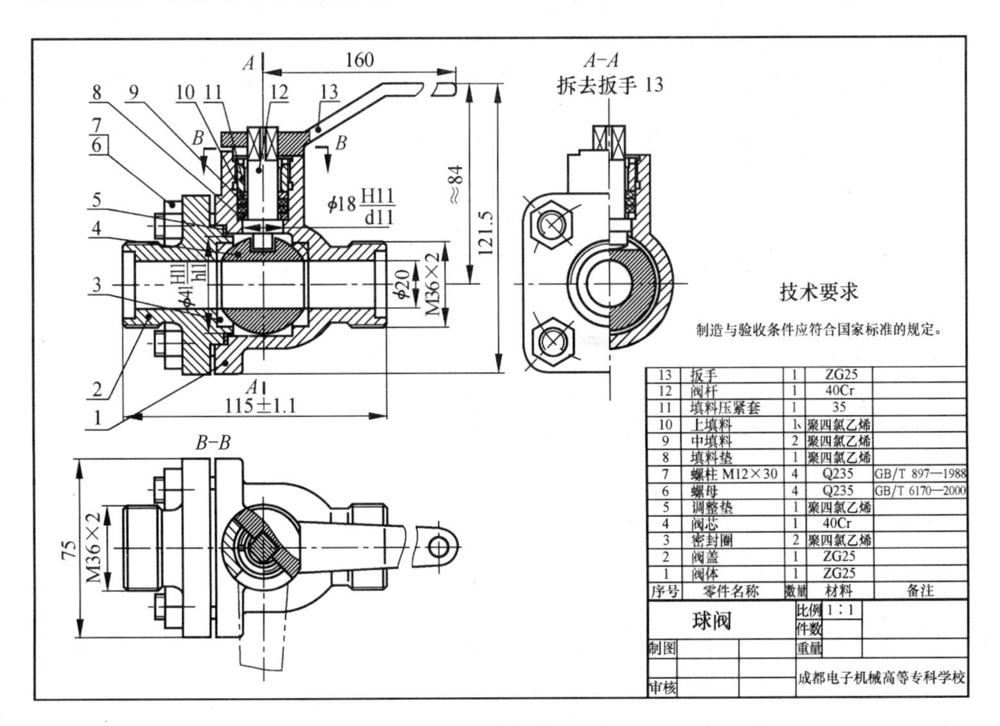

序号	零件名称	数量	材料	备注
13	扳手	1	ZG25	
12	阀杆	1	40Cr	
11	填料压紧套	1	35	
10	上填料	1	聚四氯乙烯	
9	中填料	2	聚四氯乙烯	
8	填料垫	1	聚四氯乙烯	
7	螺柱 M12×30	4	Q235	GB/T 897—1988
6	螺母	4	Q235	GB/T 6170—2000
5	调整垫	1	聚四氯乙烯	
4	阀芯	1	40Cr	
3	密封圈	2	聚四氯乙烯	
2	阀盖	1	ZG25	
1	阀体	1	ZG25	

球阀		比例	1∶1	
		件数		
制图		重量		
审核		成都电子机械高等专科学校		

图 9-9 球阀装配图

2. 其他视图的选择

选择其他视图，主要是补充主视图的不足，进一步表达装配关系和主要零件的结构形状。如图 9-9 所示的左视图补充了球阀的外形结构；俯视图反映了手柄与定位凸块的关系。

9.4.3 画装配图的步骤

（1）根据已确定的表达方案，选取适当比例，安排各视图的位置。要注意留有编写序号、明细表、标题栏以及注写尺寸和技术要求的位置。

（2）画图时应先画出各视图的主要轴线、中心线和定位基准线。由主视图开始，几个视图配合进行。画剖视图时，以装配干线为准，由内向外逐个画出各个零件。底稿完成后，需经校核，再加深，画剖面线，注尺寸。最后编写序号，填写明细表、标题栏，从而完成球阀装配图。

9.5 读装配图的方法

在工业生产中，经常要读装配图，设计、制造、装配、使用以及技术交流都必须用装配图。读装配图的目的是了解部件中各零件的相互作用、装配关系、工作原理以及主要零件的结构形状。现以图 9-10 所示的齿轮油泵为例，说明读装配图的方法与步骤。

9.5.1 概括了解

首先由标题栏、明细表了解部件的名称和零件的数量；参阅产品说明书了解部件的用途；对视图进行分析；弄清各个视图的名称和表达方法，从而搞清各视图的表达重点。

图 9-10 所示的齿轮油泵，是机器中用以输送润滑油的一个部件，共由 15 种零件组成，并采用两个视图表达。主视图采用了全剖视图，反映了各零件间的装配关系。左视图采用了沿左端盖 1 与泵体 6 结合面剖切的半剖视图 B-B，反映了工作原理及外部形状；再用局部剖视反映进、出油口的情况。

9.5.2 了解装配关系和工作原理

在概括了解、分析视图的基础上，各视图相互对照，分析各条装配干线，弄清各零件间相互配合的要求，以及零件间的定位、联接方式和运动方式，这样就可以了解部件的工作原理，这是进一步看懂装配图的重要环节。

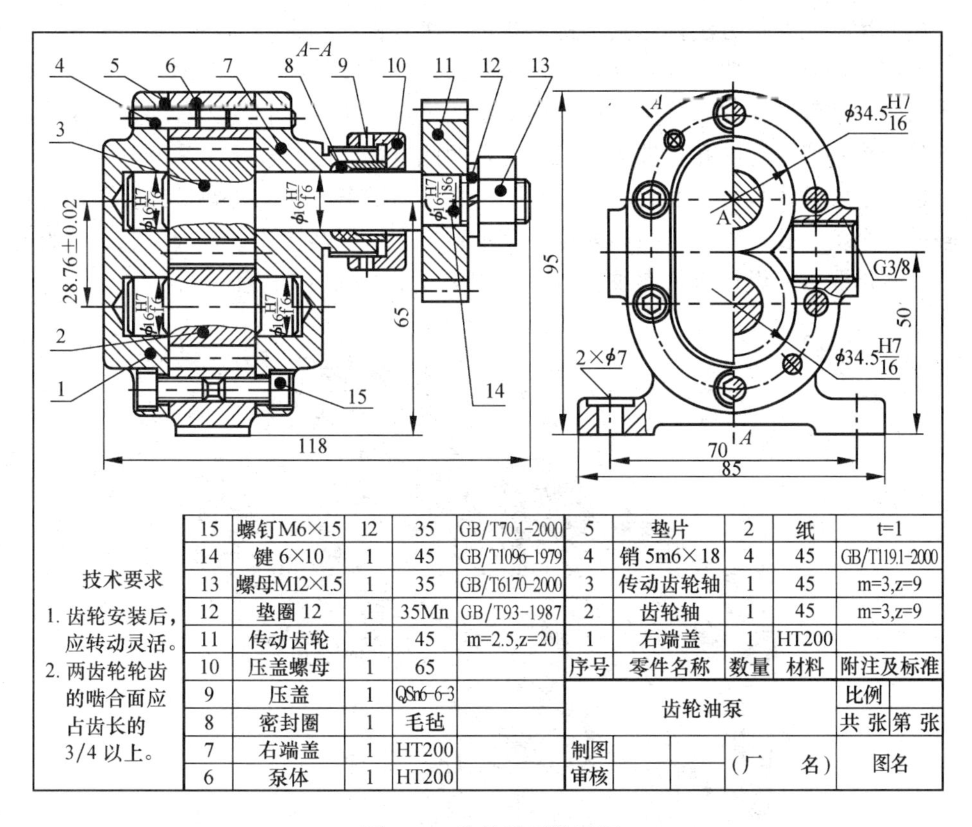

15	螺钉M6×15	12	35	GB/T70.1-2000	5	垫片	2	纸	t=1
14	键 6×10	1	45	GB/T1096-1979	4	销 5m6×18	4	45	GB/T119.1-2000
13	螺母M12×1.5	1	35	GB/T6170-2000	3	传动齿轮轴	1	45	m=3,z=9
12	垫圈 12	1	35Mn	GB/T93-1987	2	齿轮轴	1	45	m=3,z=9
11	传动齿轮	1	45	m=2.5,z=20	1	右端盖	1	HT200	
10	压盖螺母	1	65		序号	零件名称	数量	材料	附注及标准
9	压盖	1	QSn6-6-3		齿轮油泵				比例
8	密封圈	1	毛毡						共 张 第 张
7	右端盖	1	HT200		制图		（厂 名）		图名
6	泵体	1	HT200		审核				

图 9-10 齿轮油泵装配图

如图 9-10 所示，泵体 6 是齿轮泵中的主要零件之一，将齿轮轴 2、传动齿轮轴 3 装入泵体后，两侧有左端盖 1、右端盖 7 支承，并由销 4 定位，螺钉 15 将端盖和泵体联接成整体。为了防止泄漏，还分别用垫片 5 及密封圈 8、轴套 9、压紧螺母 10 密封。

当传动齿轮 11 按逆时针方向转动时，通过键 14，将扭矩传递给传动齿轮轴 3，带动齿轮轴 2，从而使后者做顺时针方向转动。在两个齿轮啮合处，由于轮齿瞬间脱离啮合，使泵室右腔压力下降产生局部真空，油池内的油在大气压力作用下，从吸油口进入泵室右腔低压区，随着齿轮继续转动，由齿间将油带入左腔，并使油产生压力经出油口排出。

9.5.3 分析零件的结构形状

上述分析与了解零件的结构形状是分不开的，因此经上述分析后，大部分零件的结构形状已基本清楚。对少数复杂的主体零件，用投影关系、区分剖面线、联接和运动关系等方法，对其结构形状进一步分析和构思。

齿轮油泵除主要零件泵体及左、右端盖以外的零件，通过上述分析，其结构形状基本清楚，因此，分析零件结构形状的重点应是泵体和左、右端盖。泵体内腔是两个轴线平行的孔，外形是长圆台，两侧有相同的螺纹孔，其下方为方便安装设计了安装底板，上面有两个安装孔。左、右端盖上相同之处是都有支承齿轮轴的两个支承孔，以及与泵体联接的两个销孔和六个螺栓孔。右端盖的右端为与压紧螺母联接而设计有外螺纹。图 9-11 所示为齿轮油泵的立体图。

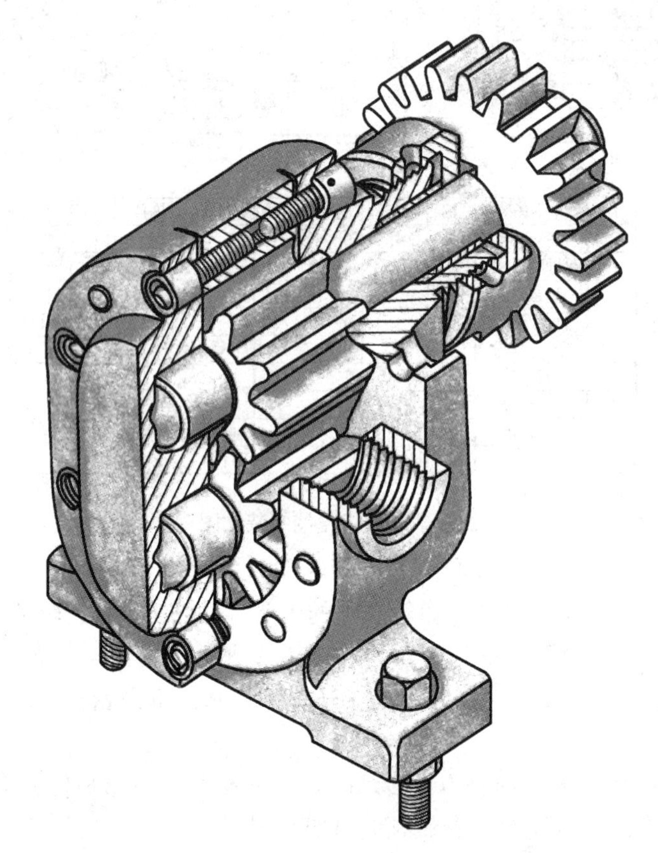

图 9-11　齿轮油泵轴测图

9.6　由装配图拆画零件图

在部件设计时，首先画出装配图，再根据装配图拆画零件图，这是设计中的一个重要环节，必须要在读懂装配图的基础上进行。

9.6.1　由装配图拆画零件图的步骤

（1）读懂装配图，了解部件的工作原理、装配关系和零件的结构形状。

（2）根据零件的结构形状，确定视图表达方案。

（3）画出零件工作图。

9.6.2　拆图应注意的问题

（1）在装配图中允许省略不画的零件工艺结构，如倒角、倒圆、退刀槽、越程槽等，在零件图中应全部画出。

（2）零件的视图表达方案要根据零件的机构形状确定，不能盲目照搬装配图。

（3）凡在装配图中已给出的尺寸，在零件图中可以直接注出。如果是配合尺寸，还需查表标注出极限偏差数值。有关标准尺寸，如螺纹、键槽、倒角、退刀槽等，应查标准，按规定标注。其他未标注出的尺寸，可在装配图上按比例直接量取，并加以圆整。

（4）根据零件各表面的作用和要求，要标注出表面粗糙度。

图 9-12 所示是根据齿轮油泵装配图拆画出的泵体零件图。

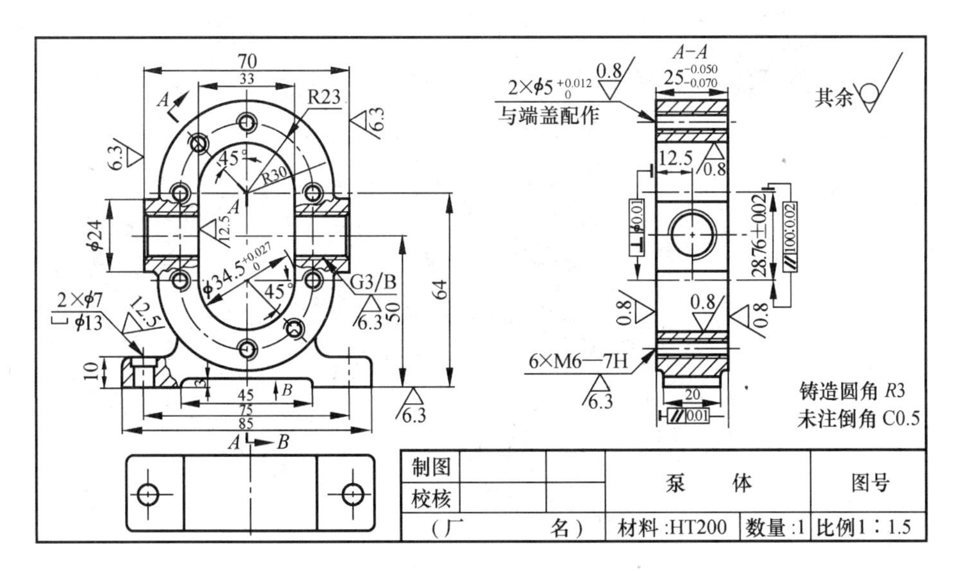

图 9-12　泵体零件图

9.7　装配体测绘

对已有的部件通过分析了解，画出装配图和零件图的过程叫部件测绘。部件测绘主要用于学习先进技术、修理和改进现有部件，它是工程技术人员必须具备的基本技能。

部件测绘的步骤如下。

1. 了解测绘部件

对所要测绘的部件应首先通过对其外形、工作情况进行了解、查阅相关资料，以便掌握其工作原理、用途、性能和结构特点。

图 9-13 所示为顶尖座结构轴测图。

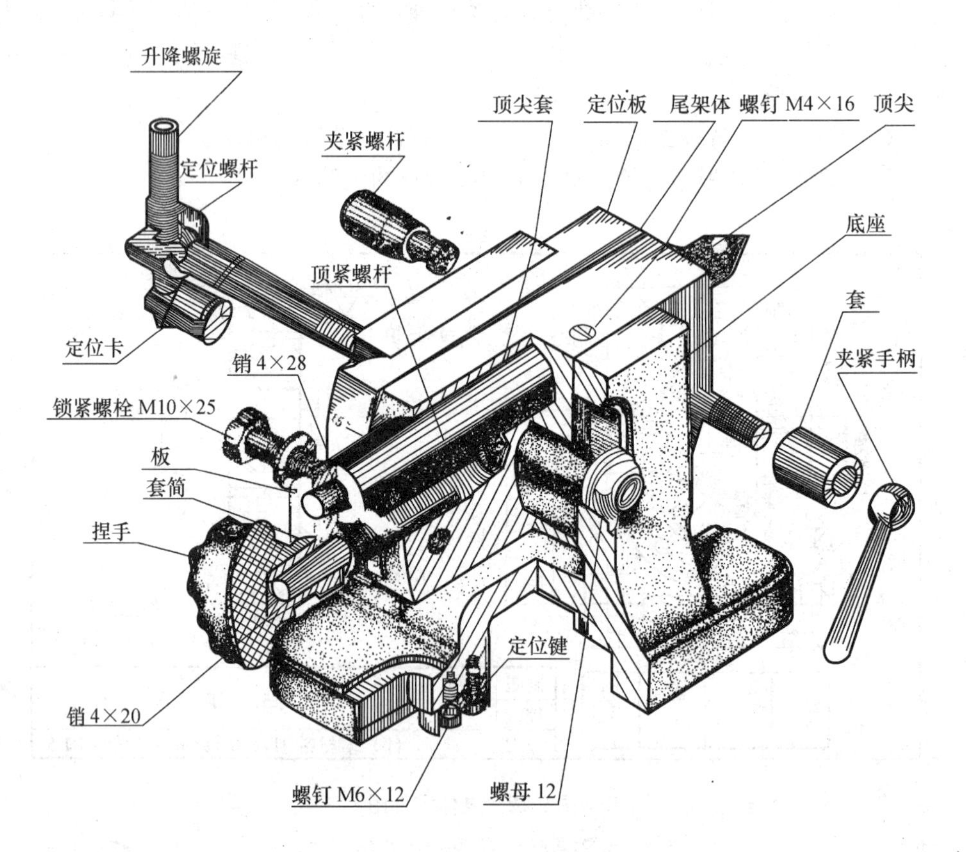

图 9-13　顶尖座结构轴测图

2. 拆卸部件

拆卸时应按一定的顺序进行，要保护重要的配合表面，不可拆联接或锈死的结合面，可以想像的结合面应不拆或尽量不拆。当拆下的零件较多时，还应分组存放，以防丢失、混杂生锈和碰损。

对拆下的零件要分析其结构特点，了解它在部件中的作用，与其他零件间的装配联接关系，并测量和记录下某些重要数据，如零件间的相对位置尺寸、配合尺寸及规格尺寸等。

3. 画零件草图

零件草图是徒手绘制的零件图，所以其内容应与零件图一样，包括视图、尺寸、技术要求、标题栏等。

在绘制草图时要注意以下几点。

（1）零件上的所有工艺结构（如倒角、圆角、退刀槽、越程槽、凸台、凹槽、中心孔等）都应画出，而在制造中产生的缺陷、误差则不应画出。

（2）零件上的标准结构（如螺纹、键槽、退刀槽等）的尺寸和精度应查阅相关手册确定。

（3）标准件不必测画草图，但要量取尺寸并查阅相关标准。

图 9-14 所示为顶尖座的零件草图。图 9-15 所示为画顶尖座装配图步骤。

4. 拼画装配图

将部件复原，选择恰当的表达方案及比例、图幅，再参照全套零件草图，准确地绘制出部件装配图，如图 9-16 所示。

5. 画零件图

对画好的装配图和零件草图作全面的审核和修订后，绘制除标准件外的所有零件图。

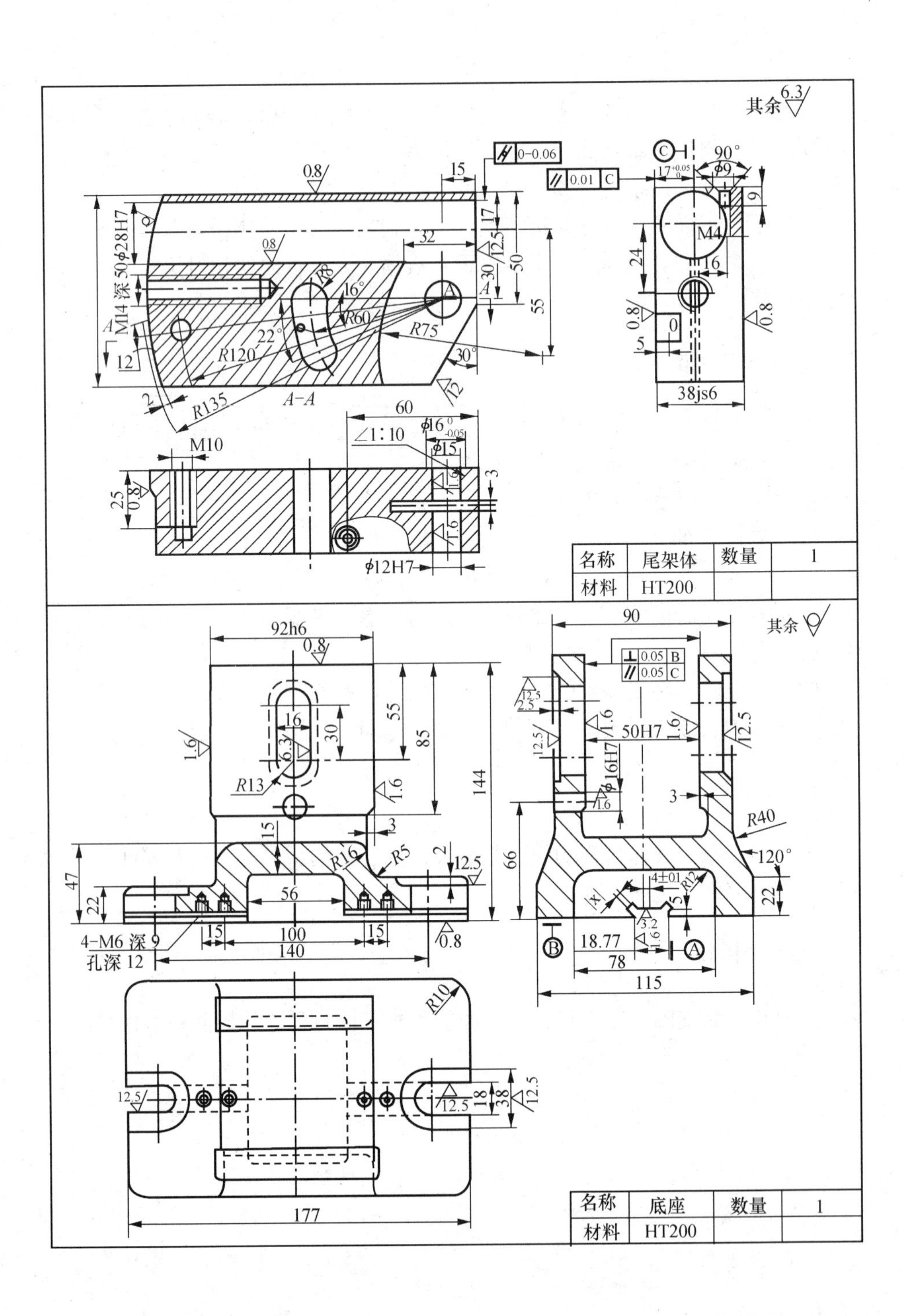

其余 6.3
0-0.06
0.01 C
90°
φ9
M4
38js6
M14 深 50
φ28H7
A-A
R60
R75
R120
R135
30°
M10
∠1∶10
φ12H7
名称 尾架体 数量 1
材料 HT200
其余
92h6
90
50H7
φ16H7
R40
120°
R13
R16
R5
56
100
140
4-M6 深 9
孔深 12
18.77
78
115
R10
177
名称 底座 数量 1
材料 HT200

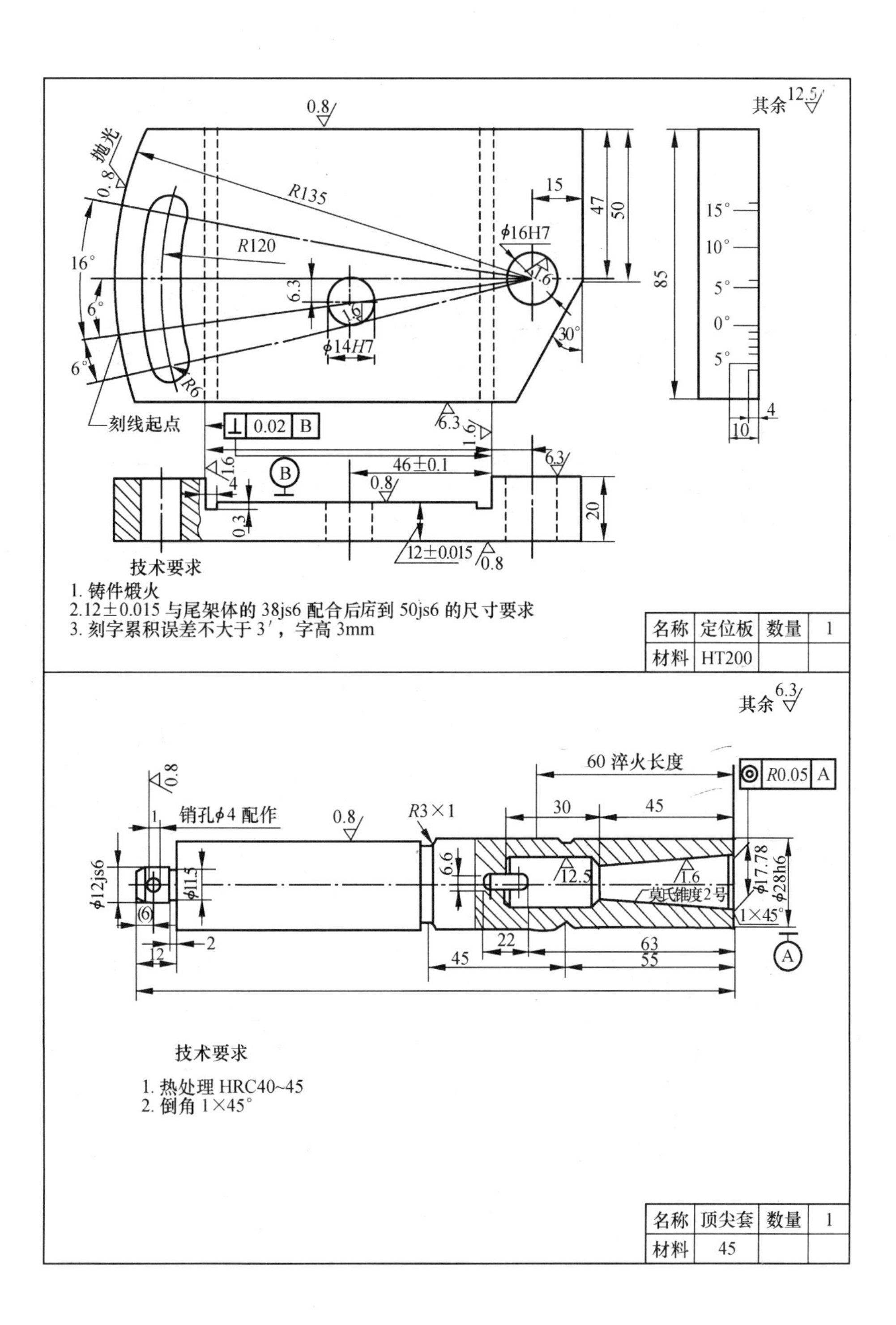
其余 12.5
0.8
抛光
0.8
R135
R120
15
47
50
85
ϕ16H7
1.6
16°
6°
6°
6.3
1.6
ϕ14H7
30°
R6
15°
10°
5°
0°
5°
4
10
刻线起点
⊥ 0.02 B
6.3
1.6
6.3
46±0.1
B
1.6
4
0.8
0.3
20
12±0.015
0.8
技术要求
1. 铸件煅火
2.12±0.015 与尾架体的 38js6 配合后店到 50js6 的尺寸要求
3. 刻字累积误差不大于 3′，字高 3mm
名称
定位板
数量
1
材料
HT200
其余 6.3
60 淬火长度
R0.05 A
0.8
1
销孔ϕ4 配作
0.8
R3×1
30
45
ϕ12js6
ϕ11.5
6.6
12.5
1.6
莫氏锥度2号
ϕ17.78
ϕ28h6
1×45°
(6)
2
12
22
63
45
55
A
技术要求
1. 热处理 HRC40~45
2. 倒角 1×45°
名称
顶尖套
数量
1
材料
45

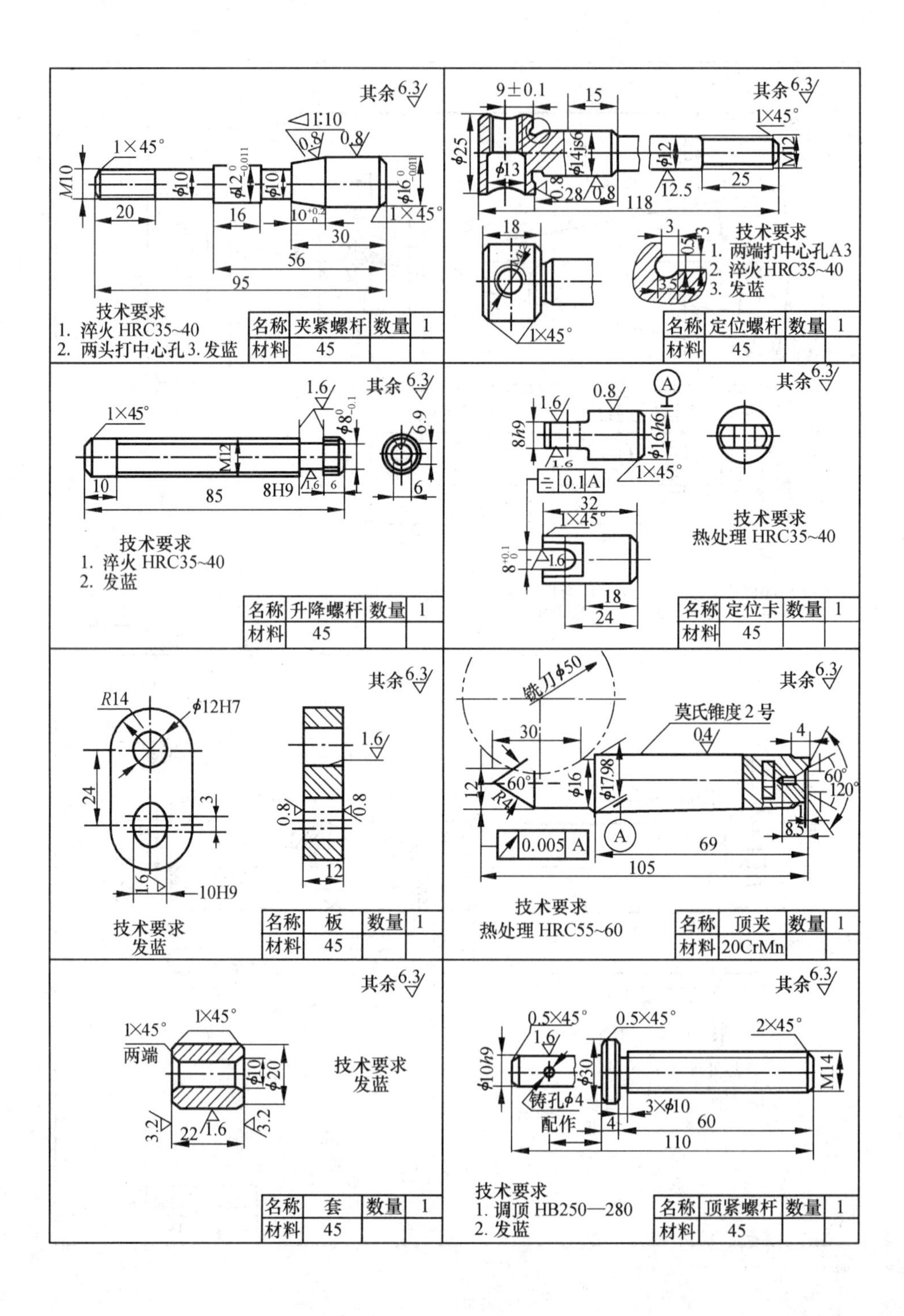
技术要求
1. 淬火 HRC35~40
2. 两头打中心孔 3. 发蓝
名称 夹紧螺杆 数量 1
材料 45
技术要求
1. 两端打中心孔 A3
2. 淬火 HRC35~40
3. 发蓝
名称 定位螺杆 数量 1
材料 45
技术要求
1. 淬火 HRC35~40
2. 发蓝
名称 升降螺杆 数量 1
材料 45
技术要求
热处理 HRC35~40
名称 定位卡 数量 1
材料 45
技术要求
发蓝
名称 板 数量 1
材料 45
莫氏锥度 2 号
铣刀 φ50
技术要求
热处理 HRC55~60
名称 顶夹 数量 1
材料 20CrMn
技术要求
发蓝
名称 套 数量 1
材料 45
铸孔 φ4
配作
技术要求
1. 调顶 HB250—280
2. 发蓝
名称 顶紧螺杆 数量 1
材料 45

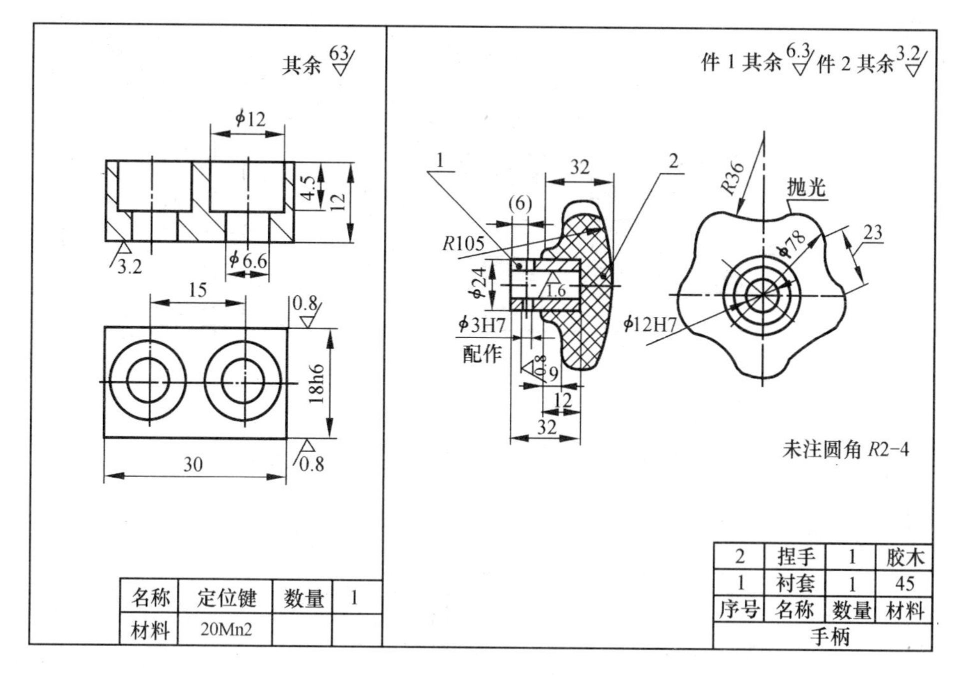

图 9-14 顶尖座的零件草图

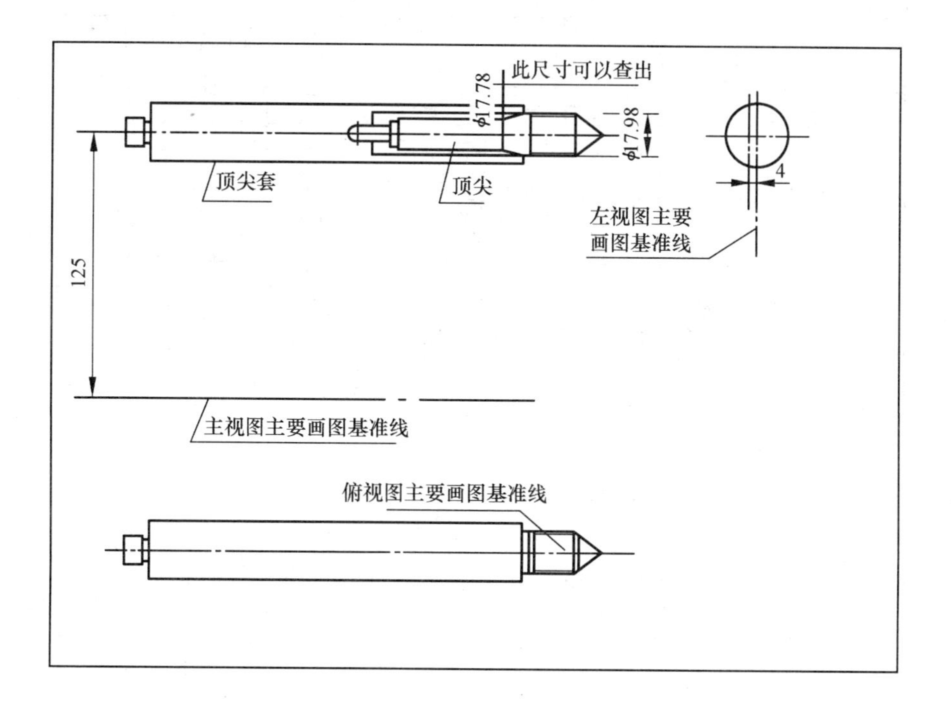

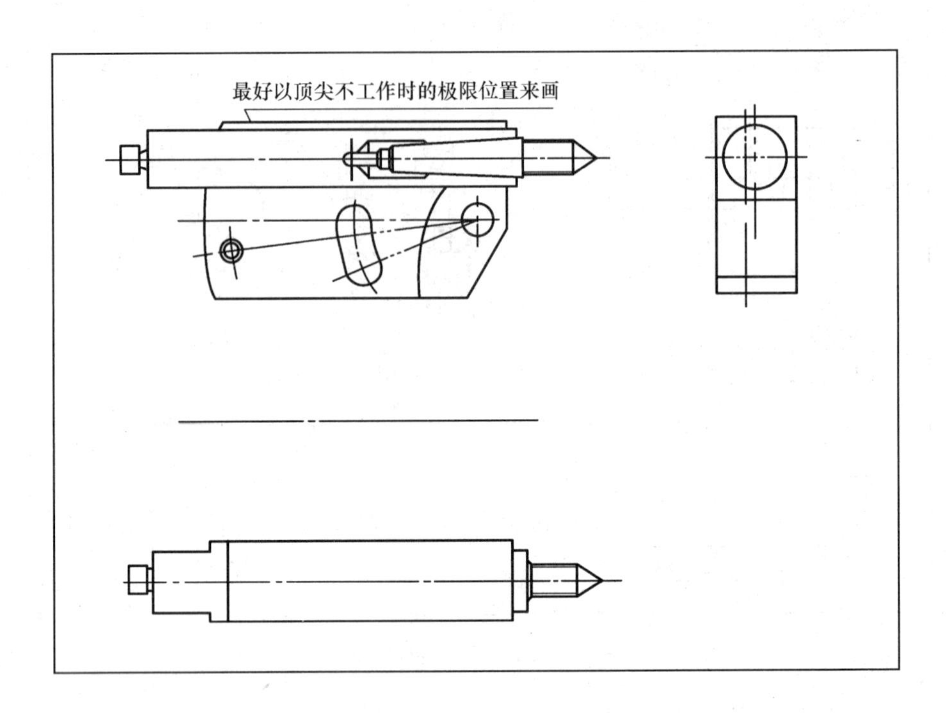
最好以顶尖不工作时的极限位置来画

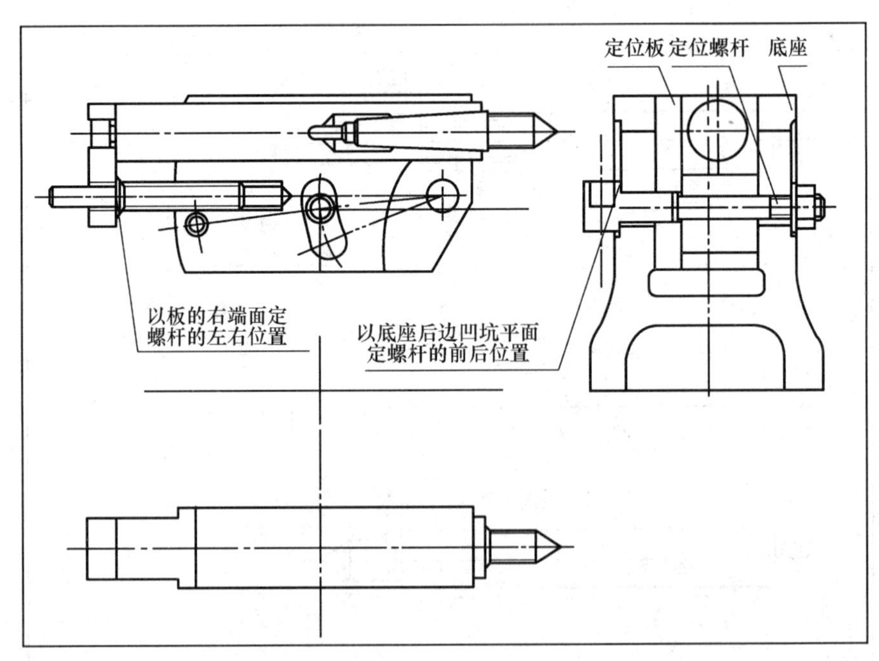
定位板
定位螺杆
底座
以板的右端面定
螺杆的左右位置
以底座后边凹坑平面
定螺杆的前后位置

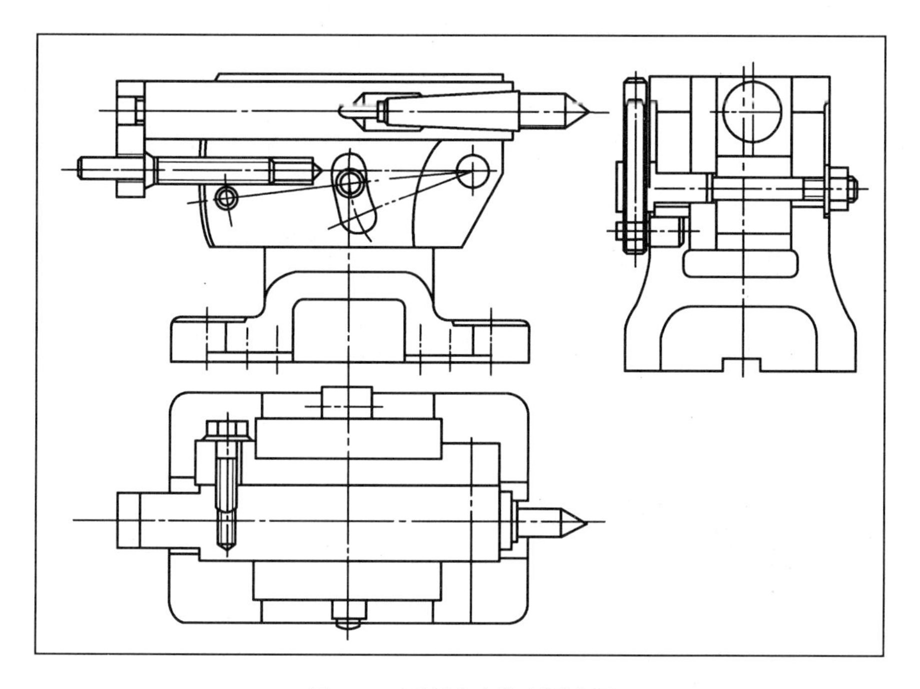

图 9-15 画顶尖座装配图步骤

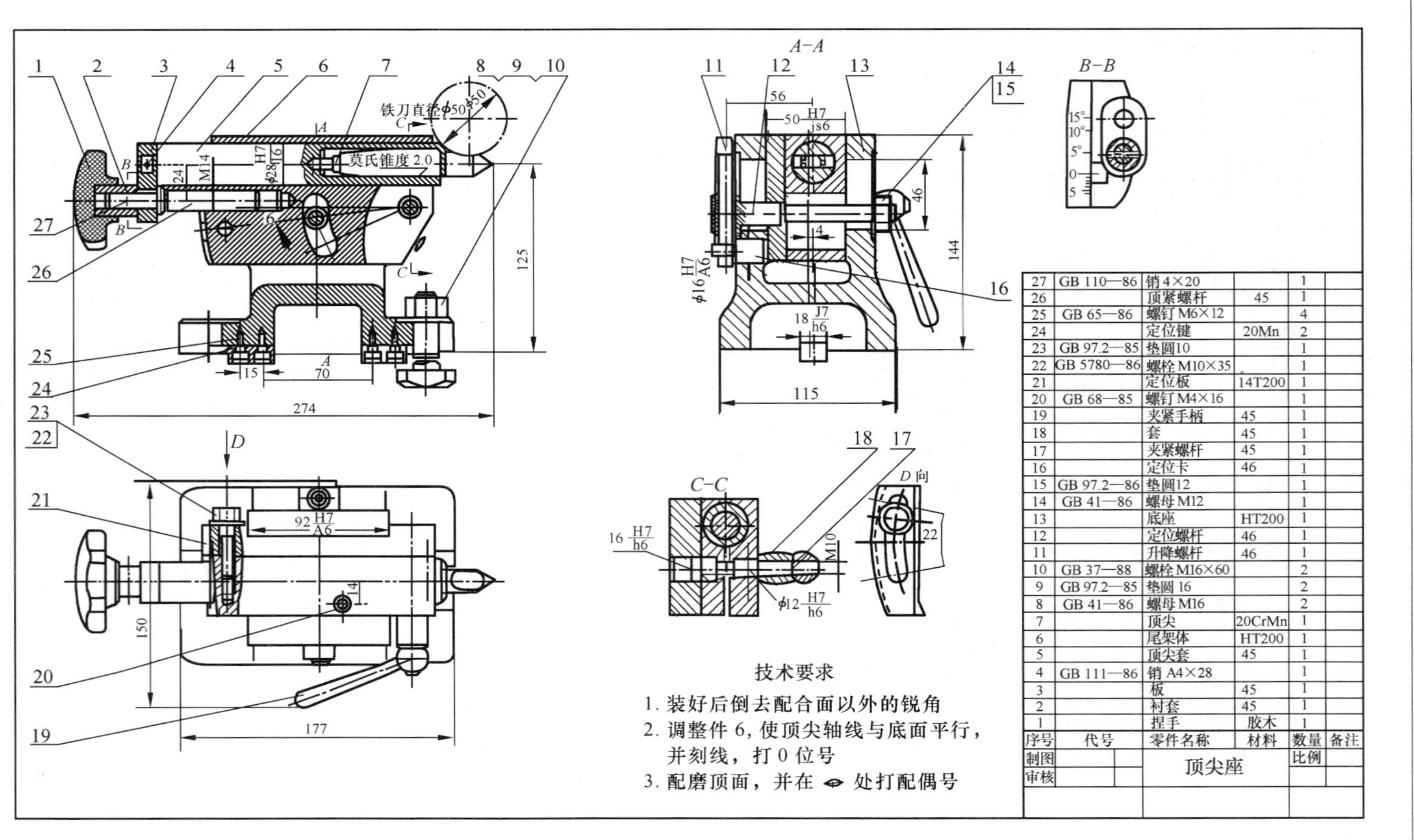
A-A
B-B
C-C
D向
铣刀直径φ50
莫氏锥度2.0
技术要求
1. 装好后倒去配合面以外的锐角
2. 调整件6，使顶尖轴线与底面平行，并刻线，打0位号
3. 配磨顶面，并在 处打配偶号
27 GB 110—86 销4×20 1
26 顶紧螺杆 45 1
25 GB 65—86 螺钉M6×12 4
24 定位键 20Mn 2
23 GB 97.2—85 垫圈10 1
22 GB 5780—86 螺栓M10×35 1
21 定位板 14T200 1
20 GB 68—85 螺钉M4×16 1
19 夹紧手柄 45 1
18 套 45 1
17 夹紧螺杆 45 1
16 定位卡 46 1
15 GB 97.2—86 垫圈12 1
14 GB 41—86 螺母M12 1
13 底座 HT200 1
12 定位螺杆 46 1
11 升降螺杆 46 1
10 GB 37—88 螺栓M16×60 2
9 GB 97.2—85 垫圈 16 2
8 GB 41—86 螺母M16 2
7 顶尖 20CrMn 1
6 尾架体 HT200 1
5 顶尖套 45 1
4 GB 111—86 销 A4×28 1
3 板 45 1
2 衬套 45 1
1 捏手 胶木 1
序号 代号 零件名称 材料 数量 备注
顶尖座 比例
制图
审核

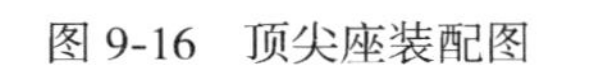
图 9-16 顶尖座装配图

附录一　常用螺纹及螺纹紧固件

1. 普通螺纹（GB/T 193—1981、GB/T 196—1981）

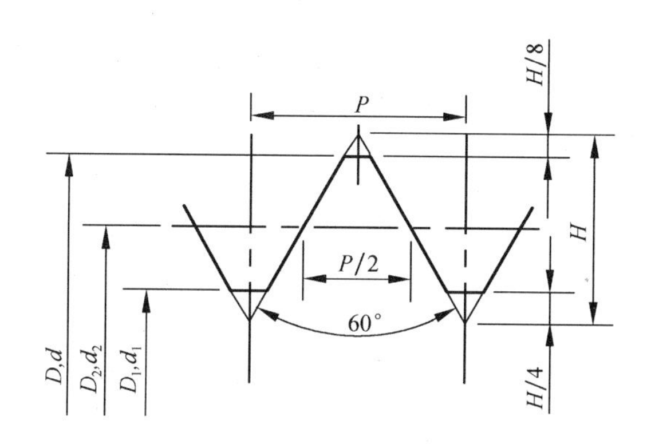

附表 1-1　直径与螺距系列、基本尺寸

公称直径 D、d		螺距 P		粗牙小径 D_1、d_1
第一系列	第二系列	粗牙	细牙	
3		0.5	0.35	2.495
	3.5	(0.6)		2.850
4		0.7	0.8	3.242
	4.5	(0.75)		3.688
5		0.8		4.134
6		1	0.75，(0.5)	4.917
8		1.25	1，0.75，(0.5)	6.647
10		1.5	1.25，1，0.75，(0.5)	8.376
12		1.75	1.5，1.25，1，(0.75)，(0.5)	10.106
	14	2	1.5，(1.25)，1，(0.75)，(0.5)	11.835
44		2	1.5，1，(0.75)，(0.5)	13.835
	18	2.5	2，1.5，1，(0.75)，(0.5)	15.294
20		2.5		17.294

公称直径 D、d		螺距 P		粗牙小径 D_1、d_1
第一系列	第二系列	粗牙	细牙	
	22	2.5	2，1.5，1，(0.75)，(0.5)	19.294
24		3	2，1.5，1，(0.75)	20.752
	27	3	2，1.5，1，(0.75)	23.752
30		3.5	(3)，2，1.5，1，(0.75)	26.211
	33	3.5	(3)，2，1.5，(1)，(0.75)	29.211
36		4	3，2，1.5，(1)	31.670
	39	4		34.670
42		4.5	(4)，3，2，1.5，(1)	37.129
	45	4.5		40.129
48		5		42.587
	52	5		46.587
56		5.5	4，3，2，1.5，(1)	50.046

注：优先选用第一系列，括号内的尺寸尽可能不用。

附表 1-2　细牙普通螺纹螺距与小径的关系

螺距 P	小径 D_1、d_1	螺距 P	小径 D_1、d_1	螺距 P	小径 D_1、d_1
0.35	$d-1+0.621$	1	$d-2+0.918$	2	$d-3+0.835$
0.5	$d-1+0.459$	1.25	$d-2+0.647$	3	$d-4+0.752$
0.75	$d-1+0.188$	1.5	$d-2+0.376$	4	$d-5+0.670$

注：表中的小径按 $D_1=d_1=d-2\times\frac{5}{8}H$，$H=\frac{\sqrt{3}}{2}P$ 计算得出。

2. 梯形螺纹（B/T 5796.2—1986、GB/T 5796.3—1986）

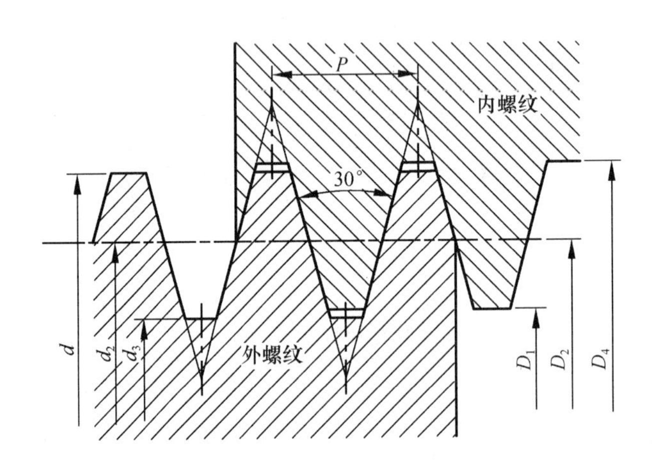

附表 1-3　直径与螺距系列、基本尺寸

公称直径 第一系列	公称直径 第二系列	螺距 P	中径 $d_2=D_2$	大径 D_4	小径 d_3	小径 D_1
8		1.5	7.25	8.30	6.20	6.50
	9	1.5	8.25	9.30	7.20	7.50
		2	8.00	9.50	6.50	7.00
10		1.5	9.25	10.30	8.20	8.50
		2	9.00	10.50	7.50	8.00
	11	2	10.00	11.50	8.50	9.00
		3	9.50	11.50	7.50	8.00
12		2	11.00	12.50	9.50	10.00
		3	10.50	12.50	8.50	9.00
	14	2	13.00	14.50	11.50	12.00
		3	12.50	14.50	10.50	11.00
16		2	15.00	16.50	13.50	14.00
		4	14.00	16.50	11.50	12.00
	18	2	17.00	18.50	15.50	16.00
		4	16.00	18.50	13.50	14.00

公称直径 第一系列	公称直径 第二系列	螺距 P	中径 $d_2=D_2$	大径 D_4	小径 d_3	小径 D_1
20		2	19.00	20.50	17.50	18.00
		4	18.00	20.50	15.50	16.00
	22	3	20.50	22.50	18.50	19.00
		5	19.50	22.50	16.50	17.00
		8	18.00	23.00	13.00	14.00
24		3	22.50	24.50	20.50	21.00
		5	21.50	24.50	18.50	19.00
		8	20.00	25.00	15.00	16.00
	26	3	24.50	26.50	22.50	23.00
		5	23.50	26.50	20.50	21.00
		8	22.50	27.00	17.00	18.00
28		3	26.50	28.50	24.50	25.00
		5	25.50	28.50	22.50	23.00
		8	24.00	29.00	19.00	20.00

续表

公称直径 第一系列	公称直径 第二系列	螺距 P	中径 $d_2=D_2$	大径 D_4	小径 d_3	小径 D_1	公称直径 第一系列	公称直径 第二系列	螺距 P	中径 $d_2=D_2$	大径 D_4	小径 d_3	小径 D_1
	30	3	28.50	30.50	26.50	29.00	36		3	34.50	36.50	32.50	33.00
		6	27.00	31.00	23.00	24.00			6	33.00	37.00	29.00	30.00
		10	25.00	31.00	19.00	20.00			10	31.00	37.00	25.00	26.00
32		3	30.50	32.50	28.50	29.00		38	3	36.50	38.50	34.50	35.00
		6	29.00	33.00	25.00	26.00			7	34.50	39.00	30.00	31.00
		10	27.00	33.00	21.00	22.00			10	33.00	39.00	27.00	28.00
	34	3	32.50	34.50	30.50	31.00	40		3	38.50	40.50	36.50	37.00
		6	31.00	35.00	27.00	28.00			7	36.50	41.00	32.00	33.00
		10	29.00	35.00	23.00	24.00			10	35.00	41.00	29.00	30.00

3. 非螺纹密封的管螺纹（GB/T 7307—1987）

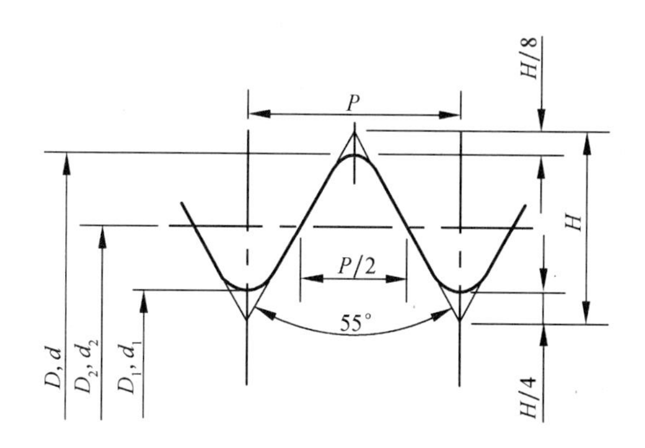

附表 1-4

尺寸代号	每 25.4mm 的牙数 n	螺距 P	基本直径 大径 D、d	基本直径 小径 D_1、d_1
1/8	28	0.907	9.728	8.566
1/4	19	1.337	13.157	11.445
3/8	19	1.337	16.662	14.950
1/2	14	1.814	20.955	18.631
5/8	14	1.814	22.911	20.587
3/4	14	1.814	26.441	24.117
7/8	14	1.814	30.201	27.877
1	11	2.309	33.249	30.291
1 1/8	11	2.309	37.897	34.939
1 1/2	11	2.309	41.910	38.952
1 1/4	11	2.309	47.803	44.845
1 3/4	11	2.309	53.746	50.788
2	11	2.309	59.614	56.656

续表

尺寸代号	每 25.4mm 的牙数 n	螺距 P	基本直径	
			大径 D、d	小径 D_1、d_1
2 1/4	11	2.309	65.710	62.752
2 1/2	11	2.309	75.184	72.226
2 3/4	11	2.309	81.534	78.576
3	11	2.309	87.884	84.926

4. 螺栓

六角头螺栓—C 级（GB/T 5780—2000）、六角头螺栓—A 级和 B 级（GB/T 5782—2000）

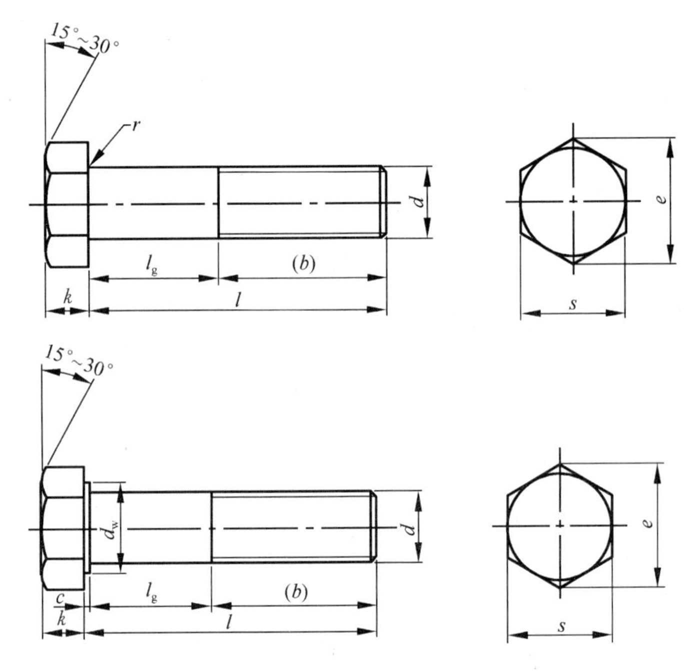

标记示例

螺纹规格 d=M12、公称长度 l=80、性能等级为 8.8 级，表面氧化、A 级的六角头螺栓：螺栓　GB/T 5782—2000 M12×80

附表 1-5

螺纹规格 d		M3	M4	M5	M6	M8	M10	M12	M16	M20	M24	M30	M36	M42
b 参考	l<=125	12	14	16	18	22	26	30	38	46	54	66	—	—
	125<l<=200	18	20	22	24	28	32	36	44	52	60	72	84	96
	l>200	31	33	35	37	41	45	49	57	65	73	85	97	109

续表

螺纹规格 d		M3	M4	M5	M6	M8	M10	M12	M16	M20	M24	M30	M36	M42
c		0.4	0.4	0.5	0.5	0.6	0.6	0.6	0.8	0.8	0.8	0.8	0.8	1
d_w 产品等级	A	4.57	5.88	6.88	8.88	11.63	14.63	16.63	22.49	28.19	33.61	—	—	—
	B、C	4.45	5.74	6.74	8.74	11.47	14.47	16.47	22	27.7	33.25	42.75	51.11	59.95
e 产品等级	A	6.01	7.66	8.79	11.05	14.38	17.77	20.03	26.75	33.53	39.98	—	—	—
	B、C	5.88	7.50	8.63	10.89	14.20	17.59	19.85	26.17	32.95	39.55	50.85	60.79	72.02
k 公称		2	2.8	3.5	4	5.3	6.4	7.5	10	12.5	15	18.7	22.5	26
r		0.1	0.2	0.2	0.25	0.4	0.4	0.6	0.6	0.8	0.8	1	1	1.2
s 公称		5.5	7	8	10	13	16	18	24	30	36	46	55	65
l（商品规格范围）		20～30	25～40	25～50	30～60	40～80	45～100	50～120	65～160	80～200	90～240	110～300	140～360	160～440
L 系列		12，16，20，25，30，35，40，45，50，55，60，65，70，80，90，100，110，120，130，140，150，160，180，200，220，240，260，280，300，320，340，360，380，400，420，440，460，480，500												

注：A 级用于 $d \leqslant 24$ 和 $l \leqslant 10d$ 或者 $l \leqslant 150$ 的螺栓；
B 级用于 $d > 24$ 和 $l > 10$d 或者 > 150 的螺栓。

5. 双头螺柱

双头螺柱—$b_m = d$（GB/T 897—1988）
双头螺柱—$b_m = 1.25d$（GB/T 898—1988）
双头螺柱—$b_m = 1.5d$（GB/T 899—1988）
双头螺柱—$b_m = 2d$（GB/T 900—1988）

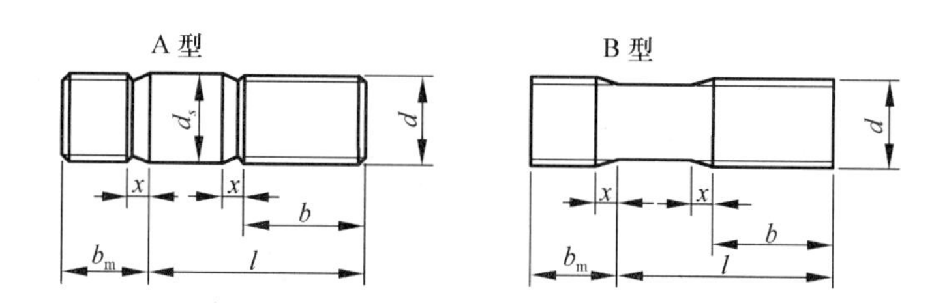

标记示例

两端均为初牙普通螺纹、$d=10$、$l=50$、性能等级为 4.8 级、B 型、$b_m = d$ 的双头螺柱：

螺柱：GB/T 897—1988 M10×50

旋入机体一端为粗牙普通螺纹、旋螺母一端为螺距 l 的细牙普通螺纹、$d=10$、$l=50$、性能等级为 4.8 级、A 型、$b_m = d$ 的双头螺柱：

螺柱：GB/T 897—1988 AM10－M10×1×50

附表 1-6（mm）

螺纹规格 d		M5	M6	M8	M10	M12	M16	M20	M24	M30	M36	M42
b_m 公称	GB/T 897	5	6	8	10	12	16	20	24	30	36	42
	GB/T 898	6	8	10	12	15	20	25	30	38	45	52
	GB/T 899	8	10	12	15	18	24	30	36	45	54	65
	GB/T 900	10	12	16	20	24	32	40	48	60	72	84
d_s（max）		5	6	8	10	12	16	20	24	30	36	42
x（max）		2.5P										
l/b		$\frac{1.6\sim22}{10}$	$\frac{20\sim22}{10}$	$\frac{20\sim22}{12}$	$\frac{25\sim28}{14}$	$\frac{25\sim30}{16}$	$\frac{30\sim38}{20}$	$\frac{35\sim40}{25}$	$\frac{45\sim50}{30}$	$\frac{60\sim65}{40}$	$\frac{65\sim75}{45}$	$\frac{65\sim80}{50}$
		$\frac{25\sim50}{16}$	$\frac{25\sim30}{14}$	$\frac{25\sim30}{16}$	$\frac{30\sim38}{16}$	$\frac{32\sim40}{20}$	$\frac{40\sim55}{30}$	$\frac{45\sim65}{35}$	$\frac{55\sim75}{45}$	$\frac{70\sim90}{50}$	$\frac{80\sim110}{60}$	$\frac{85\sim110}{70}$
			$\frac{32\sim75}{18}$	$\frac{32\sim90}{22}$	$\frac{40\sim120}{26}$	$\frac{45\sim120}{30}$	$\frac{60\sim120}{38}$	$\frac{70\sim120}{46}$	$\frac{80\sim120}{54}$	$\frac{95\sim120}{60}$	$\frac{120}{78}$	$\frac{120}{90}$
					$\frac{130}{32}$	$\frac{130\sim180}{36}$	$\frac{130\sim200}{44}$	$\frac{130\sim200}{52}$	$\frac{130\sim200}{60}$	$\frac{130\sim200}{72}$	$\frac{130\sim200}{84}$	$\frac{130\sim200}{96}$
										$\frac{210\sim250}{85}$	$\frac{210\sim300}{91}$	$\frac{210\sim300}{109}$
L 系列		16，(18)，20，(22)，25，(28)，30，(32)，35，(38)，40，45，50，(55)，60，(65)，70，(75)，80，(85)，90，(95)，100，110，120，130，140，150，160，170，180，190，200，210，220，230，240，250，260，270，280，290，300										

注：P 是粗牙螺纹的螺距。

6. 螺钉

(1) 开槽圆柱头螺钉（GB/T 65—2000）

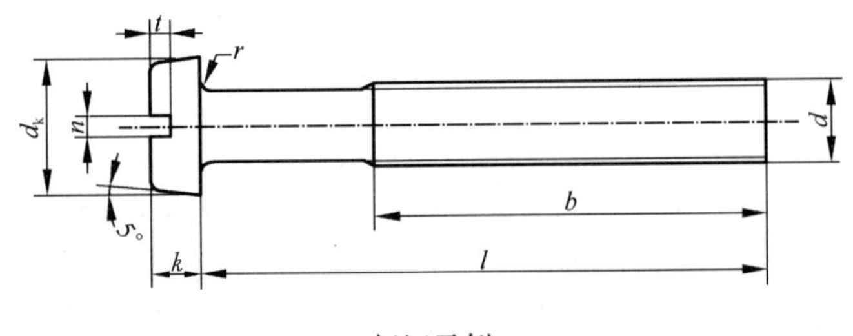

标记示例

螺纹规格 d=M5、公称长度 l=20、性能等级为 4.8 级、不经表面处理的 A 级开槽圆柱头螺钉：螺钉 GB/T 65 M5×20

附表 1-7

螺纹规格 d	M4	M4	M6	M8	M10
P（螺距）	0.7	0.8	1	1.25	1.5
b	38	38	38	38	38
d_k	7	8.5	10	13	16
k	2.6	3.3	3.9	5	6
n	1.2	1.2	1.6	2	2.5
r	0.2	0.2	0.25	0.4	0.4
t	1.1	1.3	1.6	2	2.4
公称长度 l	5～40	6～50	8～60	10～80	12～80
L 系列	5，6，8，12，(14)，16，20，25，30，35，40，45，50，(55)，60，(65)，70，(75)，80				

注：公称长度 $l\leqslant40$ 的螺钉，制出全螺纹。
括号内的规格尽可能不采用。
螺纹规格 d=M1.6～M10；公称长度 l=2～80。

（2）开槽盘头螺钉（GB/T 67—2000）

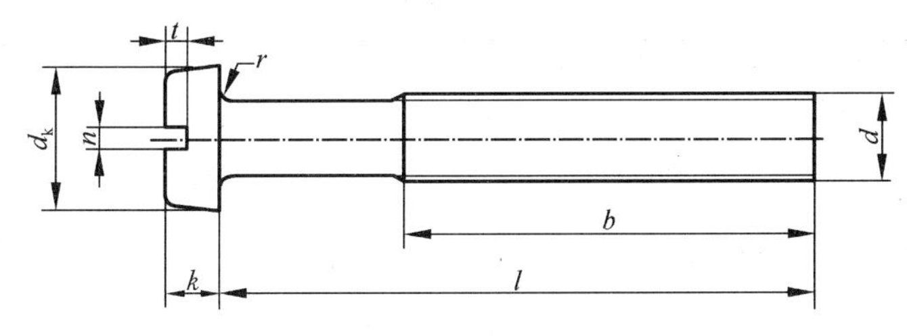

标记示例

螺纹规格 d=M5、公称长度 l=20、性能等级为 4.8 级、不经表面处理的 A 级开槽盘头螺钉：螺钉 GB/T 65—2000 M5×20

附表 1-8

螺纹规格 d	M1.6	M2	M2.5	M3	M4	M5	M6	M8	M10
P（螺距）	0.35	0.4	0.45	0.5	0.7	0.8	1	1.25	1.5
b	25	25	25	25	38	38	38	38	38
d_k	3.2	4	5	5.6	8	9.5	12	16	20
k	1	1.3	1.5	1.8	2.4	3	3.6	4.8	6
n	0.4	0.5	0.6	0.8	1.2	1.2	1.6	2	2.5
r	0.1	0.1	0.1	0.1	0.2	0.2	0.25	0.4	0.4
t	0.35	0.5	0.6	0.7	1	1.2	1.4	1.9	2.4
公称长度 l	2～16	2.5～20	3～25	4～30	5～40	6～50	8～60	10～80	12～80
L 系列	2，2.5，3，4，5，6，8，10，12，(14)，16，20，25，30，35，40，45，50，(55)，60，(65)，70，(75)，80								

注：括号内的规格尽可能不采用。
M1.6～M3 的螺钉，公称长度 $l\leqslant30$ 的，制出全螺纹；
M4～M10 的螺钉，公称长度 $l\leqslant40$ 的，制出全螺纹。

(3) 开槽沉头螺钉 (GB/T 68—2000)

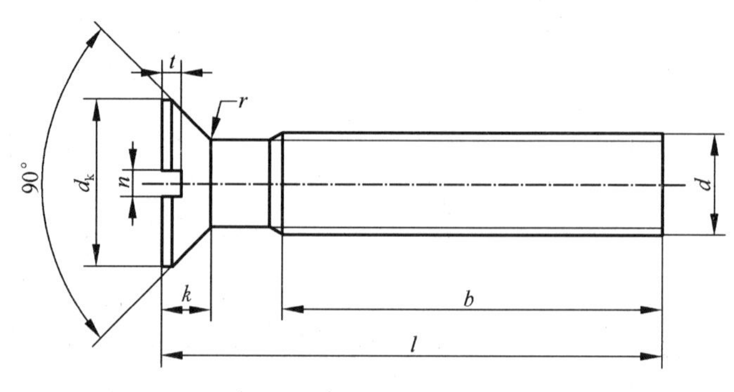

标记示例

螺纹规格 d=M5、公称长度 l=20、性能等级为 4.8 级、不经表面处理的 A 级开槽沉头螺钉：螺钉 GB/T 68—2000 M5×20

附表 1-9

螺纹规格 d	M1.6	M2	M2.5	M3	M4	M5	M6	M8	M10
P（螺距）	0.35	0.4	0.45	0.5	0.7	0.8	1	1.25	1.5
b	25	25	25	25	38	38	38	38	38
d_k	3.2	4	5	5.6	8	9.5	12	16	20
k	1	1.3	1.5	1.8	2.4	3	3.6	4.8	6
n	0.4	0.5	0.6	0.8	1.2	1.2	1.6	2	2.5
r	0.1	0.1	0.1	0.1	0.2	0.2	0.25	0.4	0.4
t	0.35	0.5	0.6	0.7	1	1.2	1.4	1.9	2.4
公称长度 l	2～16	2.5～20	3～25	4～30	5～40	6～50	8～60	10～80	12～80
L 系列	2，2.5，3，4，5，6，8，10，12，(14)，16，20，25，30，35，40，45，50，(55)，60，(65)，70，(75)，80								

注：括号内的规格尽可能不采用。
M1.6～M3 的螺钉，公称长度 $l\leqslant30$ 的，制出全螺纹；
M4～M10 的螺钉，公称长度 $l\leqslant45$ 的，制出全螺纹。

(4) 内六角圆柱头螺钉 (GB/T 70.1—2000)

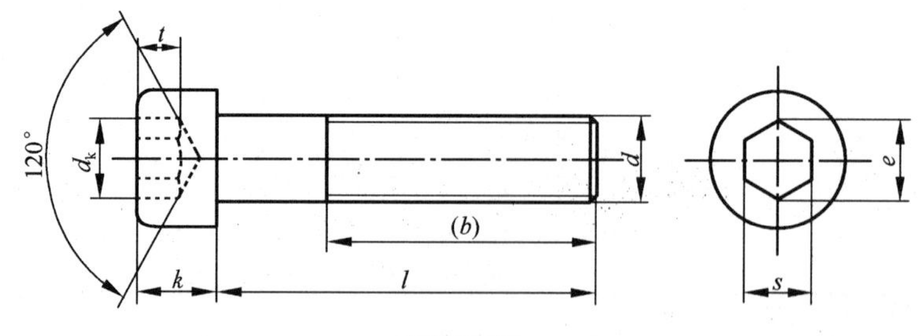

标记示例

螺纹规格 d=M5、公称长度 l=20、性能等级为 8.8 级、表面氧化的内六角

圆柱头螺钉：螺钉 GB/T 70.1—2000 M5×20

附表 1-10

螺纹规格 d	M3	M4	M5	M6	M8	M10	12	14	16	20
P（螺距）	0.5	0.7	0.8	1	1.25	1.5	1.75	2	2	2.5
b 参考	18	20	22	24	28	32	36	40	44	52
d_k	5.5	7	8.5	10	13	16	18	21	24	30
k	3	4	5	6	8	10	12	14	16	20
t	1.3	2	2.5	3	4	5	6	7	8	10
s	2.5	3	4	5	6	8	10	12	14	17
e	2.87	3.44	4.58	5.72	6.86	9.15	11.43	13.72	16.00	19.44
r	0.1	0.2	0.2	0.25	0.4	0.4	0.6	0.6	0.6	0.8
公称长度 l	5～30	6～40	8～50	10～60	12～80	16～100	20～120	25～140	25～160	30～200
l<=表中数值时，制出全螺纹	20	25	25	30	35	40	45	55	55	65
L 系列	2.5，3，4，5，6，8，10，12，(14)，16，20，25，30，35，40，45，50，(55)，60，(65)，70，(75)，80									

（5）十字槽沉头螺钉（GB/T 819.1—2000）

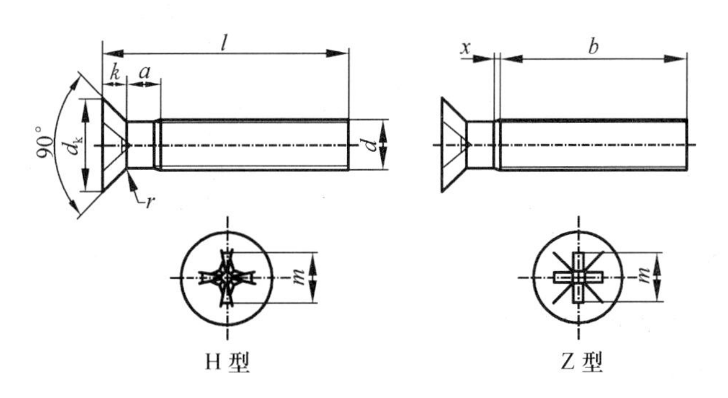

标记示例

螺纹规格 d=M5、公称长度 l=20、性能等级为 4.8 级、不经表面处理的 H 型十字槽沉头螺钉：螺钉 GB/T 819.1—2000 M5×20

附表 1-11

螺纹规格 d			M1.6	M2	M2.5	M3	M4	M5	M6	M8	M10
P（螺距）			0.35	0.4	0.45	0.5	0.7	0.8	1	1.25	1.5
a_{max}			0.7	0.8	0.9	1	1.4	1.6	2	2.5	3
b_{min}			25	25	25	25	38	38	38	38	38
d_k	理论值 max		3.6	4.4	5.5	6.3	9.4	10.4	12.6	17.3	20
	实际值	max	3	3.8	4.7	5.5	8.4	9.3	11.3	15.8	18.3
		min	2.7	3.5	4.4	5.2	8	8.9	10.9	15.4	17.8

续表

k_{max}			1	1.2	1.5	1.65	2.7	2.7	3.3	4.65	5
r_{max}			0.4	0.5	0.6	0.8	1	1.3	1.5	2	2.5
x_{max}			0.9	1	1.1	1.25	1.75	2	2.5	3.2	3.8
十字槽	槽号 No.		0		1		2		3	4	
	H型	m参考	1.6	1.9	2.9	3.2	4.6	5.2	6.8	8.9	10
		插入深度 min	0.6	0.9	1.4	1.7	2.1	2.7	3	4	5.1
		插入深度 max	0.9	1.2	1.8	2.1	2.6	3.2	3.5	4.6	5.7
	Z型	m参考	1.6	1.9	2.8	3	4.4	4.9	6.6	8.8	9.8
		插入深度 min	0.7	0.95	1.45	1.6	2.05	2.6	3	4.15	5.2
		插入深度 max	0.95	1.2	1.75	2	2.5	3.05	3.45	4.6	5.45
l											
公称	min	max									
3	2.8	3.2									
4	3.7	4.3									
5	4.7	5.3									
6	5.7	6.3									
8	7.7	8.3									
10	9.7	10.3			商品						
12	11.6	12.4									
(14)	13.6	14.4									
16	15.6	16.4									
20	19.6	20.4									
25	24.6	25.6									
30	29.6	30.4							范围		
35	34.5	35.5									
40	39.5	40.5									
45	44.5	45.5									
50	49.5	50.5									
(55)	54.4	55.6									
60	59.4	60.6									

注：公称长度在虚线以上的螺钉，制出全螺纹［$b=l-(k+a)$］。

（6）紧定螺钉

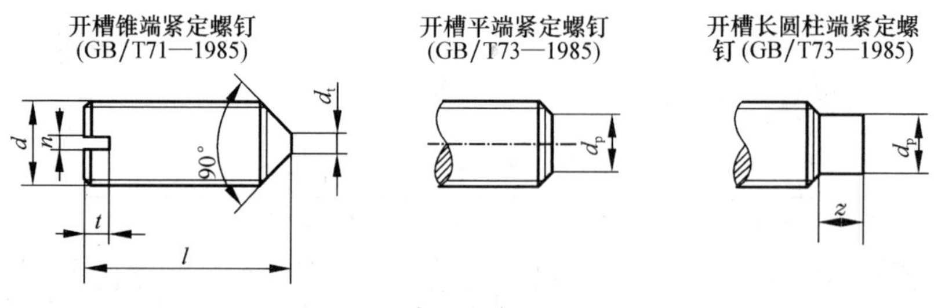

标记示例

螺纹规格 d=M5、公称长度 l=12、性能等级为 14H 级、表面氧化的开槽长圆柱端紧定螺钉：螺钉 GB/T 75—1994 M5×12

附表 1-12

螺纹规格 d		M1.6	M2	M2.5	M3	M4	M5	M6	M8	M10	M12
P（螺距）		0.35	0.4	0.45	0.5	0.7	0.8	1	1.25	1.5	1.75
n		0.25	0.25	0.4	0.4	0.6	0.8	1	1.2	1.6	2
t		0.74	0.84	0.95	1.05	1.42	1.63	2	2.5	3	3.6
d_t		0.16	0.2	0.25	0.3	0.4	0.5	1.5	2	2.5	3
d_p		0.8	1	1.5	2	2.5	3.5	4	5.5	7	8.5
z		1.05	1.25	1.5	1.75	2.25	2.75	3.25	4.3	5.3	6.3
l	GB71—1985	2～8	3～10	3～12	4～16	6～20	8～25	8～30	10～40	12～50	14～60
	GB73—1985	2～8	2～10	2.5～12	3～16	4～20	5～25	6～30	8～40	10～50	12～60
	GB75—1985	2.5～8	3～10	4～12	5～16	6～20	8～25	10～30	10～40	12～50	14～60
L 系列		2，2.5，3，4，5，6，8，10，12，(14)，16，20，25，30，35，40，45，50，(55)，60									

注：l 为公称长度。

括号内的规格尽可能不采用。

7. 螺母

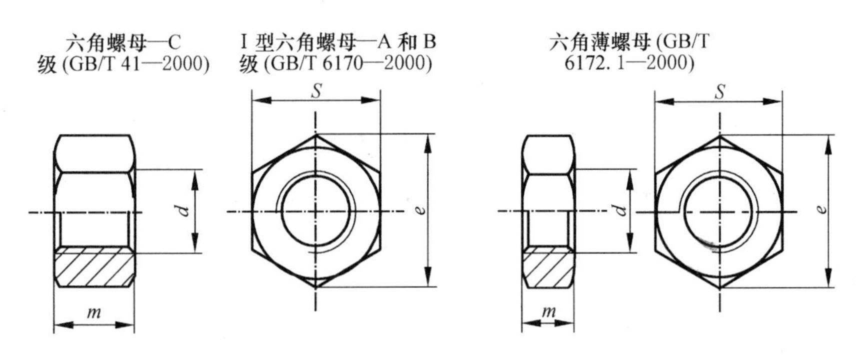

标记示例

螺纹规格 D=M12、性能等级为 5 级、不经表面处理、C 级的六角螺母：螺母 GB/T 41—2000 M12

螺纹规格 D=M12、性能等级为 8 级、不经表面处理、A 级的Ⅰ型六角螺母：螺母 GB/T 6170—2000 M12

附表 1-13

螺纹规格 D		M3	M4	M5	M6	M8	M10	M12	M16	M20	M24	M30	M36	M42
e	GB/T 41			8.63	10.89	14.20	17.59	19.85	26.17	32.95	39.55	50.85	60.79	72.02
	GB/T 6170	6.01	7.66	8.79	11.05	14.38	17.77	20.03	26.75	32.95	39.55	50.85	60.79	72.02
	GB/T 6172.1	6.01	7.66	8.79	11.05	14.38	17.77	20.03	26.75	32.95	39.55	50.85	60.79	72.02
s	GB/T 41			8	10	13	16	18	24	30	36	46	55	65
	GB/T 6170	5.5	7	8	10	13	16	18	24	30	36	46	55	65
	GB/T 6172.1	5.5	7	8	10	13	16	18	24	30	36	46	55	65

续表

螺纹规格 D		M3	M4	M5	M6	M8	M10	M12	M16	M20	M24	M30	M36	M42
m	GB/T 41			5.6	6.1	7.9	9.5	12.2	15.9	18.7	22.3	2.4	31.5	34.9
	GB/T 6170	2.4	3.2	4.7	5.2	6.8	8.4	10.8	14.8	18	21.5	25.6	31	34
	GB/T 6172.1	1.8	2.2	2.7	3.2	4	5	6	8	10	12	15	18	21

注：A级用于 $D \leqslant 16$，B级用于 $D>16$。

8. 垫圈

(1) 平垫圈

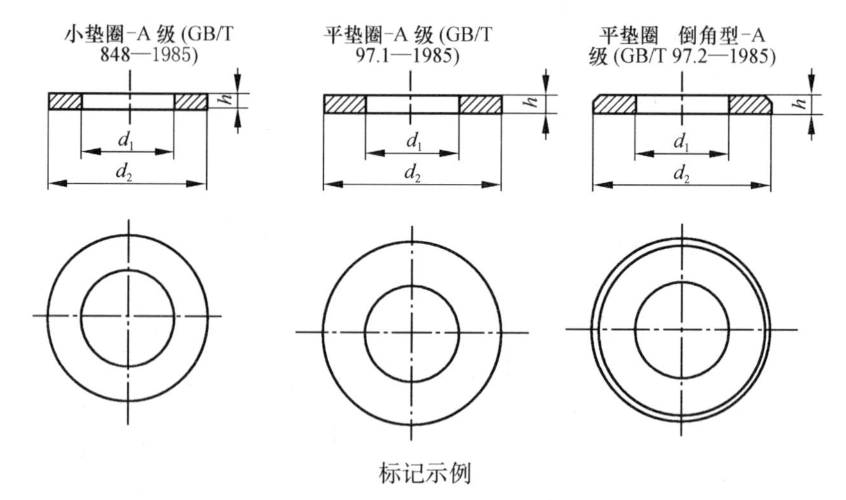

标记示例

标准系列、规格8、性能等级为140HV级、不经表面处理的平垫圈：垫圈 GB/T 97.1—1985 8

附表 1-14

公称尺寸(螺纹规格 d)		1.6	2	2.5	3	4	5	6	8	10	12	14	16	20	24	30	36
d_1	GB/T 848	1.7	2.2	2.7	3.2	4.3	5.3	6.4	8.4	10.5	13	15	17	21	25	31	37
	GB/T97.1	1.7	2.2	2.7	3.2	4.3	5.3	6.4	8.4	10.5	13	15	17	21	25	31	37
	GB/T97.2						5.3	6.4	8.4	10.5	13	15	17	21	25	31	37
d_2	GB/T 848	3.5	4.5	5	6	8	9	11	15	18	20	24	28	34	39	50	60
	GB/T97.1	4	5	6	7	9	10	12	16	20	24	28	30	37	44	56	66
	GB/T97.2						10	12	16	20	24	28	30	37	44	56	66
h	GB/T 848	0.3	0.3	0.5	0.5	0.5	1	1.6	1.6	1.6	2	2.5	2.5	3	4	4	5
	GB/T97.1	0.3	0.3	0.5	0.5	0.5	1	1.6	1.6	1.6	2	2.5	2.5	3	4	4	5
	GB/T97.2						1	1.6	1.6	1.6	2	2.5	2.5	3	4	4	5

(2) 弹簧垫圈（GB/T 93—1987）

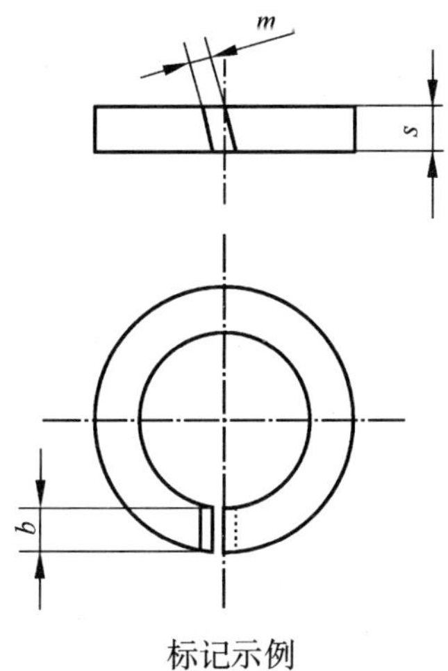

标记示例

规格 16、材料为 65Mn、表面氧化的标准型弹簧垫圈：垫圈 GB/T 93—1987 16

附表 1-15

规格（螺纹大）		3	4	5	6	8	10	12	(14)	16	(18)	20	(22)	24	(27)	30
d		3.1	4.1	5.1	6.1	8.1	10.2	12.2	14.2	16.2	18.2	20.2	22.5	24.5	27.5	30.5
H	GB/T93	1.6	2.2	2.6	3.2	4.2	5.2	6.2	7.2	8.2	9	10	11	12	13.6	15
	GB/T 859	1.2	1.6	2.2	2.6	3.2	4	5	6	6.4	7.2	8	9	10	11	12
s（*b*）	GB/T93	0.8	1.1	1.3	1.6	2.1	2.6	3.1	3.6	4.1	4.5	5	5.5	6	6.8	7.5
s	GB/T 859	0.6	0.8	1.1	1.3	1.6	2	2.5	3	3.2	3.6	4	4.5	5	5.5	6
m≤	GB/T93	0.4	0.55	0.65	0.8	1.05	1.3	1.55	1.8	2.05	2.25	2.5	2.75	3	3.4	3.75
	GB/T 859	0.3	0.4	0.55	0.65	0.8	1	1.25	1.5	1.6	1.8	2	2.25	2.5	2.75	3
b	GB/T 859	1	1.2	1.5	2	2.5	3	3.5	4	4.5	5	5.5	6	7	8	9

注：括号内的规格尽可能不采用。*m* 应大于零。

附录二　常用键与销

1. 键

(1) 平键和键槽的剖面尺寸（GB/T 1095—1979）

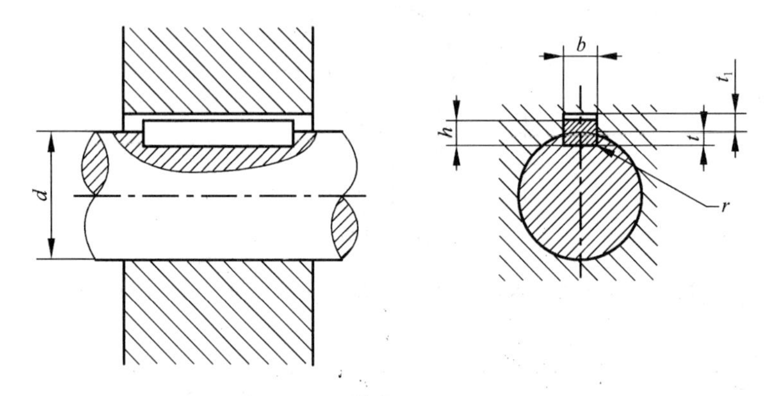

附表 2-1

轴	键	键槽											
公称直径 d	公称尺寸 $b\times h$	宽度 b						深度				半径 r	
		公称尺寸 b	偏差					轴 t		毂 t_1			
			较松键联接		一般键联接		较紧键联接						
			轴 H9	毂 D10	轴 N9	毂 JS9	轴和毂 P9	公称	偏差	公称	偏差	最小	最大
自 6～8	2×2	2	+0.025	+0.006	−0.004	±0.0125	−0.006	1.2		1			
8～10	3×3	3	0	+0.020	−0.029		−0.031	1.8		1.4		0.08	0.16
10～12	4×4	4						2.5	+0.1	1.8	+0.1		
12～17	5×5	5	+0.030	+0.078	0	±0.015	−0.012	3.0	0	2.3	0		
17～22	6×6	6	0	+0.030	−0.030		−0.042	3.5		2.8		0.16	0.25
22～30	8×7	8	+0.036	+0.098	0	±0.018	−0.015	4.0		3.3			
30～38	10×8	10	0	+0.040	−0.036		−0.051	5.0		3.3			
38～44	12×8	12						5.0	+0.2	3.3	+0.2		
44～50	14×9	14	+0.043	+0.120	0	±0.0215	−0.018	5.5	0	3.8	0	0.25	0.40
50～58	16×10	16	+0	0.050	−0.043		−0.061	6.0		4.3			
58～65	18×11	18						7.0		4.4			
65～75	20×12	20						7.5		4.9			
75～85	22×14	22	+0.052	+0.1490	0	±0.026	−0.022	9.0	+0.2	5.4	+0.2	0.40	0.60
85～95	25×14	25	0	+0.065	−0.052		−0.074	9.0	0	5.4	0		
95～110	28×16	18						10.0		6.4			

注：在工作图中轴槽深用（$d-t$）标注，轮毂槽深用（$d+t_1$）标注。平键键槽的长度公差带用 H14。（$d-t$）和（$d+t_1$）两组组合尺寸的极限偏差按相应的 t 和 t_1 的极限偏差选取，但（$d-t$）极限偏差值应取负号。

（2）普通平键的形状尺寸（GB/T 1096—1979）

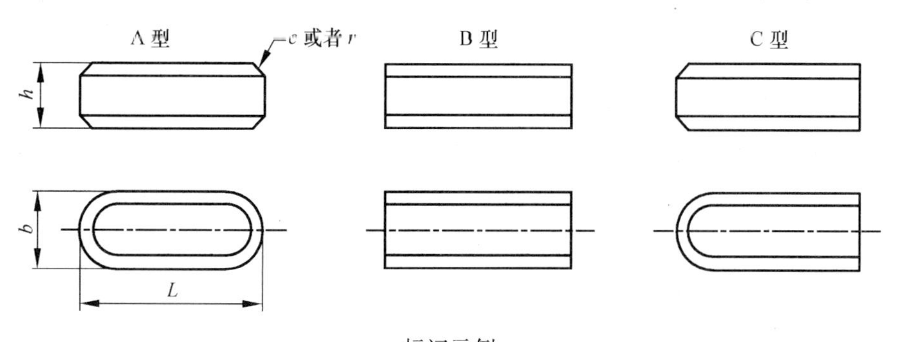

标记示例

圆头普通平键（A 型）、b=18mm、L=100mm：键 18×100 GB/T 1096—1979

方头普通平键（B 型）、b=18mm、L=100mm：键 B18×100 GB/T 1096—1979

单圆头普通平键（C 型）、b=18mm、L=100mm：键 C18×100 GB/T 1096—1979

附表 2-2

b	2	3	4	5	6	8	10	12	14	16	18	20	22	25
h	2	3	4	5	6	7	8	8	9	10	11	12	14	14
c 或 r	0.16～0.25			0.25～0.40			0.40～0.60					0.60～0.80		
L	6～20	6～36	8～45	10～56	14～70	18～90	22～110	28～140	36～160	45～180	50～200	56～220	63～250	70～280
L 系列	6，8，10，12，14，16，18，20，22，25，28，32，36，40，45，50，56，63，70，80，90，100，110，125，140，160，180，200，220，250，280													

（3）半圆键和键槽的剖面尺寸（GB/T 1098—1979）

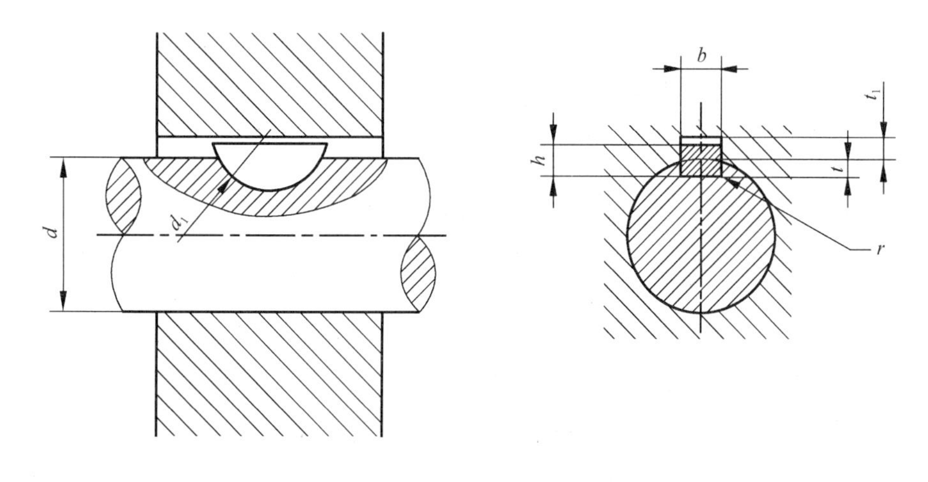

附表 2-3

轴径 d		键	键槽									
			宽度				深度				半径 r	
				极限偏差			轴 t		毂 t_1			
				一般键联接		较紧键联接						
键传递扭矩	键定位用	公称尺寸 $b\times h\times d_1$	公称尺寸	轴 N9	毂 JS9	轴和毂 P9	公称尺寸	极限	公称尺寸	极限偏差	最小	最大
自 3～4	自 3～4	1.0×1.4×4	1.0	−0.004 −0.029	±0.012	−0.006 −0.031	1.0	+0.1 0	0.6	+0.1 0	0.08	0.16
>4～5	>4～6	1.5×2.6×7	1.5				2.0		0.8			
>5～6	>6～8	2.0×2.6×7	2.0				1.8		1.0			
>6～7	>8～10	2.0×3.7×10	2.0				2.9		1.0			
>7～8	>10～12	2.5×3.7×10	2.5				2.7		1.2			
>8～10	>12～15	3.0×5.0×13	3.0				3.8	+0.2 0	1.4			
>10～12	>15～18	3.0×6.5×16	3.0				5.3		1.4		0.16	0.25
>12～14	>18～20	4.0×6.5×16	4.0	0 −0.030	±0.015	−0.012 −0.042	5.0		1.8			
>14～16	>20～22	4.0×7.5×19	4.0				6.0		1.8			
>16～18	>22～25	5.0×6.5×16	5.0				4.5		2.3			
>18～20	>25～28	5.0×7.5×19	5.0				5.5		2.3			
>20～22	>28～32	5.0×9.0×22	5.0				7.0		2.3			
>22～25	>32～36	6.0×9.0×22	6.0				6.5		2.8			
>25～28	>36～40	6.0×10.0×25	6.0				7.5	+0.3 0	2.8	+0.2 0	0.25	0.40
>28～32	40	8.0×11.0×28	8.0	0 −0.030	±0.018	−0.015 −0.051	8.0		3.3			
>32～38	—	10.0×13.0×32	10.0				10.0		3.3			

注：在工作图中轴槽深用 t 或者（$d-t$）标注，轮毂槽深用（$d+t_1$）标注。
（$d-t$）和（$d+t_1$）两个组合尺寸的极限偏差按相应的 t 和 t_1 的极限偏差选取，但（$d-t$）极限偏差值应取负号。

（4）半圆键的形状尺寸（GB/T 1099—1979）

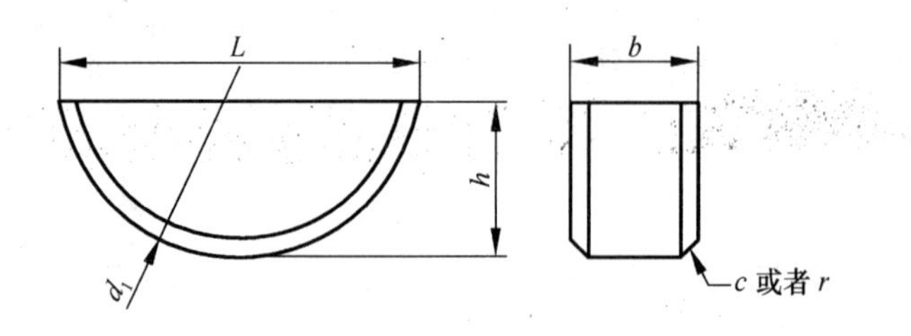

标记示例

半圆键，b=6mm、h=10mm、d_1=25mm：键 6×25 GB/T 1099—1979

附表 2-4

键宽 b		高度 h		直径 d_1		L≈	c		每1000件的重量kg≈
公称尺寸	极限偏差(h9)	公称尺寸	极限偏差(h11)	公称尺寸	极限偏差(h12)		最小	最大	
1.0	0 −0.025	1.4	0 −0.060	4	0 −0.120	3.9	0.16	0.25	0.031
1.5		2.6		7	0 −0.150	6.8			0.153
2.0		2.6		7		6.8			0.204
2.0		3.7	0 −0.075	10		9.7			0.414
2.5		3.7		10		9.7			0.518
3.0		5.0		13	0 −0.180	12.7			1.10
3.0		6.5	0 −0.090	16		15.7			1.80
4.0	0 −0.030	6.5		16		15.7	0.25	0.40	2.40
4.0		7.5		19	0 −0.210	18.6			3.24
5.0		6.5		16	0 −0.180	15.7			3.01
5.0		7.5		19	0 −0.210	18.6			4.09
5.0		9.0		22		21.6			5.73
6.0		9.0		22		21.6			6.88
6.0		10.0		25		24.5			8.64
8.0	0 −0.036	11.0	0 −0.110	28		27.4	0.40	0.60	14.1
10.0		13.0		32	0 −0.250	31.4			19.3

2. 销

（1）圆柱销（GB/T 119.1—2000）——不淬硬钢和奥氏体不锈钢

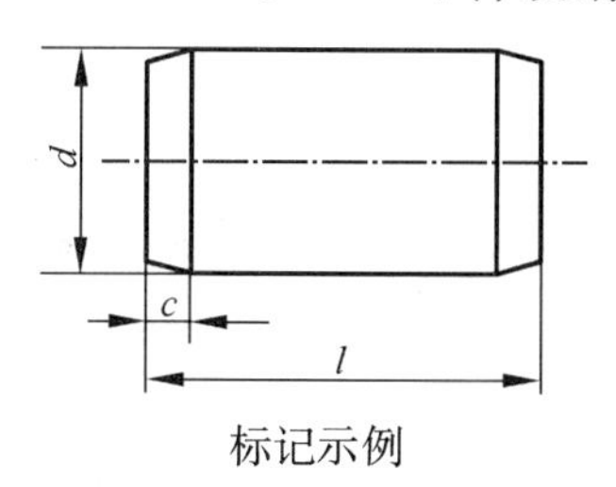

标记示例

公称直径 d=6、公差为 m6、公称长度 l=30、材料为钢、不经淬火、不经表面处理的圆柱销：

销　GB/T 119.1—2000 6m6×30

附表 2-5

公称直径 d（m6/h8）	0.6	0.8	1	1.2	1.5	2	2.5	3	4	5
c≈	0.12	0.16	0.20	0.25	0.30	0.35	0.40	0.50	0.63	0.80
l（商品规格范围公称长度）	2～6	2～8	4～10	4～12	4～16	6～20	6～24	8～30	8～40	10～50

续表

公称直径 d（m6/h8）	6	8	10	12	16	20	25	30	40	50
c≈	1.2	1.6	2.0	2.5	3.0	3.5	4.0	5.0	6.3	8.0
l（商品规格范围公称长度）	12～60	14～80	18～95	22～140	26～180	35～200	50～200	60～200	80～200	95～200
L系列	2，3，4，5，6，8，10，12，14，16，18，20，22，24，26，28，30，32，35，40，45，50，55，60，65，70，75，80，85，90，95，100，120，140，160，180，200									

注：材料用钢时硬度要求为125～245HV30，用奥氏体不锈钢A1（GB/T 3098.6）时硬度要求210～280 HV30。
公差m6：　$Ra \leqslant 0.8\mu m$。
公差h8：　$Ra \leqslant 1.6\mu m$。

（2）圆锥销（GB/T 117—2000）

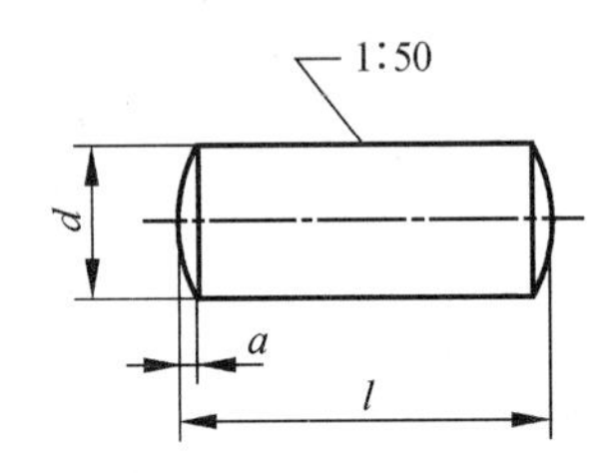

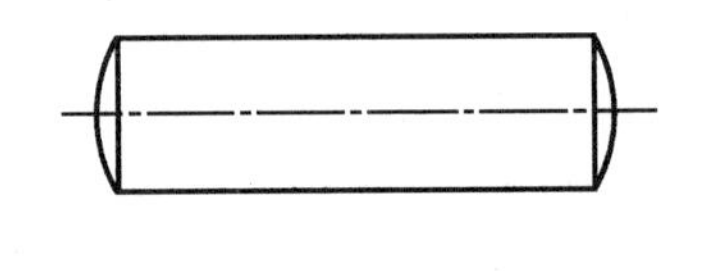

标记示例

公称直径 d=10、长度 l=60、材料为35钢、热处理硬度28～38HRC、表面氧化处理的圆锥销：

销　GB/T 117—2000 10×60

附表 2-6

d（公称）	0.6	0.8	1	1.2	1.5	2	2.5	3	4	5
a≈	0.08	0.1	0.12	0.16	0.2	0.25	0.3	0.4	0.5	0.63
l（商品规格范围公称长度）	4～8	5～12	6～16	6～20	8～24	10～35	10～35	12～45	14～55	18～60
d（公称）	6	8	10	12	16	20	25	30	40	50
a≈	0.8	1	1.2	1.6	2	2.5	3	4	5	6.3
l（商品规格范围公称长度）	22～90	22～120	26～160	32～180	40～200	45～200	50～200	55～200	60～200	65～200
L系列	2，3，4，5，6，8，10，12，14，16，18，20，22，24，26，28，30，32，35，40，45，50，55，60，65，70，75，80，85，90，95，100，120，140，160，180，200									

（3）开口销（GB/T 91—2000）

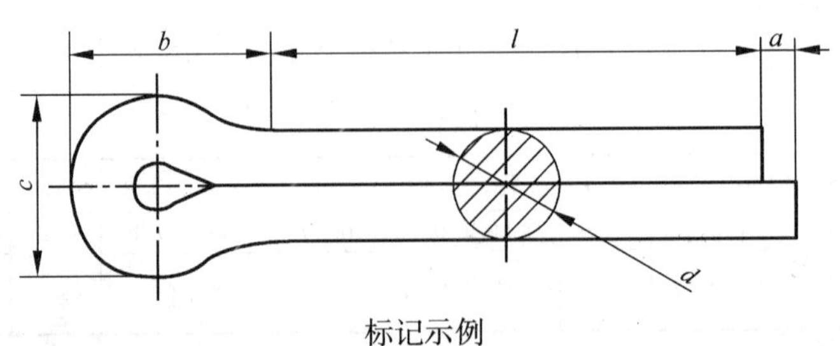

标记示例

公称直径d=5、长度l=50、材料为低碳钢、不经表面处理的开口销：销 GB/T 91 5×50

附表 2-7

公称规格		0.6	0.8	1	1.2	1.6	2	2.5	3.2	4	5	6.3	8	10	13
d	max	0.5	0.7	0.9	1.0	1.4	1.8	2.3	2.9	3.7	4.6	5.9	7.5	9.5	12.4
	min	0.4	0.6	0.8	0.9	1.3	1.7	2.1	2.7	3.5	4.4	5.7	7.3	9.3	12.1
c	max	1	1.4	1.8	2	2.8	3.6	4.6	5.8	7.4	9.2	11.8	15	19	24.8
	min	0.9	1.2	1.6	1.7	2.4	3.2	4	5.1	6.5	8	10.3	13.1	16.6	21.7
b≈		2	2.4	3	3	3.2	4	5	6.4	8	10	12.6	16	20	26
a_{max}		1.6	1.6	1.6	2.5	2.5	2.5	2.5	3.2	4	4	4	4	6.3	6.3
l（商品规格范围公称长度）		4～12	5～16	6～20	8～26	8～32	10～40	12～50	14～25	18～80	22～100	30～120	40～160	45～200	70～200
L系列		4，5，6，8，10，12，14，16，18，20，22，24，26，28，30，32，35，40，45，50，55，60，65，70，75，80，85，90，95，100，120，140，160，180，200													

注：公称规格等于开口销孔直径。对销孔直径推荐的公差为：

公称规格≤1.2：H13；

公称规格<1.2：H14。

附录三　极限与配合

1. 基本尺寸至500mm的轴、孔公差带（GB/T 1801—1999）

附表 3-1

							h1		js1												
							h2		js2												
							h3		js3												
						g4	h4		js4	k4	m4	n4	p4	r4	s4						
					f5	g5	h5	j5	js5	k5	m5	n5	p5	r5	s5	t5	u5	v5	x5		
				e6	f6	*g6*	*h6*	j6	js6	*k6*	m6	*n6*	*p6*	r6	*s6*	t6	*u6*	v6	x6	y6	z6
			d7	e7	*f7*	g7	*h7*	j7	js7	k7	m7	n7	p7	r7	s7	t7	u7	v7	x7	y7	z7
		c8	d8	e8	f8	g8	h8		js8	k8	m8	n8	p8	r8	s8	t8	u8	v8	x8	y8	z8
a9	b9	c9	*d9*	e9	f9		*h9*		js9												
a10	b10	c10	d10	e10			h10		js10												
a11	b11	*c11*	d11				*h11*		js11												
a12	b12	c12					h12		js12												
a13	b13						h13		js13												

注：优先选用斜体字符且字符带边框的公差带，再选用被虚线框框住的公差带，最后选用其他公差带。

附表 3-2

							H1		JS1												
							H2		JS2												
							H3		JS3												
						G4	H4		JS4	K4	M4	N4	P4	R4	S4						
					F5	G5	H5	J5	JS5	K5	M5	N5	P5	R5	S5	T5	U5	V5	X5		
				E6	F6	G6	H6	J6	JS6	K6	M6	N6	P6	R6	S6	T6	U6	V6	X6	Y6	Z6
			D7	E7	F7	*G7*	*H7*	J7	JS7	*K7*	M7	*N7*	*P7*	R7	*S7*	T7	*U7*	V7	X7	Y7	Z7
		C8	D8	E8	*F8*	G8	H8		JS8	K8	M8	N8	P8	R8	S8	T8	U8	V8	X8	Y8	Z8
A9	B9	C9	*D9*	E9	F9		*H9*		JS9												
A10	B10	C10	D10	E10			H10		JS10												
A11	B11	*C11*	D11				*H11*		JS11												
A12	B12	C12					H12		JS12												
A13	B13						H13		JS13												

注：优先选用斜体字符且字符带边框的公差带，再选用被虚线框框住的公差带，最后选用其他公差带。

2. 优先选用及次选用（常用）轴公差带极限偏差（GB/T 1800.4—1999）

附表 3-3

基本尺寸/mm		常用及优先公差带												
		a	*b*		*c*			*d*				*e*		
大于	至	11	11	12	9	10	11	8	9	10	11	7	8	9
—	3	−270 −330	−140 −200	−140 −240	−60 −85	−60 −85	−60 −120	−20 −34	−20 −45	−20 −60	−20 −80	−14 −24	−14 −28	−14 −39
3	6	−270 −345	−140 −215	−140 −260	−70 −100	−70 −118	−70 −145	−30 −48	−30 −60	−30 −78	−30 −105	−20 −32	−20 −38	−20 −50
6	10	−280 −370	−150 −240	−150 −300	−80 −116	−80 −138	−80 −170	−40 −62	−40 −76	−40 −98	−40 −130	−25 −40	−25 −47	−25 −61
10	14	−290 −400	−150 −260	−150 −330	−95 −138	−95 −165	−95 −205	−50 −77	−50 −93	−50 −120	−50 −150	−32 −50	−32 −59	−32 −75
14	18													
18	24	−300 −430	−160 −290	−160 −370	−110 −162	−110 −194	−110 −240	−65 −98	−65 −117	−65 −149	−65 −195	−40 −61	−40 −73	−40 −92
24	30													
30	40	−310 −470	−170 −330	−170 −420	−120 −183	−120 −220	−120 −280	−80 −119	−80 −142	−80 −180	−80 −240	−50 −75	−50 −89	−50 −112
40	50	−320 −480	−180 −340	−180 −430	−130 −192	−130 −230	−130 −290							
50	65	−340 −530	−190 −380	−190 −490	−140 −214	−140 −260	−140 −330	−100 −146	−100 −174	−100 −220	−100 −290	−60 −90	−60 −106	−60 −134
65	80	−360 −550	−200 −390	−200 −500	−150 −224	−150 −270	−150 −340							
80	100	−380 −600	−220 −440	−220 −570	−170 −257	−170 −310	−170 −390	−120 −174	−120 −207	−120 −260	−120 −340	−72 −107	−72 −126	−72 −159
100	120	−410 −630	−240 −460	−240 −590	−180 −267	−180 −320	−180 −400							
120	140	−460 −710	−260 −510	−260 −660	−200 −300	−200 −360	−200 −450							
140	160	−520 −770	−280 −530	−280 −680	−210 −310	−210 −370	−210 −460	−145 −208	−145 −245	−145 −305	−145 −395	−85 −125	−85 −148	−85 −185
160	180	−580 −830	−310 −560	−310 −710	−230 −330	−230 −390	−230 −480							
180	200	−660 −950	−340 −630	−340 −800	−240 −355	−240 −425	−240 −530							
200	225	−740 −1030	−380 −670	−380 −840	−260 −375	−260 −445	−260 −550	−170 −242	−170 −285	−170 −355	−170 −460	−100 −146	−100 −172	−100 −215
225	250	−820 −1110	−420 −710	−420 −880	−280 −395	−280 −465	−280 −570							
250	280	−920 −1240	−480 −800	−480 −1000	−300 −430	−300 −510	−300 −620	−190 −271	−190 −320	−190 −400	−190 −510	−110 −162	−110 −191	−110 −240
280	315	−1050 −1370	−540 −860	−540 −1060	−330 −460	−330 −540	−330 −650							

续表

基本尺寸/mm		常用及优先公差带												
		a	*b*		*c*			*d*				*e*		
大于	至	11	11	12	9	10	11	8	9	10	11	7	8	9
315	355	−1200 −1560	−600 −960	−600 −1170	−360 −500	−360 −590	−360 −720	−210 −299	−210 −350	−210 −440	−210 −570	−125 −182	−125 −214	−125 −265
355	400	−1350 −1710	−680 −1040	−680 −1250	−400 −540	−400 −630	−400 −760							
400	450	−1500 −1900	−760 −1160	−760 −1390	−440 −595	−440 −690	−440 −840	−230 −327	−230 −385	−230 −480	−230 −630	−135 −198	−135 −232	−135 −290
450	500	−1650 −2050	−840 −1240	−840 −1470	−480 −635	−480 −730	−480 −880							

基本尺寸/mm		常用及优先公差带															
		f					*g*			*h*							
大于	至	5	6	7	8	9	5	6	7	5	6	7	8	9	10	11	12
—	3	−6 −10	−6 −12	−6 −16	−6 −20	−6 −31	−2 −6	−2 −8	−2 −12	0 −4	0 −6	0 −10	0 −14	0 −25	0 −40	0 −60	0 −100
3	6	−10 −15	−10 −18	−10 −22	−10 −28	−10 −40	−4 −9	−4 −12	−4 −16	0 −5	0 −8	0 −12	0 −18	0 −30	0 −48	0 −75	0 −120
6	10	−13 −19	−13 −22	−13 −28	−13 −35	−13 −49	−5 −11	−5 −14	−5 −20	0 −6	0 −9	0 −15	0 −22	0 −36	0 −58	0 −90	0 −150
10	14	−16 −24	−16 −27	−16 −34	−16 −43	−16 −59	−6 −14	−6 −17	−6 −24	0 −8	0 −11	0 −18	0 −27	0 −43	0 −70	0 −110	0 −180
14	18																
18	24	−20 −29	−20 −33	−20 −41	−20 −53	−20 −72	−7 −16	−7 −20	−7 −28	0 −9	0 −13	0 −21	0 −33	0 −52	0 −84	0 −130	0 −210
24	30																
30	40	−25 −36	−25 −41	−25 −50	−25 −64	−25 −87	−9 −20	−9 −25	−9 −34	0 −11	0 −16	0 −25	0 −39	0 −62	0 −100	0 −160	0 −250
40	50																
50	65	−30 −43	−30 −49	−30 −60	−30 −76	−30 −104	−10 −23	−10 −29	−10 −40	0 −13	0 −19	0 −30	0 −46	0 −74	0 −120	0 −190	0 −300
65	80																
80	100	−36 −51	−36 −58	−36 −71	−36 −90	−36 −123	−12 −27	−12 −34	−12 −17	0 −15	0 −22	0 −35	0 −54	0 −87	0 −140	0 −220	0 −350
100	120																
120	140	−43 −61	−43 −68	−43 −83	−43 −106	−43 −143	−14 −32	−14 −39	−14 −54	0 −18	0 −25	0 −40	0 −63	0 −100	0 −160	0 −250	0 −400
140	160																
160	180																
180	200	−50 −70	−50 −79	−50 −96	−50 −122	−50 −165	−15 −35	−15 −4	−15 −61	0 −20	0 −29	0 −46	0 −72	0 −115	0 −185	0 290	0 −460
200	225																
225	250																
250	280	−56 −79	−56 −88	−56 −108	−56 −137	−56 −186	−17 −40	−17 −49	−17 −69	0 −23	0 −32	0 −52	0 −81	0 −130	0 −210	0 −320	0 −520
280	315																
315	355	−62 −87	−62 −98	−62 −119	−62 −151	−62 −202	−18 −43	−18 −54	−18 −75	0 −25	0 −36	0 −57	0 −89	0 −140	0 −230	0 −360	0 −570
355	400																
400	450	−68 −95	−68 −108	−68 −131	−68 −165	−68 −223	−20 −47	−20 −60	−20 −83	0 −27	0 −40	0 −63	0 −97	0 −155	0 −250	0 −400	0 −630
450	500																

基本尺寸/mm		常用及优先公差带														
		js			*k*			*m*			*n*			*p*		
大于	至	5	6	7	5	6	7	5	6	7	5	6	7	5	6	7
—	3	±2	±3	±5	+4 0	+6 0	+10 0	+6 +2	+8 +2	+12 +2	+8 +4	+10 +4	+14 +4	+10 +6	+12 +6	+16 +6

续表

基本尺寸/mm		常用及优先公差带														
		js			*k*			*m*			*n*			*p*		
大于	至	5	6	7	5	6	7	5	6	7	5	6	7	5	6	7
3	6	±2.5	±4	±6	+6 +1	+9 +1	+13 +1	+9 +4	+12 +4	+16 +4	+13 +8	+16 +8	+20 +8	+17 +12	+20 +12	+24 +12
6	10	±3	±4.5	±7	+7 +1	+10 +1	+16 +1	+12 +6	+15 +6	+21 +6	+16 +10	+19 +10	+25 +10	+21 +15	+24 +15	+30 +15
10 14	14 18	±4	±5.5	±9	+9 +1	+12 +1	+19 +1	+15 +7	18 +7	+25 +7	+20 +12	+23 +12	+30 +12	+26 +18	+29 +18	+36 +18
18 24	24 30	±4.5	±6.5	±10	+11 +2	+15 +2	+23 +2	+17 +8	+21 +8	+29 +8	+24 +15	+28 +15	+36 +15	+31 +22	+35 +22	+43 +22
30 40	40 50	±5.5	±8	±12	+13 +2	+18 +2	+27 +2	+20 +9	+25 +9	+34 +9	+28 +17	+33 +17	+42 +17	+37 +26	+42 +26	+51 +26
50 65	65 80	±6.5	±9.5	±15	+15 +2	+21 +2	+32 +2	+24 +11	+30 +11	+41 +11	+33 +20	+39 +20	+50 +20	+45 +32	+51 +32	+62 +32
80 100	100 120	±7.5	±11	±17	+18 +3	+25 +3	+38 +3	+28 +13	+35 +13	+48 +13	+38 +23	+45 +23	+58 +23	+52 +37	+59 +37	+72 +37
120 140 160	140 160 180	±9	±12.5	±20	+21 +3	+28 +3	+43 +3	+33 +15	+40 +15	+55 +15	+45 +27	+52 +27	+67 +27	+61 +43	+68 +43	+83 +43
180 200 225	200 225 250	±10	±14.5	+23	+24 +4	+33 +4	+50 +4	+37 +17	+46 +17	+63 +17	+54 +31	+60 +31	+77 +31	+70 +50	+79 +50	+96 +50
250 280	280 315	±11.5	±16	±26	+27 +4	+36 +4	+56 +4	+43 +20	+52 +20	+72 +20	+57 +34	+65 +34	+85 +34	+79 +56	+88 +56	+108 +56
315 355	355 400	±12.5	±18	±28	+29 +4	+40 +4	+61 +4	+46 +21	+57 +21	+78 +21	+62 +37	+73 +37	+94 +37	+87 +62	+98 +62	+119 +62
400 450	450 500	±13.5	±20	±31	+32 +5	+45 +5	+68 +5	+50 +23	63 +23	+86 +23	+67 +40	+80 +40	+103 +40	+95 +68	+108 +68	+131 +68

基本尺寸/mm		常用及优先公差带														
		r			*s*			*t*			*u*		*v*	*x*	*y*	*z*
大于	至	5	6	7	5	6	7	5	6	7	6	7	6	6	6	6
—	3	+14 +10	+16 +10	+20 +10	+18 +14	+20 +14	+24 +14	—	—	—	+24 +18	+28 +18	—	+26 +20	—	+32 +26
3	6	+20 +15	+23 +15	+27 +15	+24 +19	27 +19	+31 +19	—	—	—	+31 +23	+35 +23	—	+36 +28	—	+43 +35
6	10	+25 +19	+28 +19	+34 +19	+29 +23	+32 +23	+38 +23	—	—	—	+37 +28	+43 +28	—	+43 +34	—	+51 +42
10	14	+31 +23	+34 +23	+41 +23	+36 +28	+39 +28	+46 +28	—	—	—	+44 +33	+51 +33	—	+51 +40	—	+61 +50
14	18							—	—	—			+50 +39	+56 +45	—	+71 +60
18	24	+37 +28	+41 +28	+49 +28	+44 +35	+48 +35	+56 +35	—	—	—	+54 +41	+62 +41	+60 +47	+67 +54	+76 +63	+86 +73
24	30							+50 +41	+54 +41	+62 +41	+61 +43	+69 +48	+68 +55	+77 +64	+88 +75	+101 +88

续表

基本尺寸/mm		常用及优先公差带														
		r			*s*			*t*			*u*		*v*	*x*	*y*	*z*
大于	至	5	6	7	5	6	7	5	6	7	6	7	6	6	6	6
30	40	+45 +34	+50 +34	+59 +34	+54 +43	+59 +43	+68 +43	+59 +48	+64 +48	+73 +48	+76 +60	+85 +60	+84 +68	+96 +80	+110 +94	+128 +112
40	50							+65 +54	+70 +54	+79 +54	+86 +70	+95 +70	+97 +81	+113 +97	+130 +114	+152 +136
50	65	+54 +41	+60 +41	+71 +41	+66 +53	+72 +53	+83 +53	+79 +66	+85 +66	+96 +66	+106 +87	+117 +83	+121 +102	+141 +122	+163 +144	+191 +172
65	80	+56 +43	+62 +43	+73 +43	+72 +59	+78 +59	+89 +59	+88 +75	+94 +75	+105 +75	+121 +102	+132 +102	+139 +120	+165 +146	+193 +174	+229 +210
80	100	+66 +51	+73 +51	+86 +51	+86 +71	+93 +71	+106 +71	+106 +91	+113 +91	+126 +91	+146 +124	+159 +124	+168 +146	+200 +178	+236 +214	+280 +258
100	120	+69 +54	+76 +54	+89 +54	+94 +79	+101 +79	+114 +79	+110 +104	+126 +104	+139 +104	+166 +144	+179 +144	+194 +172	+232 +210	+276 +254	+332 +310
120	140	+81 +63	+88 +63	+103 +63	+110 +92	+117 +92	+132 +92	+140 +122	+147 +122	+162 +122	+195 +170	+210 +170	+227 +202	+273 +248	+325 +300	+390 +365
140	160	+83 +65	+90 +65	+105 +65	+118 +100	+125 +100	+140 +100	+152 +134	+159 +134	+174 +134	+215 +190	+230 190	+253 +228	+305 +280	+365 +340	+440 +415
160	180	+86 +68	+93 +68	+108 +68	+126 +108	+133 +108	+148 +108	+164 +146	+171 +146	+186 +146	+235 +210	+250 +210	+277 +252	+335 +310	+405 +380	+490 +465
180	200	+97 +77	106 +77	+123 +77	+142 +122	+151 +122	+168 +122	+186 +166	+195 +166	+212 +166	+265 +236	+282 +236	+313 +284	+379 +350	+454 +425	+549 +520
200	225	+100 +80	+109 +80	+126 +80	+150 +130	+159 +130	+176 +130	+200 +180	+209 +180	+226 +180	+287 +258	+304 +258	+339 +310	+414 +385	+499 +470	+604 +575
225	250	+104 +84	+113 +84	+130 +84	+160 +140	+169 +140	+186 +140	+216 +196	+225 +196	+242 +196	+313 +284	+330 +284	+369 +340	+454 +425	+549 +520	+669 +640
250	280	+117 +94	+126 +94	+146 +94	+181 +158	+290 +158	+210 +158	+241 +218	+250 +218	+270 +218	+347 +315	+367 +315	+417 +385	+507 +475	+612 +580	+742 +710
280	315	+121 +98	+130 +98	+150 +98	+193 +170	+202 +170	+222 +170	+263 +240	+272 +240	+292 +240	+382 +350	+402 +350	+457 +425	+557 +525	+682 +650	+322 +790
315	355	+133 +108	+144 +108	+165 +108	+215 +190	+226 +190	+247 +190	+293 +268	+304 +268	+325 +268	+426 +390	+447 +390	+511 +475	+626 +590	+766 +730	+936 +900
355	400	+139 +114	+150 +114	+171 +114	+233 +208	+244 +208	+265 +208	+319 +294	+330 +294	+351 +294	+471 +435	+492 +435	+566 +530	+696 +660	+856 +822	+1036 +1000
400	450	+153 +126	+166 +126	+189 +126	+258 +232	+272 +232	+295 +232	+357 +330	+370 +330	+393 +330	+530 +490	+553 +490	+635 +595	+780 +740	+960 +920	+1140 +1100
450	500	+159 +132	+172 +132	+195 +132	+279 +252	+292 +252	+315 +252	+387 +360	+400 +360	+423 +360	+580 +540	+603 +540	+700 +660	+860 +820	+1040 +1000	+1290 +1250

注：基本尺寸小于 1mm 时，各级的 *a* 和 *b* 均不采用。

3. 优先选用及次选用（常用）孔公差带极限偏差（GB/T 1800.4—1999）

附表 3-4

基本尺寸/mm		常用及优先公差带													
		A	*B*		*C*	*D*				*E*		*F*			
大于	至	11	11	12	11	8	9	10	11	8	9	6	7	8	9
—	3	+330 +270	+200 +140	+240 +140	+120 +60	+34 +20	+45 +20	+60 +20	+80 +20	+28 +14	+39 +14	+12 +6	+16 +6	+20 +6	+31 +6
3	6	+345 +270	+215 +140	+260 +140	+145 +70	+48 +30	+60 +30	+78 +30	+105 +30	+38 +20	+50 +20	+18 +10	+22 +10	+28 +10	+40 +10
6	10	+370 +280	+240 +150	+300 +150	+170 +80	+62 +40	+76 +40	+98 +40	+130 +40	+47 +25	+61 +25	+22 +13	+28 +13	+35 +13	+49 +13
10	14	+400	+260	+330	+205	+77	+93	+120	+160	+59	+75	+27	+34	+43	+59
14	18	+290	+150	+150	+95	+50	+50	+50	+50	+32	+32	+16	+16	+16	+16
18	24	+430	+290	+370	+240	+98	+117	+149	+195	+73	+92	+33	+41	+53	+72
24	30	+300	+160	+160	+110	+65	+65	+65	+65	+40	+40	+20	+20	+20	+20
30	40	+470 +310	+330 +170	+420 +170	+280 +120	+119 +80	+142 +80	+180 +80	+240 +80	+89 +50	+112 +50	+41 +25	+50 +25	+64 +25	+87 +25
40	50	+480 +320	+340 +180	+430 +180	+290 +130										
50	65	+530 +340	+380 +190	+490 +190	+330 +140	+146 +100	+170 +100	+220 +100	+290 +100	+106 +60	+134 +60	+49 +30	+60 +30	+76 +30	+104 +30
65	80	+550 +360	+390 +200	+500 +200	+340 +150										
80	100	+600 +380	+440 +220	+570 +220	+390 +170	+174 +120	+207 +120	+260 +120	+340 +120	+120 +72	+159 +72	+58 +36	+70 +36	+90 +36	+123 +36
100	120	+630 +410	+460 +240	+590 +240	+400 +180										
120	140	+710 +460	+510 +260	+660 +260	+450 +200	+208 +145	+245 +145	+305 +145	+395 +145	+148 +85	+185 +85	+68 +43	+82 +43	+106 +43	+143 +43
140	160	+770 +520	+530 +280	+680 +280	+460 +210										
160	180	+830 +580	+560 +310	+110 +310	+480 +230										
180	200	+950 +660	+630 +340	+800 +340	+530 +240	+142 +170	+285 +170	+355 +170	+460 +170	+172 +100	+215 +100	+79 +50	+96 +50	+122 +50	+165 +50
200	225	+1030 +740	+670 +380	+840 +380	+550 +260										
225	250	+1110 +820	+710 +420	+880 +420	+570 +280										
250	280	+1240 +920	+800 +480	+1000 +480	+620 +300	+271 +190	+320 +190	+400 +190	+510 +190	+191 +110	+240 +110	+88 +56	+108 +56	+137 +56	+186 +56
280	315	+1370 +1050	+860 +540	+1060 +540	+650 +330										

续表

基本尺寸/mm		常用及优先公差带													
		A	B		C	D				E		F			
大于	至	11	11	12	11	8	9	10	11	8	9	6	7	8	9
315	355	+1560 +1200	+960 +600	+1170 +600	+720 +360	+299 +210	+350 +210	+440 +210	+570 +210	+214 +125	+265 +125	+98 +62	+119 +62	+151 +62	+202 +62
355	400	+1710 +1350	+1040 +680	+1250 +680	+760 +400										
400	450	+1900 +1500	+1160 +760	+1390 +760	+840 +440	+327 +230	+385 +230	+480 +230	+630 +230	+232 +135	+290 +135	+108 +68	+131 +68	+165 +68	+223 +68
450	500	+2050 +1650	+1240 +840	+1470 +840	+880 +480										

基本尺寸/mm		常用及优先公差带																	
		G		H							JS			K			M		
大于	至	6	7	6	7	8	9	10	11	12	6	7	8	6	7	8	6	7	8
—	3	+8 +2	+12 +2	+6 0	+10 0	+14 0	+25 0	+40 0	+60 0	+100 0	±3	±5	±7	0 −6	0 −10	0 −14	−2 −8	−2 −12	−2 −16
3	6	+12 +4	+16 +4	+8	+12	+18	+30	+48	+75	+120	±4	±6	±9	+2 −6	+3 −9	+5 −13	−1 −9	0 −12	+2 −16
6	10	+14 +5	+20 +5	+9 0	+15 0	+22 0	+36 0	+58 0	+90 0	+150 0	± 4.5	±7	±11	+2 −7	+5 −10	+6 −16	−3 −12	0 −15	+1 −21
10 14	14 18	+17 +6	+24 +6	+11 0	+18 0	+27 0	+43 0	+70 0	+110 0	+180 0	± 5.5	±9	±13	+2 −9	+6 −12	+8 −19	−4 −15	0 −18	+2 −25
18 24	24 30	+20 +7	+28 +7	+13 0	+21 0	+33 0	+52 0	+84 0	+130 0	+210 0	± 6.5	±10	±16	+2 −11	+6 −15	+10 −23	−4 −17	0 −21	+4 −29
30 40	40 50	+25 +9	+3 +9	+16 0	+25 0	+39 0	+62 0	+100 0	+160 0	+250 0	±8	±12	±19	+3 −13	+7 −18	+12 −27	−4 −20	0 −25	+5 −34
50 65	65 80	+29 +10	+40 +10	+19 0	+30 0	+46 0	+74 0	+120 0	+190 0	+300 0	± 9.5	±15	±23	+4 −15	+9 −21	+14 −32	−5 −24	0 −30	+5 −41
80 100	100 120	+37 +12	+47 +12	+22 0	+35 0	+54 0	+87 0	+140 0	+220 0	+350 0	±11	±17	±27	+4 −18	+10 −25	+16 −38	−6 −28	0 −35	+6 −48
120 140 160	140 160 180	+39 +14	+54 +14	+25 0	+40 0	+63 0	+100 0	+160 0	+250 0	+400 0	± 12.5	±20	±31	+4 −21	+12 −28	+20 −43	−8 −33	0 −40	+8 −55
180 200 225	200 225 250	+44 +15	+61 +15	+29 0	+46 0	+72 0	+115 0	+185 0	+290 0	+460 0	± 14.5	±23	±36	+5 −24	+13 −33	+22 −50	−8 −37	0 −46	+9 −63
250 280	280 315	+49 +17	+69 +17	+32 0	+52 0	+81 0	+130 0	+210 0	+320 0	+520 0	±16	±26	±40	+5 −27	+16 −36	+25 −56	−9 −41	0 −52	+9 −72
315 355	355 400	+54 +18	+75 +18	+36 0	+57 0	+89 0	+140 0	+230 0	+360 0	+570 0	±18	±28	±44	+7 −29	+17 −40	+28 −61	−10 −46	0 −57	+11 −78
400 450	450 500	+60 +20	+83 +20	+40 0	+63 0	+97 0	+155 0	+250 0	+400 0	+630 0	±20	±31	±48	+8 −32	+18 −45	+29 −68	−10 −50	0 −63	+11 −86

续表

基本尺寸/mm		常用及优先公差带											
		N			*P*		*R*		*S*		*T*		*U*
大于	至	6	7	8	6	7	6	7	6	7	6	7	7
—	3	-4 -10	-4 -14	-4 -18	-6 -12	-6 -16	-10 -16	-10 -20	-14 -20	-14 -24	—	—	-18 -28
3	6	-5 -13	-4 -16	-2 -20	-9 -17	-8 -20	-12 -20	-11 -23	-16 -24	-15 -27	—	—	-19 -31
6	10	-7 -16	-4 -19	-3 -25	-12 -21	-9 -24	-16 -25	-13 -28	-20 -29	-17 -32	—	—	-22 -37
10	14	-9 -20	-5 -23	-3 -30	-15 -26	-11 -29	-20 -31	-16 -34	-25 -36	-21 -39	—	—	-26 -44
14	18										—	—	
18	24	-11 -24	-7 -28	-3 -36	-18 -31	-14 -35	-24 -37	-20 -41	-31 -44	-27 -48	—	—	-33 -54
24	30										-37 -50	-33 -54	-40 -61
30	40	-12 -28	-8 -33	-3 -42	-21 -37	-17 -42	-29 -45	-25 -50	-38 -54	-34 -59	-43 -59	-39 -64	-51 -76
40	50										-49 -65	-45 -70	-61 -86
50	65	-14 -33	-9 -39	-4 -50	-26 -45	-21 -51	-35 -54	-30 -60	-47 -66	-42 -72	-60 -79	-55 -85	-76 -106
65	80						-37 -56	-32 -62	-53 -72	-48 -78	-69 -88	-64 -94	-91 -121
80	100	-16 -38	-10 -45	-10 -58	-30 -52	-24 -59	-44 -66	-38 -73	-64 -86	-58 -93	-84 -106	-78 -113	-111 -146
100	120						-47 -69	-41 -76	-72 -94	-66 -101	-97 -119	-91 -126	-131 -166
120	140	-20 -45	-12 -52	-4 -67	-36 -61	-28 -68	-56 -81	-48 -88	-85 -110	-77 -117	-115 -140	-107 -147	-155 -195
140	160						-58 -83	-50 -90	-93 -118	-85 -125	-127 -152	-119 -159	-175 -215
160	180						-61 -86	-53 -93	-101 -126	-93 -133	-139 -164	-131 -171	-195 -235
180	200	-22 -51	-14 -60	-5 -77	-41 -70	-33 -79	-68 -97	-60 -106	-113 -142	-105 -151	-157 -186	-149 -195	-219 -265
200	225						-71 -100	-63 -109	-121 -150	-113 -159	-171 -200	-163 -209	-241 -287
225	250						-75 -104	-67 -113	-131 -160	-123 -169	-187 -216	-179 -225	-267 -313
250	280	-25 -57	-14 -66	-5 -86	-47 -79	-36 -88	-85 -117	-74 -126	-149 -181	-138 -190	-209 -241	-198 -250	-295 -347
280	315						-89 -121	-78 -130	-161 -193	-150 -202	-231 -263	-220 -272	-330 -382

续表

基本尺寸/mm		常用及优先公差带											
		N			*P*		*R*		*S*		*T*		*U*
大于	至	6	7	8	6	7	6	7	6	7	6	7	7
315	355	−26 −62	−16 −73	−5 −94	−51 −87	−41 −98	−97 −133	−87 −144	−179 −215	−169 −226	−257 −293	−247 −304	−369 −426
355	400						−103 −139	−93 −150	−197 −233	−187 −244	−283 −319	−273 −330	−414 −471
400	450	−27 −67	−17 −80	−6 −103	−55 −95	−45 −108	−113 −153	−103 −166	−219 −259	−209 −272	−317 −357	−307 −370	−467 −530
450	500						−119 −159	−109 −172	−239 −279	−229 −292	−347 −387	−337 −400	−517 −580

注：基本尺寸小于 1mm 时，各级的 *a* 和 *b* 均不采用。

4. 优先和常用配合（GB/T 1801—1999）

（1）基本尺寸至 500mm 的基孔制优先和常用配合

附表 3-5　基孔制优先、常用配合

基准孔	轴																				
	a	*b*	*c*	*d*	*e*	*f*	*g*	*h*	js	*k*	*m*	*n*	*p*	*r*	*s*	*t*	*u*	*v*	*x*	*y*	*z*
	间隙配合								过渡配合			过盈配合									
H6						H6/f	H6/g5	H6/h5	H6/js5	H6/k5	H6/m5	H6/n5	H6/p5	H6/r5	H6/s5	H6/t5					
H7						H7/f6	**H7/g6**	**H7/h6**	H7/js6	**H7/k6**	H7/m6	**H7/n6**	**H7/p6**	H7/r6	**H7/s6**	H7/t6	**H7/u6**	H7/v6	H7/x6	H7/y6	H7/z6
H8					H8/e7	**H8/f7**	H8/g7	**H8/h7**	H8/js7	H8/k7	H8/m7	H8/n7	H8/p7	H8/r7	H8/s7	H8/t7	H8/u7				
				H8/d8	H8/e8	H8/f8		H8/h8													
H9			H9/c9	**H9/d9**	H9/e9	H9/f9		**H9/h9**													
H10			H10/c10	H10/d10				H10/h10													
H11	H11/a11	H11/b11	**H11/c11**	H11/d11				**H11/h11**													
H12		H12/b12						H12/h12													

注：标注有▬为优先配合。

（2）基本尺寸至500mm的基轴制优先和常用配合

附表 3-6　基轴制优先、常用配合

基准孔	轴																				
	A	B	C	D	E	F	G	H	JS	K	M	N	P	R	S	T	U	V	X	Y	Z
	间隙配合								过渡配合			过盈配合									
h6						F6/h5	G6/h5	H6/h5	JS6/h5	K6/h5	M6/h5	N6/h5	P6/h5	R6/h5	S6/h5	T6/h5					
h7						F7/h6	G7/h6	H7/h6	JS7/h6	K7/h6	M7/h6	N7/h6	P7/h6	R7/h6	S7/h6	T7/h6	U7/h6				
h8					E8/h7	F8/h7		H8/h7	JS8/h7	K8/h7	M8/h7	N8/h7									
				D8/h8	E8/h8	F8/h8		H8/h8													
h9				D9/h9	E9/h9	F9/h9		H9/h9													
h10				D10/h10				H10/h10													
h11	A11/h11	B11/h11	C11/h11	D11/h11				H11/h11													
h12		B12/h12						H12/h12													

5. 公差等级与加工方法的关系

附表 3-7　公差等级与加工方法的关系

加工方法	公差等级（IT）																	
	01	0	1	2	3	4	5	6	7	8	9	10	11	12	13	14	15	16
研磨	----	----	----	----	----	----	----											
珩						----	----	----	----									
圆磨、平磨							----	----	----	----								
金刚石车、金刚石镗							----	----										
拉削																		
铰孔								----	----	----	----							
车镗									----	----	----	----						
铣										----	----	----	----					
刨、插												----	----					
钻孔												----	----	----	----			
滚压、挤压												----	----					
冲压												----	----	----	----			
压铸													----	----	----	----		
粉末冶金成形								----	----	----								
粉末冶金烧结									----	----	----	----						
砂型铸造、气割																		----
锻造																	----